WE: ROBOT

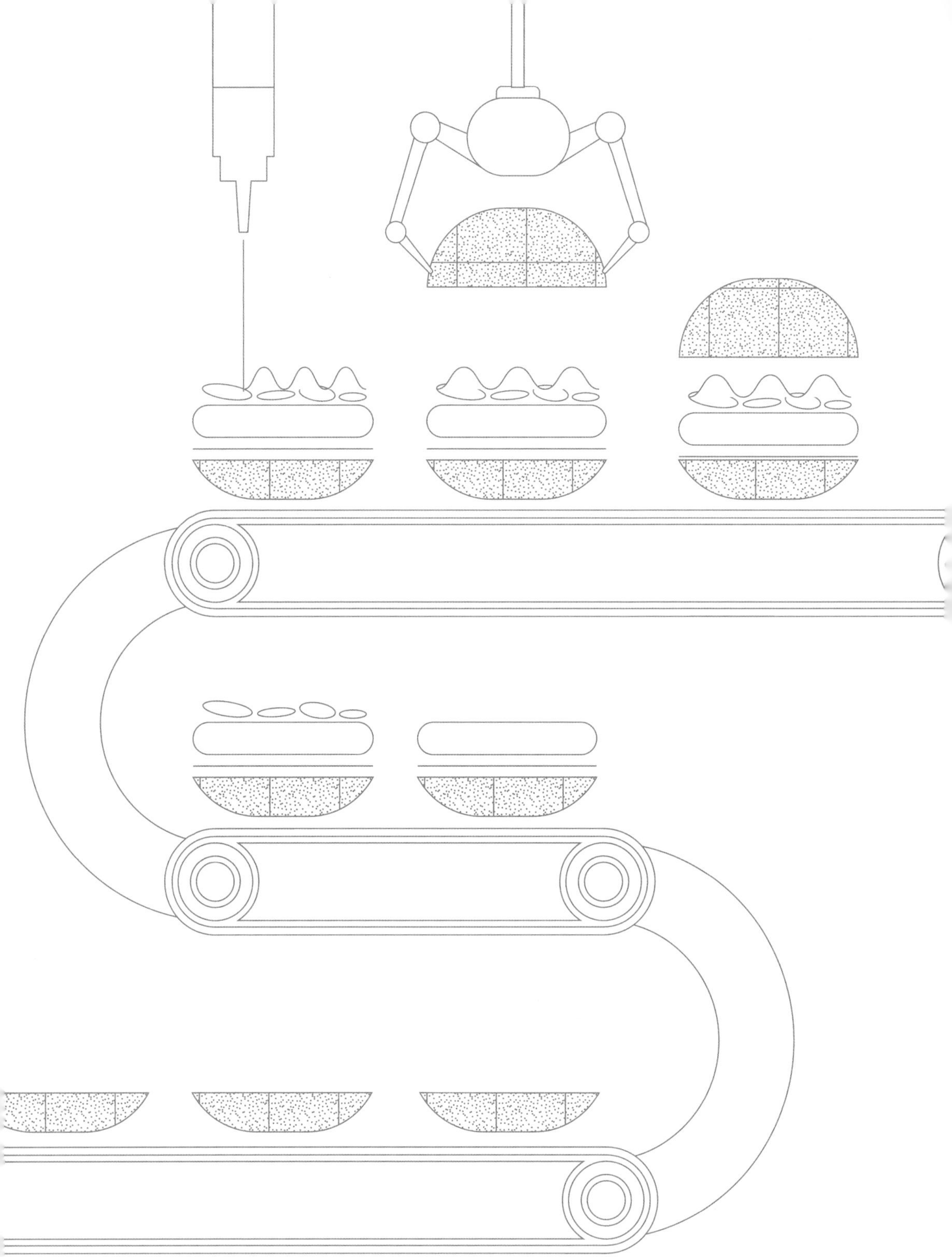

WE:ROBOT

우리는 로봇이다

미래의 창

WE : ROBOT 우리는 로봇이다
이미 세상을 지배하고 있는 로봇을 만나다

초판 1쇄 발행 2019년 6월 5일
초판 2쇄 발행 2020년 1월 7일

지은이 데이비드 햄블링
옮긴이 백승민
펴낸이 성의현
펴낸곳 미래의창

등록 제10-1962호(2000년 5월 3일)
주소 서울시 마포구 잔다리로 62-1 미래의창빌딩(서교동 376-15, 5층)
전화 02-338-6064(편집), 02-338-5175(영업) **팩스** 02-338-5140
ISBN 978-89-5989-585-4 (03550)

※ 책값은 뒤표지에 있습니다. 잘못된 책은 바꿔 드립니다.

이 도서의 국립중앙도서관 출판예정도서목록(CIP)은 서지정보유통지원시스템 홈페이지(http://seoji.nl.go.kr)
와 국가자료공동목록시스템(http://www.nl.go.kr/kolisnet)에서 이용하실 수 있습니다.
(CIP제어번호: CIP 2019018636)

차례

INTRODUCTION 서문

로봇이 세상을 바꾸고 있다. 로봇에 대한 이야기를 시작하기 전에 먼저 로봇이 무엇인지 정의해야 할 것이다. 사람들이 일반적으로 떠올리는 로봇은 인간처럼 걷고 말하는 휴머노이드 형태의 로봇이다. 하지만 이러한 로봇은 아직까지는 공상과학 속에서나 존재할 뿐이다. 현실에서 대부분의 로봇은 인간과 다르며, 걷지도 말하지도 않는다.

'로봇robot'이라는 용어는 1921년에 카렐 차페크Karel Capek의 연극 〈로숨의 유니버설 로봇R.U.R.: Rossum's Universal Robots〉에서 처음 사용되었다. 이 연극에서 그는 산업 노동자로 일하는 인조인간 종족을 창조했는데, '로봇'이라는 단어는 '강제노동'을 의미하는 체코 단어에서 유래하였다. 그러나 차페크가 만들어낸 로봇은 합성 반응을 통해 성장한 유기적 존재였으며, 우리가 알고 있는 로봇보다는 복제인간에 가까웠다.

옥스퍼드 영어사전에서는 로봇을 '복잡한 일련의 행동을 자동으로 수행할 수 있는 기계'라고 정의한다. 이 정의에 따르면 보통은 로봇이라고 생각하지 않는 식기세척기나 세탁기와 같은 기계도 로봇에 포함해야 한다. 국제로봇협회는 로봇을 '자동으로 제어되고, 재프로그래밍할 수 있으며, 고정되어 있거나 이동할 수 있는 다목적 조종장치manipulator'라고 정의한다. 이는 산업 분야에서 로봇을 정의하기에는 유용할지 모르지만 다른 분야에 적용하기에는 무리가 있다. 예를 들어, 수술 로봇은 프로그래밍할 수 없다.

로봇의 초기 개념은 상상 속에서 나왔으며, 개발자들은 문학 속에서 발명된 '기계적 인간'을 전형적인 로봇의 형태로 부각시켰다. 1939년 뉴욕세계박람회에서는 '일렉트로 더 모터 맨Elektro the Moto Man'이라는 2m 높이의 금속 인간을 선보였다. 이 로봇은 음성 명령에 반응하였고, 질문에 로봇 음성으로 대답하였으며, 손가락으로 숫자를 세고 심지어 담배를 피울 수도 있었다. '일렉트로 더 모터맨'은 웨스팅하우스일렉트릭Westinghouse Electric Corporation의 광전지 및 전기계전기와 같은 몇 가지 최첨단 기술을 보여주기 위해 제작되었다. 사실 '일렉트로 더 모터 맨'은 일종의 속임수라 할 수 있다. 로봇의 대답은 사전에 입력된 내용이었으며, 이 로봇의 기능은 설정된 행동을 반복하는 것에 불과했다.

우리는 사람의 일을 대신하는 기계를 종종 로봇이라고 불렀다. 최초의 신호등은 1868년 영국의 국회의사당 외부에 설치되었으며, 경찰이 수동으로 조작하였다. 1920년대에 자동 교통 신호등이 최초로 도입되었고 사람들은 이것을 '로봇 경찰'이라고 불렀다. 1940년대에 나치 독일은 폭발물을 운반하는 무인항공기 V-1을 배치하였다. 이 항공기는 '개미귀신doodlebug' 또는 '버즈 폭탄buzz bomb'이라는 별명을 가지고 있지만 영어권에서는 '로봇 항공기' 또는 '로봇'이라고 알려졌다. 오늘날에는 드론drone이라고 부를 수도 있을 것이다.

이 책에서는 로봇에 대한 정의를 광범위하게 적용하였다. 일각에서는 단지 원격으로 제어되는 기계에 불과하며 '진정한' 로봇이 아니라고 주장할 수도 있겠지만, 보편적으로 로봇이라고 불리는 수술 로봇과 폭탄 처리 기계가 포함되었다. 지상과 수상 그리고 공중과 수중 및 지하에서도 수많은 로봇 운송 수단이 사용되고 있다. 또한 인간이 조작해야 하지만 의수나 외골격 로봇처럼 의심할 여지없이 로봇이라고 부를 수 있는 장치도 있다. 그러나 지금까지와 마찬가지로 앞으로도 우리를 매료시킬 로봇은 휴머노이드 로봇일 것이다.

사람과 같은 로봇을 만들기 위한 진지한 노력은 1495년으로 거슬러 올라간다. 레오나르도 다빈치는 기계 기사mechanical knight를 설계하였으며, 이는 현대 로봇의 조상으로 자주 인용되고 있다. 레오나르도 다빈치는 관절 및 근육의 동작에 대한 인체해부학 지식을 활용하여 지렛대lever와 도르래pulley를 사용한 인조인간을 설계하였다. 갑옷 한 벌을 기본으로 팔과 다리를 움직일 수 있게 하고, 얼굴 가리개visor를 들어 올릴 수 있도록 설계하였다. 기어를 조작해 다른 동작을 수행할 수 있도록 설정을 변경하는 '제어기'를 적용하는 등 기본적인 프로그래밍 형식을 갖추고 있었다.

레오나르도가 설계한 기계 기사가 실제로 제작되었는지는 알 수 없지만, 레오나르도의 설계는 로봇에 대한 깊은 통찰력과 실물을 모델로 한 기술을 통해 문제를 극복하는 지혜를 보여준다. 손목과 팔꿈치 관절이 있는 현대의 로봇 팔은 레오나르도의 기계 기사와 매우 닮았다. 3차원 공간상의 관절 및 손의 이동에 대한 동일한 문제에 대하여, 엔지니어들은 레오나르도 다빈치와 동일한 해결책을 내놓았다.

로봇은 수세기 동안 존재해왔지만, 현재의 세대는 완전히 새로운 것을 제시한다. 이제 우리는 사람 같은 능력을 발휘하는 로봇에 대한 환상을 현실로 옮기고 있다. 아직은 걸음이 서투르고, 운전 실력도 형편없으며, 사과 따는 기술이 정교하지 못할지는 모르지만, 로봇 기술은 빠르게 발전하고 있다. 로봇이 인간의 라이벌이 되고, 모든 분야에서 인간을 넘어설 날이 다가오고 있다. 로봇들은 이미 세상을 바꾸기 시작하고 있다. 그리고 앞으로 훨씬 더 많은 일을 해낼 것이다.

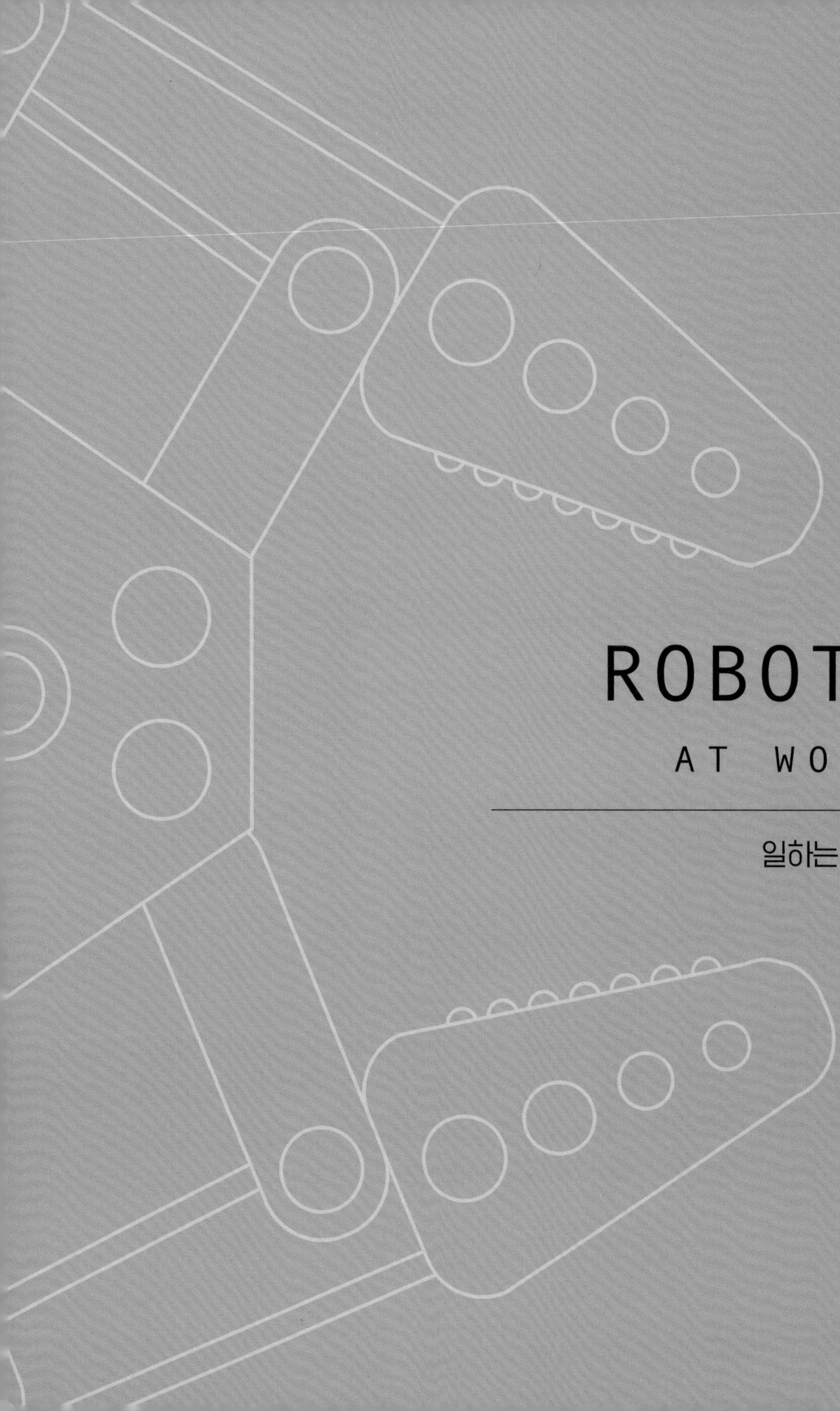

ROBOTS

AT WORK

일하는 로봇

ROBOTS AT WORK

일하는 로봇

지금까지 로봇은 공장에 숨겨져 있었다. 공장에서 로봇은 가장 효율적이고 신뢰할 수 있는 노동자다. 로봇은 항상 강하고 빠르지만 대부분 앞을 거의 볼 수 없고 스스로 일을 정해 작업할 수도 없다. 이 때문에 로봇을 활용할 수 있는 작업의 범위가 제한적이었으나 상황은 빠르게 변하고 있다.

최초의 산업용 로봇은 위험했기 때문에 사람들과 격리하여 사용되었다. 하지만 화낙FANUC의 센서 탑재형 협동로봇 CR-35iA와 같은 새로운 산업용 생산라인 기계는 사람이 옆에서 안전하게 작업할 수 있도록 개발하여 기계의 장점에 인간의 기술을 결합할 수 있었다. 이와 비슷하지만 훨씬 작은 유니버설로봇Universal Robots의 UR10은 이 아이디어를 한층 더 발전시켰으며 유니버설로봇은 UR10이 어떤 작업도 자동화할 수 있다고 자신 있게 이야기한다.

농업 분야도 지난 수십 년간 대대적으로 기계화했지만, 모든 작업을 기계에 맡기기 위해서는 아직 해결해야 할 숙제가 남아 있다. 말 대신 전지형 차량ATVs, all-terrain vehicles을 사용해 소몰이를 할 수 있지만, 운전자가 있어야 한다. 기계로 소 젖을 짤 수 있지만, 역시 작업자가 필요하다. 그리고 과일 같은 농작물은 여전히 사람 손으로 따야 한다. 창의적인 발명가들이 이러한 부분들을 해결하기 위해 연구하고 있다. 예를 들어 렐리 아스트로넛Lely Astronaut은 소 착유기 로봇이고, 스웨그봇SwagBot은 소몰이를 해주는 카우보이 로봇이며, 애그로봇Agrobot은 로봇 팔을 이용하여 부드럽고 상처 나기 쉬운 과일을 빠르고 조심스럽게 수확한다.

로봇이 지루하고 반복적인 작업에 강점을 보이지만, 몇 가지 작업들은 특별한 기술이 필요 없음에도 불구하고 로봇이 처리하기에 너무 까다롭다고 여겨지기도 한다. 하지만 더 이상은 그렇지 않을 것이다. 고층 건물의 창문을 청소할 수 있는 게코 파사드 로봇GEKKO Facade Robot이 개발되었으며, 햄버거를 만들고 포장하여 내놓는 알파 버거봇Alpha burger-bot이 만들어졌다. 만약 당신이 아마존에서 책을 구입한다면, 아마존의 물류 로봇 키바Kiva가 운반할 것이다. 하늘 위에서는 비행기가 변화하고 있다. 비행기 조종사 로봇인 파이봇PIBOT이 개발되어 인간 조종사를 대신할 준비를 하고 있는 것이다. 물론 승객이 이를 받아들이기만 한다면 말이다.

모든 작업이 사람의 손과 조종장치를 필요로 하는 것은 아니다. 그저 점검하기만 해도 되는 작업들이 많은데, 로봇은 사람이 접근하기 힘든 장소까지 가서 그 작업들을 수행할 수 있다. 퓨어로보틱스PureRoboticsTM의 배관검사 시스템Pipeline Inspection System은 원격으로 조종하여 배관 내부를 타고 내려가 배관 상태를 점검할 수 있다. 화성탐사 로봇의 지구 버전이라 할 수 있다. 드론은 탐사 지역을 실시간으로 살펴볼 수 있다. 에어로보틱스Airobotics의 옵티머스 '드론인박스'Optimus 'drone-in-a-box'는 사람이 조종하지 않아도 상세한 3D 조사를 수행하는 무인자동화 시스템이다.

1921년 카렐 차페크의 연극 〈R.U.R.〉에서 로봇은 인간에 대항하여 반란을 일으켰다. 이것은 메리 셸리의 《프랑켄슈타인》과 같은 초기의 공상과학 소설처럼 로봇에 대해 깊숙이 박혀 있는 전형적인 고정관념을 보여준다. 이 책에서 소개할 로봇들이 소설처럼 반란을 일으키지는 않겠지만, 일상생활에서 기존에 우리가 수행하던 역할을 대신하면서 혁명을 일으킬 가능성을 배제할 수는 없다.

기계가 인간의 일자리를 빼앗는다는 주장은 언제나 많은 논란을 불러일으킨다. 18세기, 신기술에 반대하는 러다이트들은 방적기를 파괴하여 직조의 기계화를 막으려 했다. 오늘날 이러한 견해는 잘못된 것으로 판명되었다. 기계화는 그것이 빼앗은 만큼 많은 일자리를 창출했으며, 산업이 자동화한 이후 200년이 지났지만 여전히 인간을 위한 일자리는 많이 남아 있다. 가로등 점등원, 사무실 메시지 배달원, 빗자루 제작자는 아마 더 이상 존재하지 않겠지만, 그들의 후손은 웹사이트 개발자, 디지털 콘텐츠 관리자 그리고 인생 상담 코치가 될 것이다. 현재 학교에 다니는 아이들 중 3분의 1은 아직 존재하지도 않는 새로운 일에 종사하게 될 것이라고 예상하기도 한다.

로봇이 일자리를 장악할 수도 있다는 두려움이 있을 수도 있지만, 우리가 생각하고 있는 것만큼 노동이 낭만적이지 않으며 종종 험하고 위험하기도 하다는 것을 잊지 말아야 한다. 로봇은 우리에게 험하고 위험한 일을 할 필요가 없는 미래를 보여준다. 물론 누군가는 직접 햄버거를 만들거나 손수 과일을 따는 등 기계로도 충분히 할 수 있는 직업을 선택할지 모른다. 하지만 그것은 생계를 위해서가 아니라 그 일이 즐겁기 때문일 것이다.

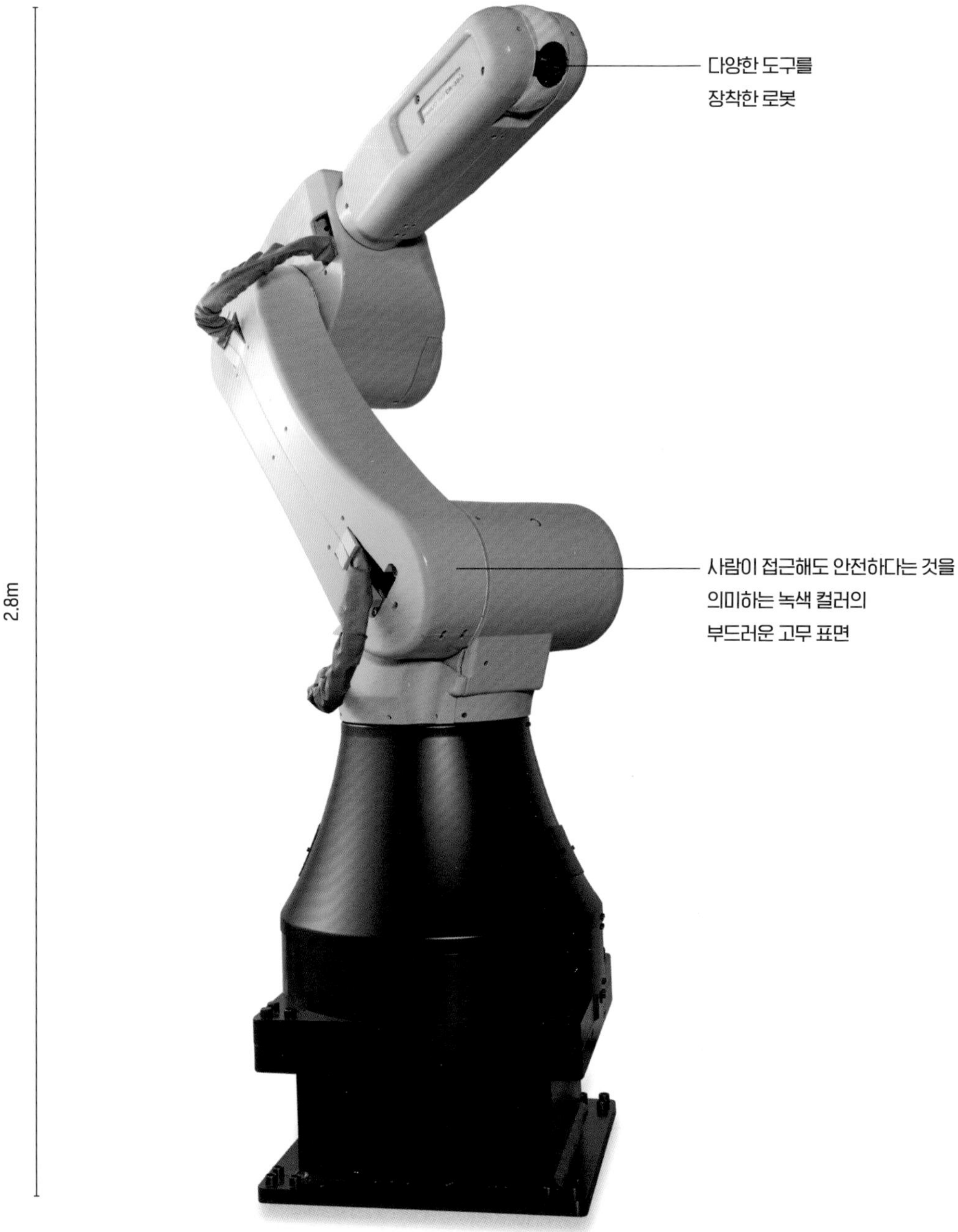
다양한 도구를
장착한 로봇
사람이 접근해도 안전하다는 것을
의미하는 녹색 컬러의
부드러운 고무 표면
2.8m

CR-35iA

협동 로봇

높이	2.8m
무게	990kg
출시연도	2016
구성 재료	강철
메인 프로세서	자체 프로세서
전원	외부 주전원

산업용 로봇은 위험한 직장 동료였다. 1979년 1월, 미시건 주의 플랫 록Flat Rock에 위치한 포드 자동차 공장에서 있었던 일이다. 로버트 윌리엄스는 공장의 다른 구역으로 자동차 부품을 옮기던 로봇 옆에서 일하고 있었다. 기계식 팔을 가진 1톤짜리 로봇은 선반에 있어야 하는 부품을 찾지 못하고 정지했다. 로봇이 작동하다가 예기치 못한 상황이 발생하면 때때로 이러한 일시중지가 일어나므로 윌리엄스는 직접 부품을 가져오기 위해 선반으로 올라갔다. 그런데 이때 로봇이 갑자기 다시 동작하기 시작했고, 로봇 팔에 머리를 부딪친 윌리엄스는 그 자리에서 숨지고 말았다. 그는 로봇 때문에 사망한 최초의 사람으로 기록되었다. 판사는 안전조치를 하지 않은 로봇 제조사에 보상금 1천만 달러를 지급하라고 판결하였다.

이후 안전에 대한 인식이 강화되었고, 산업용 로봇은 주변에서 일하는 작업자들의 안전을 위해 안전펜스나 표지판 등으로 격리되어야 했다. 만약 생산라인에 사람의 개입이 필요하다면, 로봇을 완전히 정지한 다음에 작업자가 로봇의 동작영역 안에 들어갈 수 있다. 이러한 강제적인 격리 조치 때문에 사람과 로봇이 함께 작업하는 것은 어려운 일이었으나 최근 일본 회사인 화낙FANUC은 사람과 안전하게 협업할 수 있는 새로운 타입의 산업용 로봇을 개발하였다. 화낙은 전 세계적으로 40만 대가 넘는 기계를 판매하여 산업용 로봇 시장을 장악하고 있기 때문에, 이러한 도전과제에 잘 대처할 수 있었다. 화낙 협동 로봇의 대표작인 CR-35iA는 높이가 2m에 육박하고 무게는 990kg에 이르며, 6개의 유연한 관절은 35kg까지 들어올릴 수 있다. CR-35iA가 다른 로봇과 가장 다른 점은 전통적으로 경고를 알리는 데 쓰는 노란색을 사용하는 대신 사람이 안전하다는 것을 의미하는 녹색을 적용한 점이다.

이전의 로봇은 속도가 빠르고, 힘이 세지만 안전 센서가 없어 위험하였다. 이 때문에 충돌을 감지하지 못한 채 사람을 치어 다치게 할 수 있었다. 이는 CR-35iA에는 해당되지 않을 것이다. 첫째, CR-35iA는 매우 민감한 안전 센서를 장착하고 있다. 이 센서는 로봇의 모든 방향에서 일어나는 미세한 접촉을 감지한다. '접촉 정지contact stop'는 의도되지 않는 어떤 접촉에도 즉각적으로 동작을 멈추는 것을 의미한다. 추가적으로 적용한 이중채널안전DCS, dual channel safety 소프트웨어 덕분에 근처에서 작업하는 사람이 다치지 않도록 충분한 간격을 확보하면서 물체 표면까지의 거리를 모니터링하고, 로봇이 표면에 너무 가까워지면 정지시킬 수 있다. 둘째, CR-35iA는 부드러운 고무 표면으로 덮여 있으며 날카로운 모서리가 없다. 셋째, CR-35iA는 터치에 반응한다. 로봇이 너무 가까이 다가오면 사람은 단지 로봇을 밀어버리면 된다.

협동 로봇에 적용된 아이디어들의 이면에는 사람과 함께 안전하게 일할 수 있는 기계를 만들겠다는 생각이 깔려 있다. CR-35iA는 내장된 비전 시스템을 사용하여 상자에서 특정 부품을 감지하고 집어올려 사람이 볼트로 고정시키는 동안 들고 있을 수 있다. 로봇이 단순한 작업을 수행하고 무거운 물건을 들어올리는 동안 사람은 섬세한 손재주나 판단이 필요한 일을 맡으면 된다. 결과적으로 사람의 두뇌와 로봇의 체력을 결합한 효율적인 팀워크가 이루어진다.

협동 로봇은 과거에는 로봇을 활용할 수 있다고 생각하지 않았던 공장의 일부분을 차지할 수 있는 잠재력을 가지고 있다. 여전히 공장에서는 안전펜스를 치고 표지판 등으로 격리하고 노란색 로봇을 사용하고 있겠지만 앞으로는 협동 로봇이, 혹은 적어도 사람에 해를 가하지 않도록 설계된 로봇이 점차 보편화될 것이다. 이 로봇들은 로봇의 장점이 필요하지만 안전 문제 때문에 로봇을 사용하지 못해온 수많은 작업 환경에 도입될 것이다. 건설 현장, 창고, 차고 등은 물론이며, 환자를 옮겨야 하는 병원에서도 유용할 수 있다.

로봇과 관련된 사망은 지나칠 정도로 언론의 주목을 많이 받지만, 실제 미국에서 산업용 로봇에 의한 연간 사망자 수는 25명 정도로 미미한 수준이며, 전체 산업 재해로 인한 사망자의 0.01%에 불과하다. CR-35iA는 1세대 협동 로봇이다. 그 다음 세대는 더 스마트하고 보다 우수한 센서로 무장할 것이다. 따라서 사람과 작업 공간을 공유하고 있는 로봇에 대한 가장 큰 문제는 안전이 아니라 사람들의 인식이 될 것이며, 협동 로봇은 이러한 인식을 바꾸는 데 도움을 줄 것이다.

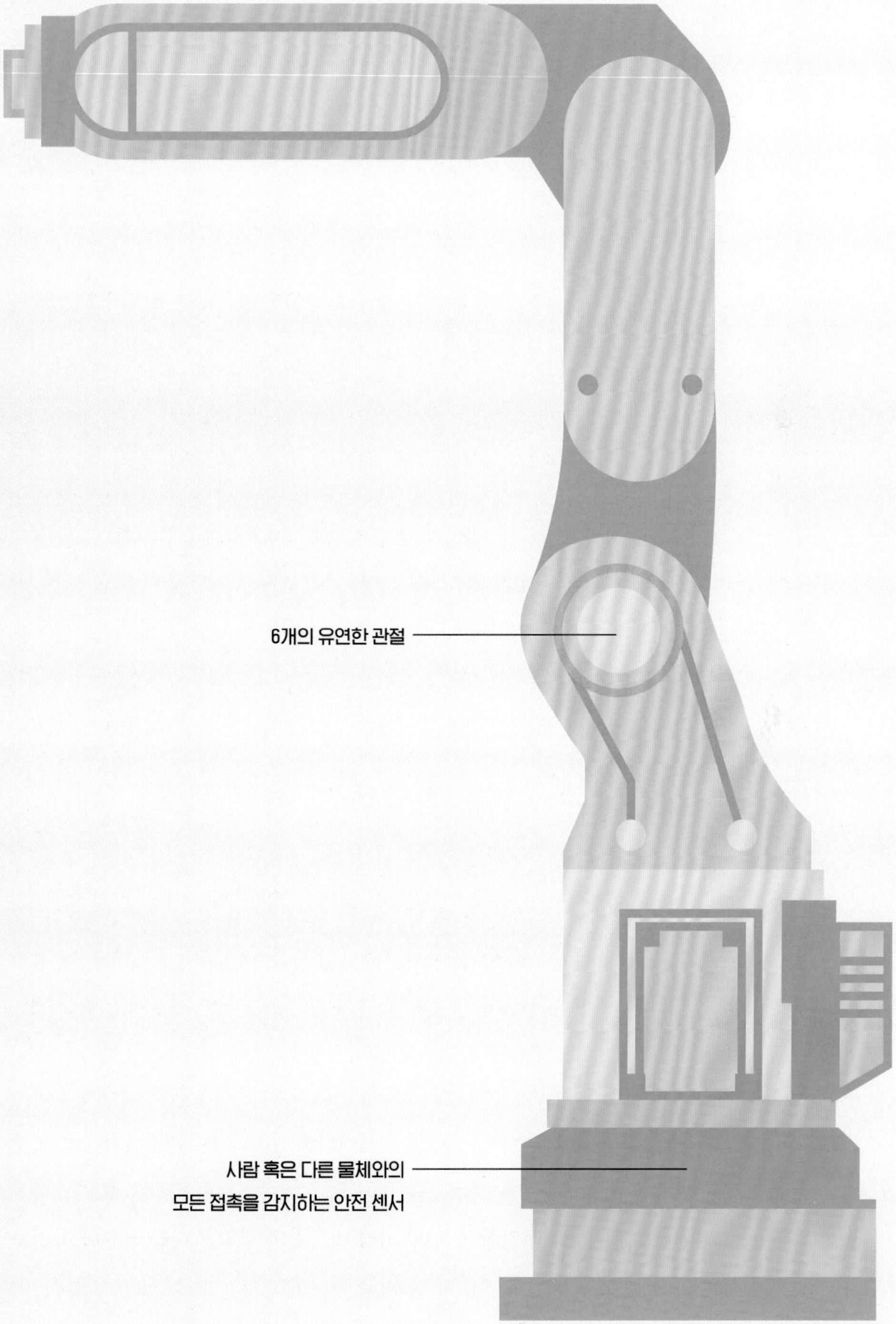
6개의 유연한 관절
사람 혹은 다른 물체와의
모든 접촉을 감지하는 안전 센서

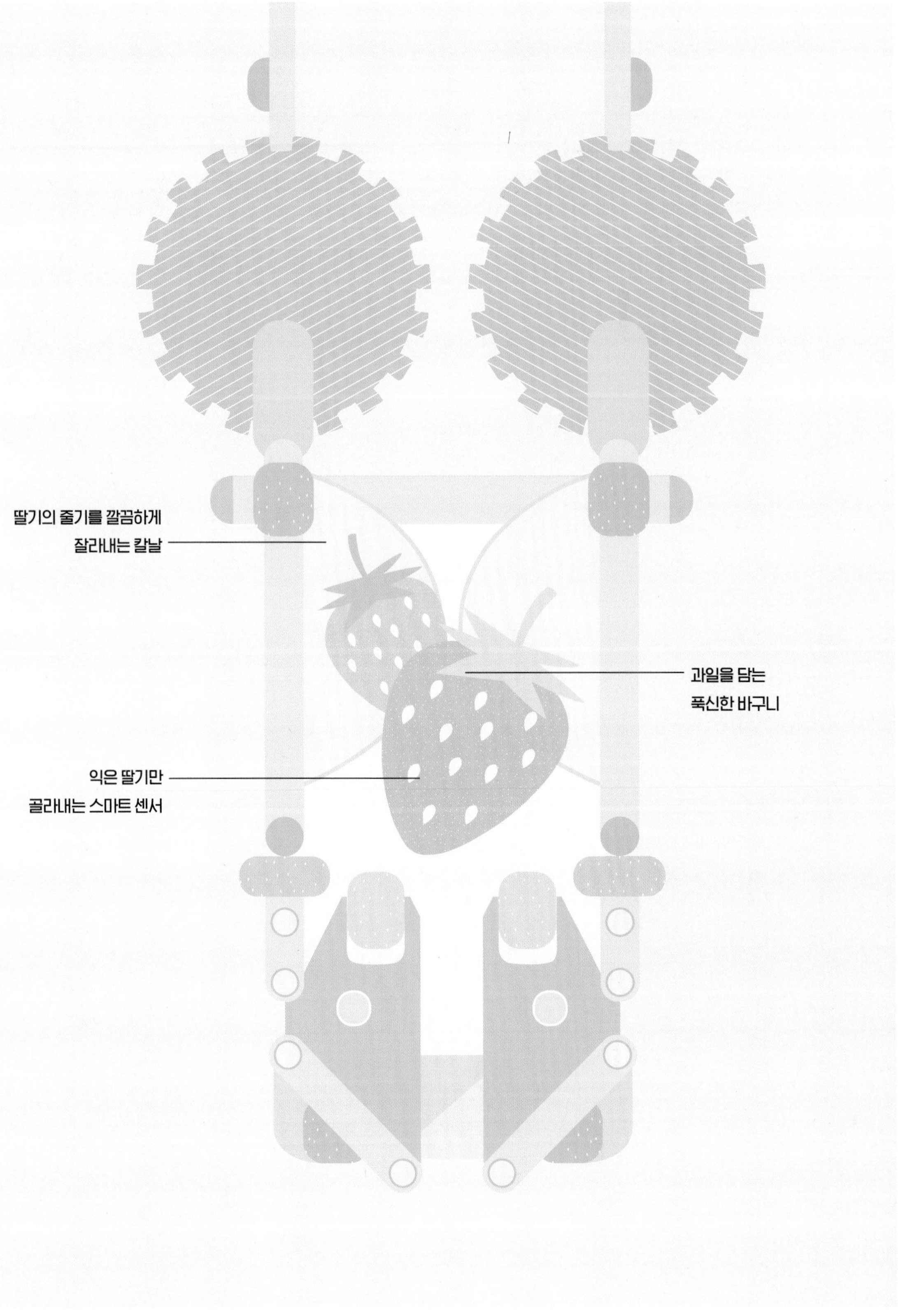

딸기의 줄기를 깔끔하게
잘라내는 칼날
과일을 담는
푹신한 바구니
익은 딸기만
골라내는 스마트 센서

AGROBOT SW 6010

애그로봇 SW 6010

높이	1.5m
무게	약 4.4t
출시연도	2015
구성 재료	강철, 플라스틱
메인 프로세서	자체 프로세서
전원	롬바르디니Lombardini 디젤 28.5마력 엔진

과일 따기는 농업에서 가장 노동 집약적인 작업 중 하나다. 논밭에서는 콤바인을 이용하여 곡물을 빠르게 수확할 수 있지만, 과일 따기는 여전히 수작업이 많이 필요한 일이다.

전통적으로는 과일 수확 시기가 되면 이주 노동자들의 손길을 빌려왔다. 미국의 경우에는 멕시코에서 유입된 인력이, 서유럽에서는 동유럽 혹은 북아프리카 지역에서 넘어온 이주민들이 과일 따는 작업에 투입되었다. 이 때문에 일어난 노동 운동은 여러 문제를 일으켰고, 고용주는 점점 저임금 노동력을 찾기가 어려워졌다. 이러한 상황에서는 로봇이 대안이 될 수도 있다.

애그로봇은 스페인의 딸기 생산 중심지인 우엘바Huelva에 있는 회사다. 그들이 만든 애그로봇 SW 6010은 세계 최초의 완전자동 딸기 수확기다.

단순하고 반복적인 작업처럼 보일 수도 있지만, 딸기를 수확하는 일은 조립 라인 작업과 다르다. 특히 로봇이 정확히 수행하기 어려운 기술이 두 가지 있다. 첫째, 잎 사이에서 열매를 찾고 딸기가 충분히 익었는지 판단해야 한다. 둘째, 과일을 손상시키지 않고 따야 한다. 딸기의 경우 후숙 과정이 없기 때문에 잘 익은 열매를 따는 것이 중요하며, 따는 과정에서 눌리거나 상처가 나면 부패하기 쉽다.

SW 6010은 트랙터와 비슷하다. 디젤 엔진은 로봇 팔과 바퀴를 구동하는 유압 시스템에 동력을 공급한다. 4개의 대형 바퀴에는 각각 독립적인 유압 모터와 조향장치가 장착되어 있어 이를 통해 자율주행 시스템을 가진 로봇이 딸기 하우스의 비좁은 공간에서도 쉽게 움직일 수 있다. SW 6010의 외장재는 금속 대신 플라스틱을 사용한다. 이는 무게와 비용 면에서도 유리하다. 또한 플라스틱을 사용할 경우 먼지가 달라붙어 더러워지기 쉬운 그리스나 윤활제를 사용하지 않아도 된다는 장점이 있다.

SW 6010은 과일을 심은 이랑 위로 간격을 두고 운행하기 위해 높은 바퀴를 장착하였으며, 양 측면에 달린 5개의 로봇 팔을 아래로 뻗어 과일을 수확한다. 각각의 로봇 팔에는, 과일 검사용 카메라, 바닥이나 다른 로봇 팔과의 안전거리 확보를 위한 초음파 센서, 각 팔의 위치를 추적하는 유도 센서 등 일련의 센서들이 장착되어 있다. 소프트웨어를 통해 로봇이 일정한 속도로 나아가게 하며 각 로봇 팔의 움직임을 동기화한다.

인공지능 비전 시스템 '애그비전AGvision'은 과일의 상태를 판단하기 위해 개발되었다. 초당 20개의 이미지를 수집하여 크기, 모양, 색상에 따라 과일을 개별적으로 분석한다. 다행히 대부분의 익은 과일은 선명한 붉은색을, 설익은 과일은 옅은 녹색을 띠기 때문에 색상 분류에 대한 코딩은 어렵지 않다. 만약 딸기가 충분히 익은 것으로 판단되면, 한 쌍의 날카로운 칼날이 딸기의 줄기를 자르고, 수확한 딸기는 푹신한 바구니에 담긴다. 그런 다음 로봇 팔은 딸기를 로봇 본체의 컨베이어 벨트로 옮겨 포장 구간으로 옮긴다.

작업자 두 명이 애그로봇에 타서 수확한 과일을 검사하고 최종 포장 작업을 수행한다. '애그비전' 시스템이 아직 사람만큼 훌륭하지는 않기 때문에 최종 관리 작업에는 여전히 사람의 손길이 필요하다. 미래에는 콤바인 수확기처럼 로봇이 모든 작업을 직접 수행하여 최종 제품을 전달할 수 있을 것이다.

애그로봇의 성공은 경제적인 부분에도 큰 도움을 줄 수 있을 것이다. 과일 따기는 지루하고 힘든 일이며, 수확 시기에 맞춰 마무리하기 위해 작업자들이 연장근무를 하게 마련이다. 노동력이 점점 더 부족해지고 비용도 상승하면서, 로봇의 효용성은 갈수록 더 높아지고 있다. 경제적인 문제는 로봇 도입에 유리하게 작용할 것이며 애그로봇 SW 6010은 노동 절약형 장치로 발돋움할 것이다. 유일한 문제는 이것이 현실이 되기까지 얼마나 걸리느냐다.

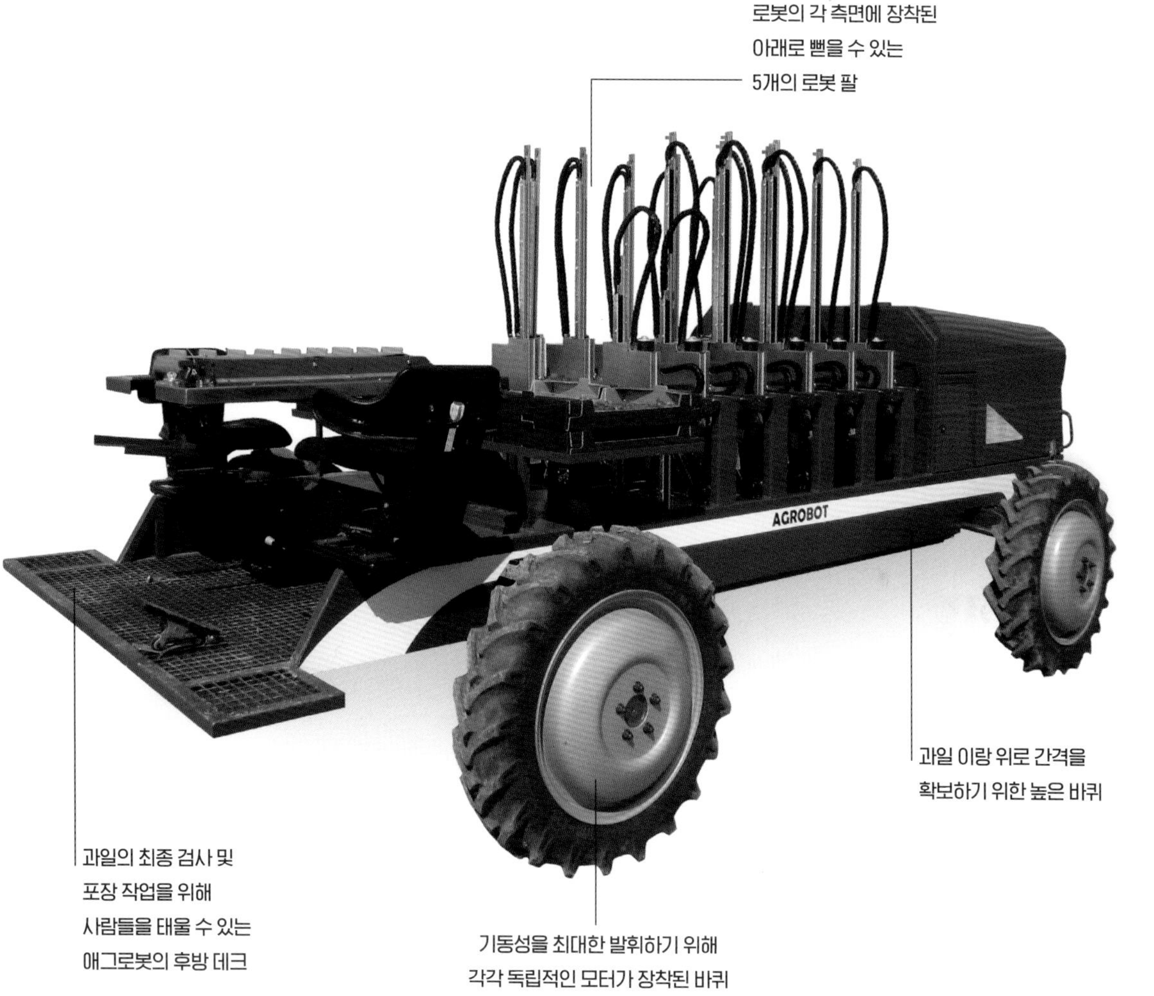

로봇의 각 측면에 장착된
아래로 뻗을 수 있는
5개의 로봇 팔
AGROBOT
과일 이랑 위로 간격을
확보하기 위한 높은 바퀴
과일의 최종 검사 및
포장 작업을 위해
사람들을 태울 수 있는
애그로봇의 후방 데크
기동성을 최대한 발휘하기 위해
각각 독립적인 모터가 장착된 바퀴

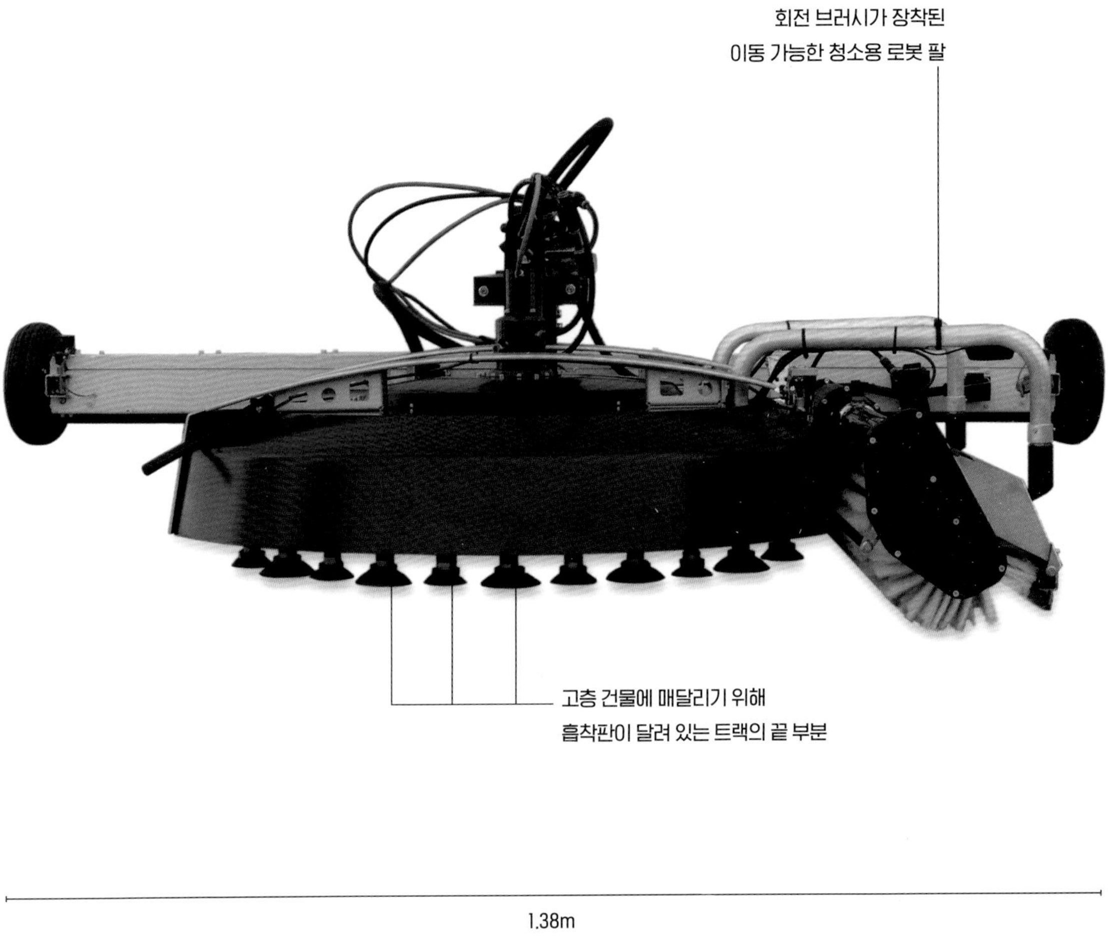
회전 브러시가 장착된
이동 가능한 청소용 로봇 팔
고층 건물에 매달리기 위해
흡착판이 달려 있는 트랙의 끝 부분
1.38m

GEKKO FACADE ROBOT

게코 파사드 로봇

높이	42cm
무게	70kg
출시연도	2015
구성 재료	플라스틱
메인 프로세서	상용 프로세서
전원	외부 주전원

전 세계 어디든 도심지는 비슷비슷한 모습이다. 유럽의 중심지이든, 미국이든, 아니면 극동 지역이든, 유리로 뒤덮인 고층 건물들이 성공을 과시하듯 자리잡고 있다. 그러나 건축 기술이 발전하는 동안 창문 청소는 그러지 못했고, 작업자들은 지금까지도 여전히 곤돌라에 매달려 스펀지 걸레자루를 들고 넓은 유리창의 얼룩을 닦아내고 있다. 그러던 중 게코 파사드 로봇이 등장하였다.

스위스 회사인 세르봇Serbot AG에서 발명한 게코 파사드 로봇은 빌딩 관리 패키지의 일부로 제공되는 세계 최초의 대형 수직 표면용 창문 청소 로봇이다. 창문 청소부와 마찬가지로, 게코는 로프를 타고 건물 꼭대기에서부터 내려온다. 청소용 물을 공급하기 위해 호스가 연결되어 있으며, 안정성을 위해 흡착판을 갖추고 있다. 게코 로봇이 사람과 다른 점은 작업 속도와 민첩성이다. 디스크 모양의 로봇은 각각 10개의 흡착판이 달린 두 개의 트랙을 가지고 있는데, 이 트랙 덕분에 바람에 흔들려도 떨어지지 않고 안정적으로 건물의 표면을 따라 '걸어'간다. 게코는 길을 찾기 위한 가이드 레일이나 기타 보조기구가 불필요하며, 끌어올리는 힘이 강해 수평 및 수직, 경사 그리고 심지어 일반적인 방법으로는 도달하기 힘든 돌출부까지도 기어오를 수 있다.

게코는 청소용 로봇 팔을 들어올리거나 내려서 창문 유리에 접촉한다. 로봇 팔에는 세차장이나 도로 청소차에서 볼 수 있는 청소용 회전 브러시가 달려 있어 손으로 하는 것보다 더 꼼꼼하게 청소할 수 있다. 세르봇은 게코 로봇이 기존 방식보다 물을 더 적게 사용하고, 강력한 브러시 덕분에 세제를 사용할 필요가 없어 친환경적이라고 주장한다.

게코 파사드 로봇의 장점은 다양하다. 작업자는 조이스틱을 이용하여 로봇을 조종하거나 자동으로 작동하도록 설정할 수 있다. 이는 창문 청소에 필요한 인력을 최소화할 수 있다는 것을 의미하며, 작업자 한 명이 고층 건물 전체를 청소하는 것도 가능하다. 게코를 사용하면 1시간에 600m^2를 청소할 수 있으며, 이는 사람보다 15배 빠른 것이다. 또한 휴식시간이 필요 없는 것은 물론이며, 사람보다 장시간 근무가 가능하다. 보통 큰 건물을 청소하는 데 드는 비용이 8만 파운드 정도이므로 게코 로봇의 위와 같은 장점은 상당한 비용 절감으로 이어질 수 있다.

뿐만 아니라, 고층 건물의 창문 청소는 매우 위험하다. 지면에서 바람이 불지 않더라도, 100층 위에서는 시속 48km의 속도로 바람이 불 수 있다. 따라서 305m 정도 높이의 고층 건물은 강한 바람을 맞게 되는데, 과도하게 흔들리는 것을 방지하기 위해 건물 내부에는 감쇠기tuned mass dampers라는 거대한 추가 필요하다. 건물 안에 있는 사람은 바깥에 바람이 부는지 모르겠지만, 창문 청소부는 바람을 고스란히 맞기 때문에 사고가 일어날 수 있다. 바람이 너무 강하게 불어 사람이 작업하기 힘든 상황이라도 흡착판이 있는 게코 로봇은 작동 가능하다.

비즈니스 세계에서 보안에 대한 인식은 갈수록 중요해지고 있다. 만약 창문 청소부가 회의실 창문 밖에서 신제품 런칭 계획에 대한 발표를 보게 된다면, 비밀번호나 방화벽과 같은 예방조치는 유명무실해질 수 있다. 게코를 이용하면 이러한 걱정에서 벗어날 수 있을 것이다. 로봇이 고층 아파트 건물이나 호텔을 청소한다면, 청소를 하는 중에도 커튼을 열어 놓고 경치를 감상할 수 있어 조망권을 보장할 수도 있다. 이는 사람보다 기계가 편하게 느껴지는 몇몇 경우 중 하나다.

유리로 뒤덮인 고층 건물은 줄어들 기미가 보이지 않으며, 가장 높은 건물은 여전히 프리미엄을 얻고 있다. 또한 건축가는 기존에 없던 형태의 랜드마크 건물을 창조하고 싶어 한다. 이러한 상황에서 기존의 청소 방식은 문제가 된다. 본질적으로 고층 건물은 고가의 자산이며, 회사는 화려한 경관의 사무실에 막대한 비용을 지불한다. 하지만 창문 테두리에 먼지가 끼어 있다면 화려한 건물이 주는 효과는 무색해질 것이다. 게코는 여기서도 점수를 따는데, 특히 작업의 품질이 돋보인다. 게코의 회전 브러시와 기계적인 규칙성 덕분에 어느 한쪽 가장자리도 놓치지 않고 깨끗이 청소할 것이다. 앞으로 수십 년 동안 게코 로봇의 활동영역이 넓어진다면, "이곳은 청소가 덜 되었네"라고 말할 일이 없어질지 모른다.

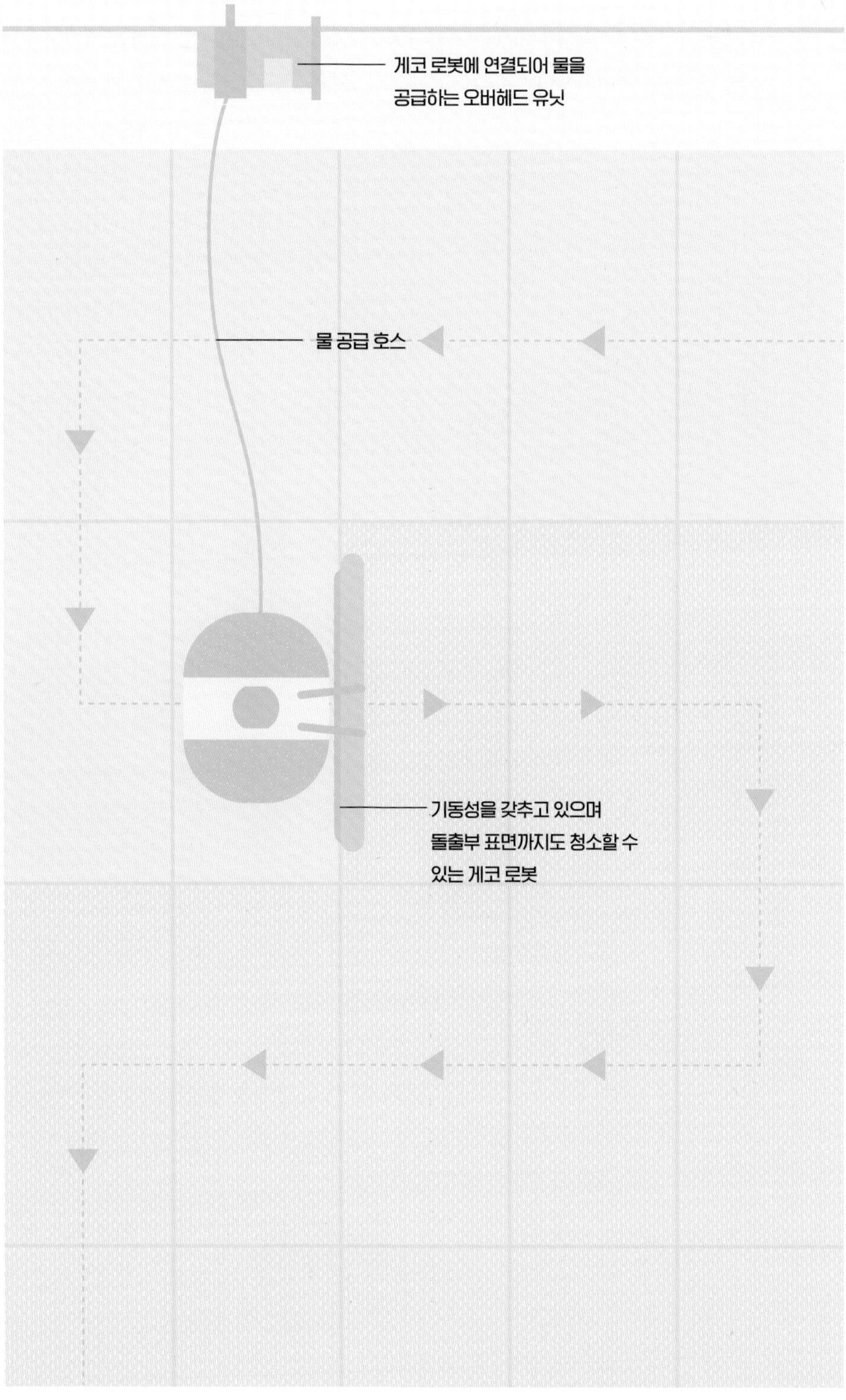
게코 로봇에 연결되어 물을 공급하는 오버헤드 유닛
물 공급 호스
기동성을 갖추고 있으며 돌출부 표면까지도 청소할 수 있는 게코 로봇

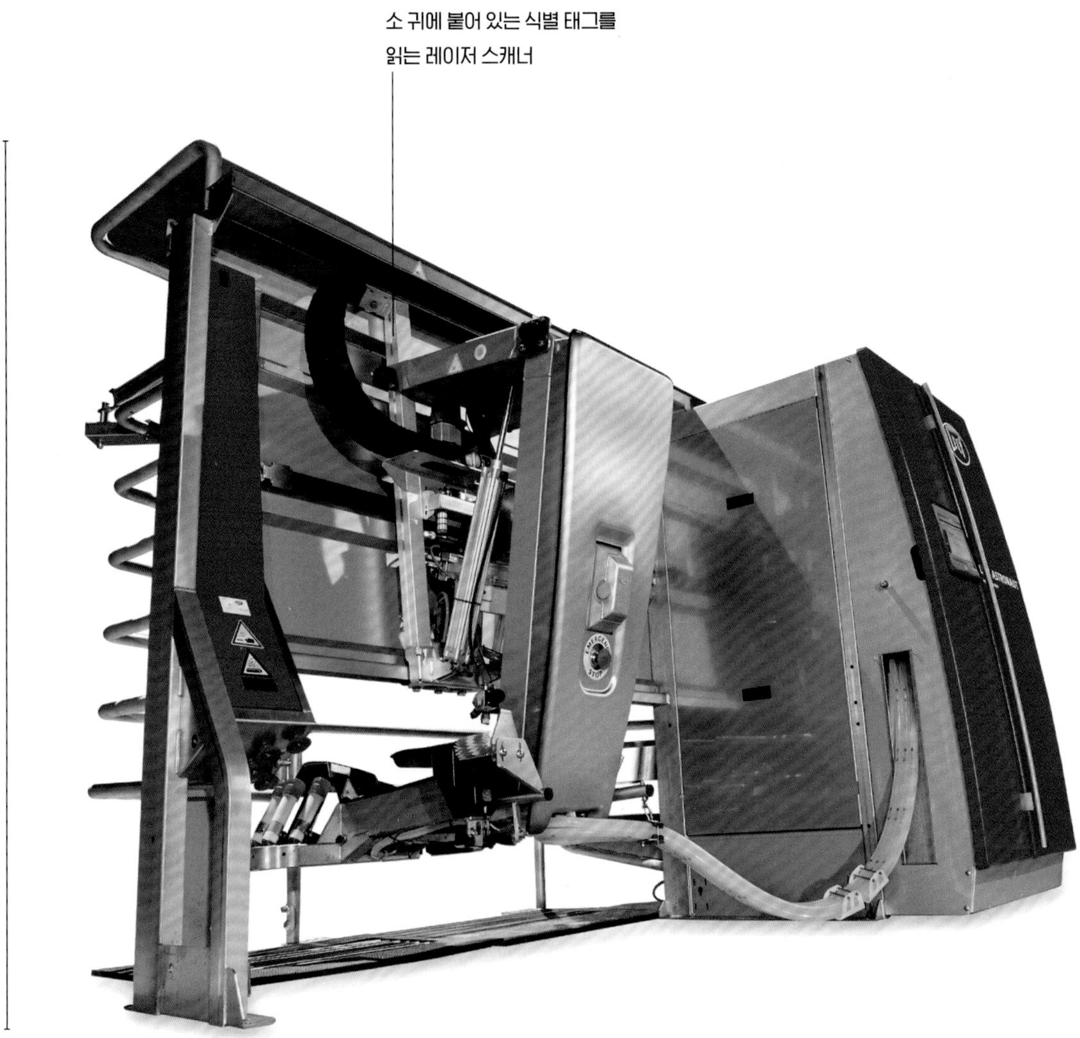
소 귀에 붙어 있는 식별 태그를
읽는 레이저 스캐너
2.37m

LELY ASTRONAUT A4

렐리 아스트로넛 A4

높이	2.37m
무게	650kg
출시연도	2010
구성 재료	강철
메인 프로세서	자체 프로세서
전원	외부 주전원

인류는 오랜 옛날부터 우유를 마셔왔고 우리의 DNA가 이를 증명하고 있다. 수천 년 전 가축을 키우기 시작하면서 유럽 및 북아프리카 사람들은 유당lactose에 내성을 갖게 되었다. 그때부터 사람들은 손으로 우유를 짜는 데 많은 시간을 보내고 있다. 19세기 중반에 착유 기계가 발명되었지만, 흡입컵을 활용하여 소에서 젖을 짜는 실용적인 방법을 고안하기까지 수십 년이 걸렸다.

오늘날에는 착유기가 보편화되면서 노동량이 급격히 줄었지만, 하루에 두 번씩 반복하는 착유 작업은 여전히 농장에서 가장 꺼리는 작업 중 하나다. 농부는 동트기 전부터 일어나 젖소 떼를 착유 작업장으로 이동시킨 다음, 각 소에 착유기를 부착하여 젖을 짜고 다시 떼어내는 과정을 거쳐야 한다. 이 소모적인 업무는 12시간 간격으로 반복된다.

네덜란드의 렐리Lely에서 만든 아스트로넛 A4는 젖소 떼를 착유 작업장에 옮기는 일부터 시작해 전체 과정을 자동화한다. 또한 로봇 기술을 착유 작업에 적용함에 있어, 아스트로넛은 최첨단 기술 수준을 자랑한다. 젖소가 작업장으로 들어가면 슈퍼마켓의 바코드리더기와 유사한 RF 레이더가 목 주변의 태그를 스캔하고 젖소는 사료 여물통을 공급받는다. 만약 태그에 있는 식별정보ID를 통해 젖소가 착유한 지 얼마 안된 것이 확인되면 사료 여물통은 철수되고 소는 작업장을 떠나게 된다. 착유한 이후 충분한 시간이 지났다는 것이 확인되면, 젖소는 필요한 만큼의 사료를 공급받게 되며 이러한 조치는 젖소의 착유를 유도한다.

젖소가 사료 여물통에 다가가 자리를 잡으면 로봇이 작동한다. 먼저 3D 카메라로 소의 동작을 추적하고, 3단계 유두 감지 시스템이 장착된 레이저 스캐너가 로봇 팔을 유도하여 소의 유두를 세척하고 흡입컵을 부착한다. 착유를 마치고 나면, 유두 후처리를 하고 로봇 팔은 다음 사용을 위해 흡입컵을 스팀 청소기에 넣고 세척한다.

소는 무리 지어 다니는 것을 선호하는 동물이다. 다른 착유기와 달리 아스트로넛을 사용하면 소들이 개별적으로 작업장에 들어갈 필요가 없다. 대신 소들이 같이 있을 수 있도록 오픈 플랜 방식을 적용한다. 3D 카메라로 젖소를 추적하므로, 소가 움직이면 로봇 팔과 흡입컵이 이를 따라 움직인다. 젖소들은 무리 지어 있어 따로 떨어져 있을 때보다 안전하고 편안하게 느끼게 되므로 착유 과정이 보다 순조롭게 진행된다.

다른 착유기처럼 아스트로넛도 착유량을 기록하고 젖소의 생산 기록 데이터베이스를 관리하므로, 식단 및 투약을 적절하게 처방할 수 있다. 아스트로넛은 우유를 분석하여 지방 함량, 단백질, 유당을 측정하고 질병 여부를 확인한다. 아스트로넛은 젖을 짜지 않은 소가 있거나 특별 관리가 필요한 소에 대하여 농부에게 알려준다.

아스트로넛에 대한 렐리의 슬로건은 '자연스러운 착유'다. 자동화되고 컴퓨터화된 프로세스는 지나치게 기계적인 것처럼 보일 수 있지만, 젖소의 요구에 섬세하게 대응할 수 있게 해준다. 전통적인 방식과 달리, 아스트로넛은 젖소에게 착유 과정을 맡기고 동물의 협동을 얻어내 작업을 진행한다.

착유 로봇의 주요 쟁점은 비용이다. 농장의 일자리는 기계가 작업을 수행하는 것이 비용 면에서 더 저렴해지는 전환점에 도달할 때까지 저임금 노동자 혹은 이주 노동자를 고용하여 수작업으로 이루어지는 경향이 있다. 70마리의 젖소를 관리할 수 있는 아스트로넛 한 세트는 약 10만 파운드의 비용이 든다. 저렴한 가격은 아니지만, 노후 착유기를 어차피 교체해야 한다는 점을 고려하면 추가 비용은 그다지 크지 않을 수도 있다.

렐리는 작업 과정을 절대 빼먹지 않으며 모든 소에게 처음부터 끝까지 세심한 주의를 기울인다는 점에서 아스트로넛을 '가장 신뢰할 수 있는 직원'이라고 표현한다. 낙농업에 대한 전통적인 사고방식과 다를 수 있지만, 어쨌거나 젖소는 이를 좋아한다. 착유 로봇 도입은 빠르게 증가하고 있다. 어떤 국가에서는 착유 산업 신규투자의 절반을 로봇 분야에 투자하고 있을 정도다.

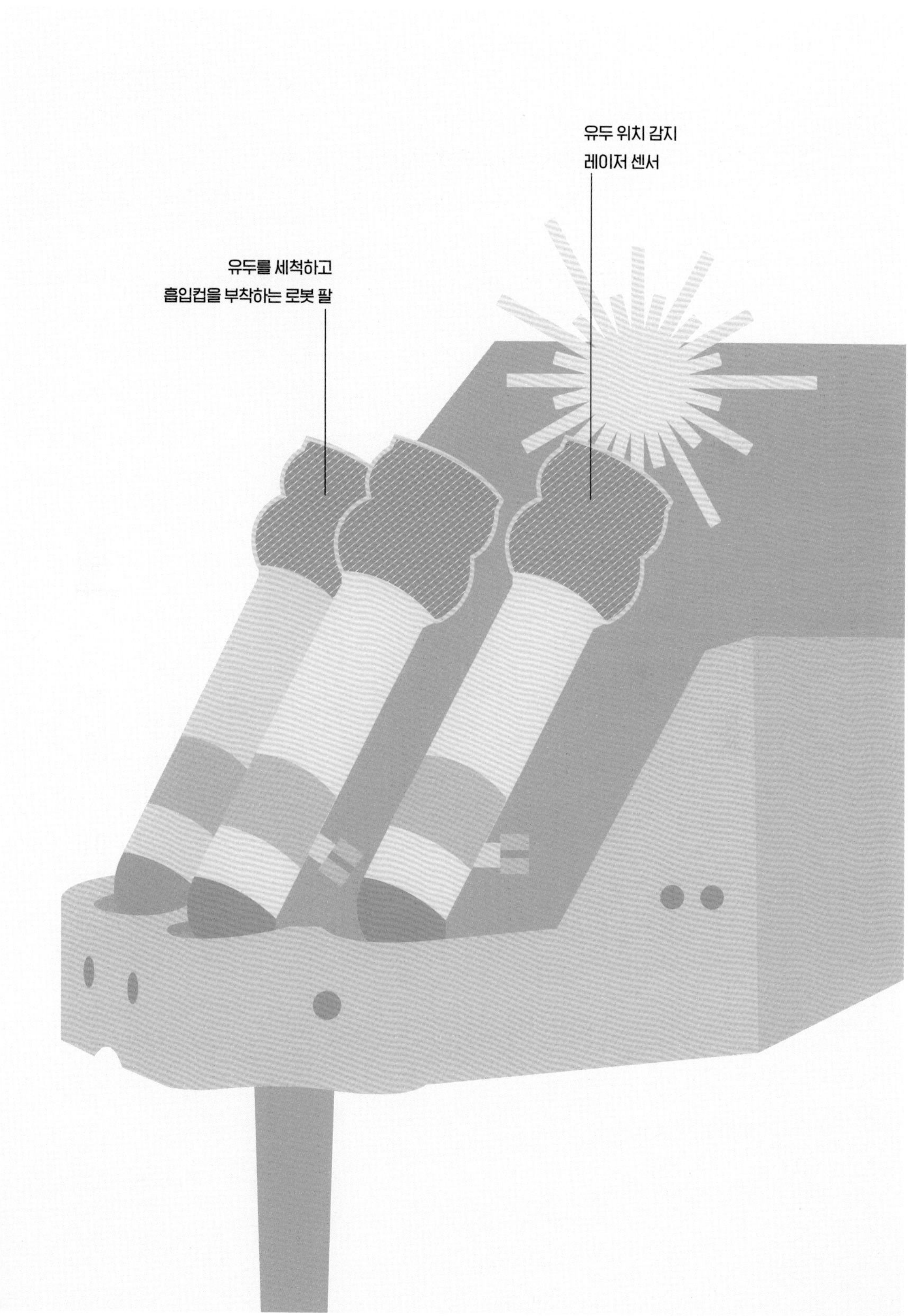
유두 위치 감지
레이저 센서
유두를 세척하고
흡입컵을 부착하는 로봇 팔

키바의 리프팅 메커니즘

이 장치는 적재 선반 아래에 들어가
회전하면서 선반을 들어올린다

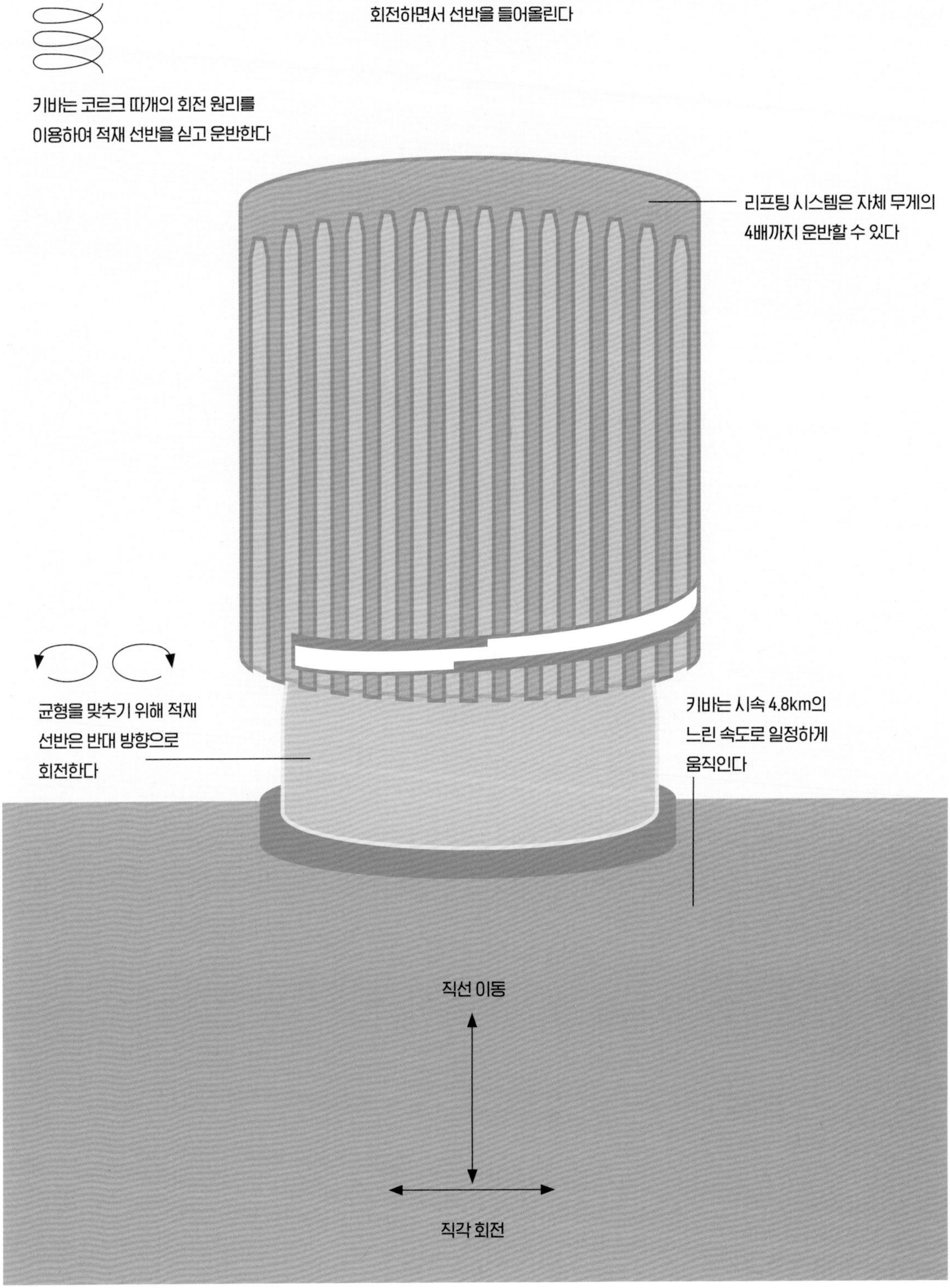

KIVA

키바

높이	30cm
무게	110kg
출시연도	2005
구성 재료	강철
메인 프로세서	상용 프로세서
전원	납축 배터리

밝은 오렌지색의 키바 로봇은 온라인 상거래 거대 기업인 아마존의 물류창고 생태계를 책임지고 있는 일개미다. 무작위로 움직이는 것처럼 보이는 이 로봇은 무거운 짐을 들고 끊임없이 움직인다. 이들은 매일 수백만 개씩 들어오는 아마존 주문에 맞춰 제품이 문제없이 발송되도록 물류 작업을 처리하고 있다.

이 오렌지색 로봇은 2005년 매사추세츠 주 우번Woburn 지역의 키바 시스템Kiva System에서 제작한 시제품에서 출발했다. 각 로봇에는 약 60×80cm 넓이, 30cm 높이의 본체가 있다. 상단에는 코르크 따개처럼 동작하는 리프팅 메커니즘이 있다. 이 메커니즘을 통해 키바는 머리에 짐을 싣고 다니는 짐꾼처럼 적재 선반을 들고 운반할 수 있다. 1m² 넓이, 2m 높이의 적재 선반은 400kg까지 물건을 올릴 수 있는데, 이는 키바 무게의 4배에 해당한다. 시속 4.8km의 속도로 주행하는 로봇은 직선으로 조심스럽게 움직이며 직각으로 회전한다. 로봇이 회전할 때마다 적재 선반이 흔들리지 않도록 리프팅 메커니즘을 반대 방향으로 회전한다. 이렇게 하면 적재 선반이 균형을 잃거나 물건을 떨어뜨릴 가능성을 줄일 수 있다.

주문을 처리하는 과정은 '집품, 포장, 배송'으로 이루어진다. 로봇이 등장하기 전에는 작업자가 선반 통로를 끊임없이 오르내리며 물건을 찾아 포장 작업대로 가져와야 했지만 물류 로봇이 도입된 후 사람은 이제 작업대에서 기다리고 있으면 된다. 키바가 각각의 주문에 맞는 물품이 담긴 적재 선반을 찾아 운반해줄 것이다. 키바는 중앙 경로처리 시스템의 지시를 받아 움직인다. 물류센터 바닥에 2m 간격으로 부착된 바코드를 스캔하여 자신의 위치를 파악하고 Wi-Fi를 통해 위치를 전달한다. 주문이 들어오면 그에 맞는 적재 선반의 ID를 스캐너로 확인한 후 운반한다. 키바는 포장 작업자 앞에 적재 선반을 정렬할 때, 작업자가 주문받은 상품을 정확하고 쉽게 가져갈 수 있도록, 주문 상품을 레이저로 강조하여 보여준다. 주문작업이 처리되면 키바는 적재 선반을 창고로 돌려보낸다.

키바는 레이저 스캐너 외에도 충돌방지 센서를 탑재하고 있다. 이론적으로는 이러한 센서가 필요하지 않다. 키바의 이동경로에 사람이 있어서는 안 되고, 모든 로봇의 위치는 시스템으로 관리되므로 서로 충돌할 일이 없어야 하기 때문이다. 그러나 종종 적재 선반에서 물건이 떨어져 길을 막을 수도 있고, 사람이 길을 잘못 드는 경우도 있기 때문에 충돌방지 시스템이 필요한 것이다.

키바 로봇은 납축 배터리를 사용하며, 2시간마다 자동으로 재충전을 한다. 리튬 이온 배터리를 사용하면 더 긴 시간 작동할 수 있지만 물류창고에는 충전기가 멀리 떨어져 있지 않으므로 저렴한 납축 배터리를 선호한다.

아마존이 2012년에 키바 로보틱스를 인수한 후 키바 로봇은 아마존에만 독점으로 공급되고 있다. 아마존은 2012년까지는 약 5천 대의 로봇을 보유하고 있었지만, 2017년에 와서는 4만 5천 대가 넘는 로봇을 도입하였다. 아마존의 키바 로보틱스 인수는 물류 로봇 시장을 뒤흔들었다. 사무용품 업체 스테이플스Staples와 오피스디포Office Depot, 의류업체 갭Gap 등 기존 키바 로보틱스의 고객들은 더 이상 키바 로봇을 공급받지 못해 새로운 업체를 알아봐야 했다.

키바 로봇은 일개미처럼 지칠 줄 모르고 열심히 일하며 불평도 하지 않으며, 심지어 임금을 지불할 필요도 없다. 연구에 따르면, 키바 로봇은 아마존 물류센터에서 집품, 포장, 운송 등을 효율적으로 수행하여 주문처리율을 2배에서 6배 정도 개선시키며, 동시에 오류의 수도 줄인다. 아마존 및 동종업체들이 사업을 확장함에 따라 키바 스타일의 물류 로봇 부대 또한 늘어날 것이다.

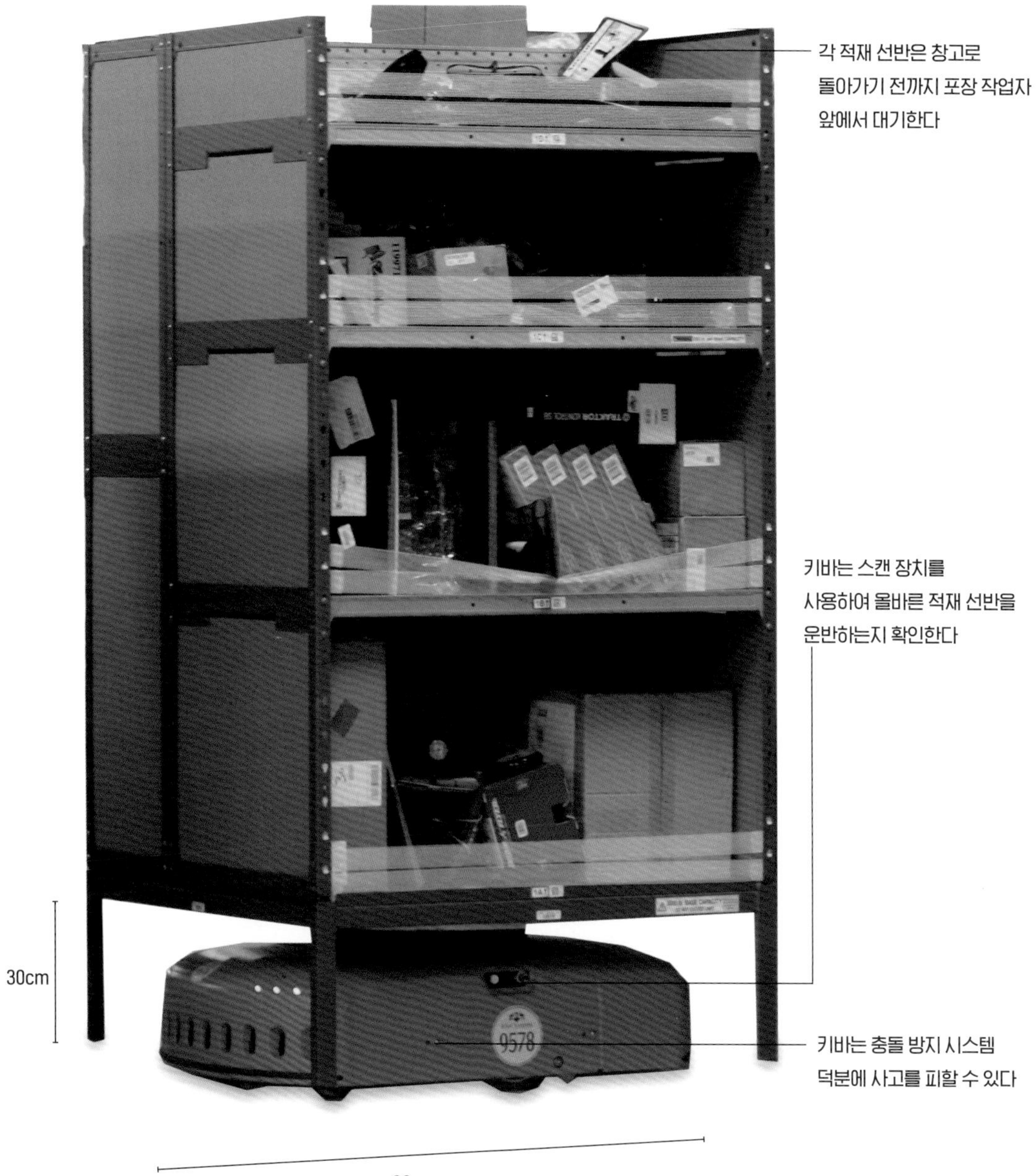
각 적재 선반은 창고로
돌아가기 전까지 포장 작업자
앞에서 대기한다
키바는 스캔 장치를
사용하여 올바른 적재 선반을
운반하는지 확인한다
키바는 충돌 방지 시스템
덕분에 사고를 피할 수 있다
30cm
80cm

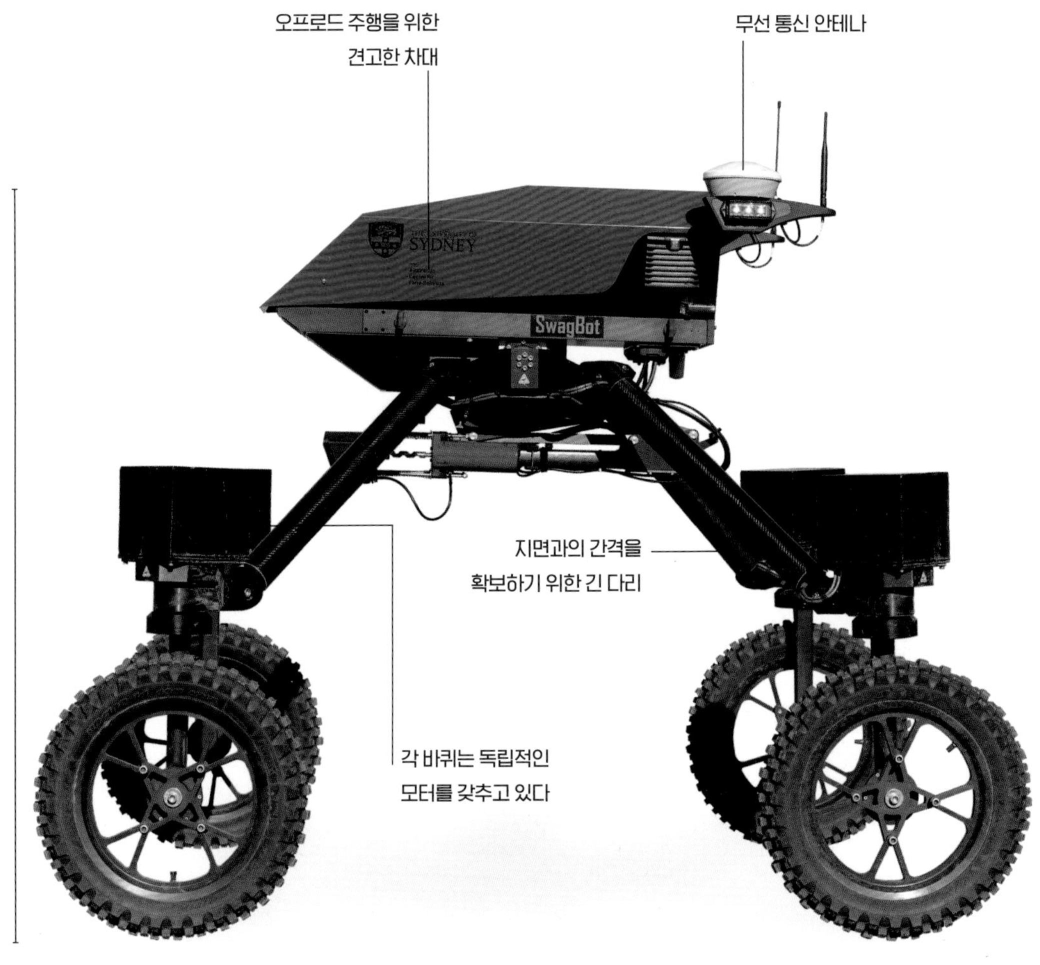
오프로드 주행을 위한
견고한 차대
무선 통신 안테나
SYDNEY
SwagBot
1.5m
지면과의 간격을
확보하기 위한 긴 다리
각 바퀴는 독립적인
모터를 갖추고 있다

SWAGBOT

스웨그봇

높이	1.5m
무게	190kg
출시연도	2016
구성 재료	강철
메인 프로세서	자체 프로세서
전원	리튬 이온 배터리

오스트레일리아에서는 일반적인 목장의 크기가 4,000km^2 정도이며, 이는 런던 시의 3배에 달하는 크기다. 유럽에서는 작은 면적에서도 여러 마리의 동물을 키울 수 있지만 오스트레일리아의 건조한 땅에서는 많은 수의 가축을 사육할 수 없기 때문에 동물을 키우기 위해서는 더 넓은 땅이 필요할 것이다. 가축들이 이렇게 넓은 땅에 멀리 흩어져 있는 상황이다 보니, 목장에서는 가축을 돌보는 목동의 수요가 높다. 그래서 그들은 스웨그봇이 필요하다.

오스트레일리아의 전형적인 농장 노동자들은 짐 보따리를 들고 돌아다니며 일을 해주고 숙식을 제공받기 때문에, 뜨내기 노동자라는 뜻으로 스웨그맨swagman이라 부른다. 스웨그맨의 공급이 부족해지자, 시드니대학교의 살라 수카리에Salah Sukkarieh 교수는 소몰이 등 농장 일을 담당할 로봇을 개발하는 팀을 만들었다. 그들은 지프나 4륜차를 개조하여 자율주행차로 만드는 대신 백지에서 시작했다. 수카리에는 "우리는 ATV나 4륜차를 개조하는 대신 새로운 플랫폼을 만들었다. 왜냐하면 지형에 대한 뛰어난 적응성과 기동성을 갖춘 완전 자율 기능을 개발하는 것이 목표이기 때문이다"라고 말한다.

이렇게 개발된 스웨그봇의 바퀴에는 각각 자체 모터가 장착되어 있으며, 바퀴 위에는 4개의 긴 다리가 붙어 있어 이동성이 뛰어나도록 설계되었다. 전방향성omnidirectional이며, 이동 중에 발생하는 어떤 충격도 흡수할 수 있는 견고한 복합재료로 된 차대를 갖추고 있다. 구동 시스템은 방수 기능을 갖추고 있어, 물을 건너갈 수 있다. 이론상으로는 잠수도 가능하다.

스웨그봇은 최고 시속 20km의 속도로 도랑, 개울, 통나무 및 기타 장애물이 있는 전형적인 목장 지형을 자유롭게 이동할 수 있다. 스웨그봇은 트레일러를 끄는 로봇 트랙터로도 사용할 수 있다. 넓은 지역을 이동하며 작업을 수행해야 하는 스웨그봇의 특성상 문제가 생겼을 때 외부의 도움을 받기 어려우므로, 중간에 움직일 수 없는 상황에 처하거나 외부의 구조가 필요하면 안 된다.

첫 번째 필드 테스트에서 스웨그봇은 원격조종으로 소몰이에 성공하였다. 이동 플랫폼으로 스웨그봇을 개발한 수카리에 팀은 이제 소프트웨어와 센서 개발에 집중하고 있다. 목표는 로봇이 사람의 도움 없이 지도화된 영역을 횡단하는 것이다. 오스트레일리아의 오지에서는 차량통행이 거의 없어 교통상황은 문제가 되지 않으므로 개발 중인 센서에는 기본적인 충돌 방지 장치만을 탑재했으며, 비디오 카메라를 사용하여 목초지의 품질을 평가하고 가축을 위한 충분한 식량이 있는지 확인하는 보다 정교한 시스템이 포함되어 있다. 가축의 상태를 점검하는 센서도 있다. 열화상 센서를 통해 건강 상태를 점검하고, 카메라를 이용하여 가축이 절뚝거리는지 확인할 것이다. 또한 배설물을 채취하여 동물의 건강 상태를 점검하는 센서를 장착하게 될 수도 있다.

더 다양한 센서와 소프트웨어가 개발되고 있으므로 스웨그봇의 능력을 훨씬 더 확장시킬 수 있을 것이다. 예를 들어, 사료가 담긴 트레일러를 정해진 장소로 이동시키거나 회수하는 자율 운반 기능을 포함할 수도 있다. 수카리에는 잡초를 자동으로 제거하기 위해 스웨그봇을 활용하는 방안 또한 검토하고 있다. 침입성 식물을 찾아내고 제거함으로써, 잡초가 확산되는 것을 막을 수 있다. 스웨그봇은 다른 로봇과 협력하여 작업을 수행할 수도 있다. 그 중 스웨그봇과 소형 드론의 협력에 대한 시도가 있었는데, 이 시도에서 스웨그봇은 드론의 이동식 기지국 및 재충전 장치 역할을 하고 드론은 잃어버린 가축을 찾거나 험한 지형을 이동하는 쉬운 경로를 찾는 데 도움을 주었다.

늘 그렇듯이, 여기에서도 가격이 중요하다. 수카리에는 전자부품 가격 하락이 스웨그봇과 같은 제품의 상업적인 성공을 가능하게 할 것이라고 말한다. 당장 가능하진 않겠지만, 언젠가는 향상된 기능을 가진 더 저렴한 로봇이, 임금 상승과 노동력 부족과 맞물려, 가격 장벽을 넘어서기 시작할 것이다. 이는 궁극적으로 오지outback가 스웨그봇 세상이 될 수 있음을 의미한다.

스웨그봇은 이동성이 뛰어나도록
설계되었으며 전형적인 목장 지형뿐 아니라
물을 건널 수도 있다

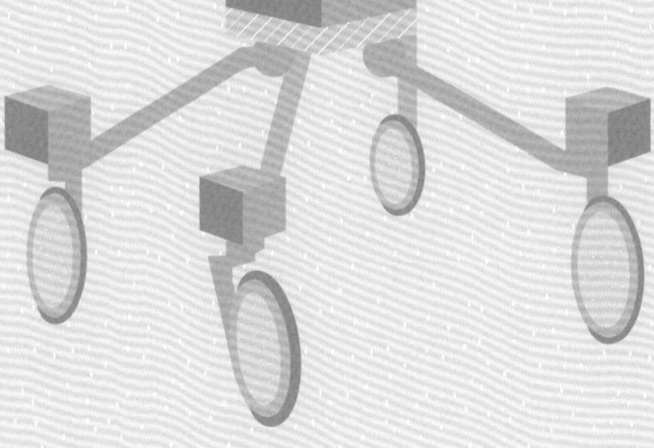

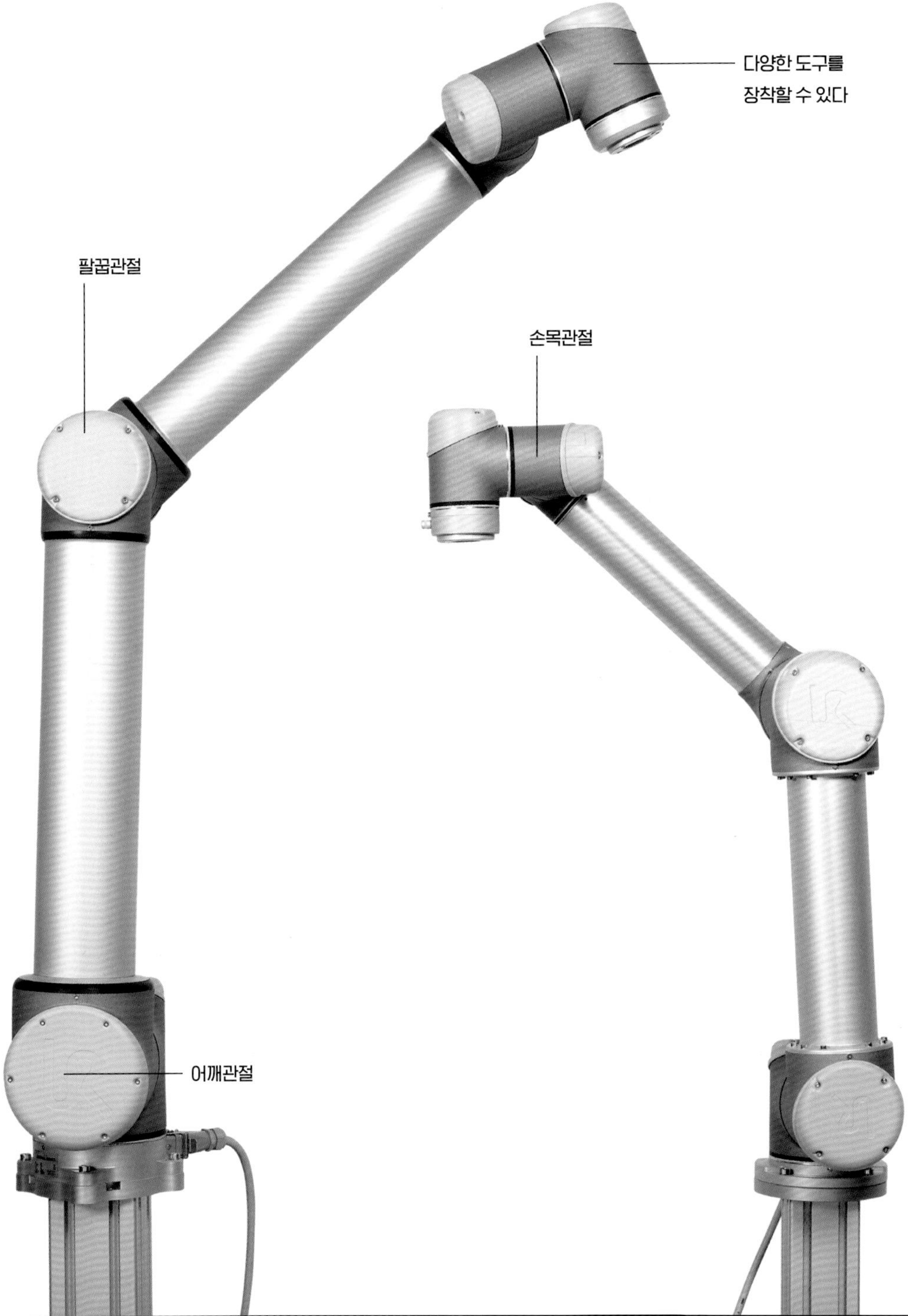
다양한 도구를
장착할 수 있다
팔꿉관절
손목관절
어깨관절

UNIVERSAL ROBOTS UR10

유니버설 로봇 UR10

높이	1.4m
무게	28.9kg
출시연도	2013
구성 재료	강철
메인 프로세서	상용 프로세서
전원	외부 주전원

산업용 로봇은 일반적으로 크고, 비싸고, 복잡하다. 생산 자동화 과정은 수개월이 소요되며, 가끔은 로봇과 관련된 생산라인을 완전히 다시 제작해야 하기도 한다. 이렇게 비싸고 복잡한 형태의 자동화는 일부 산업 분야에서는 유효하지만, 대다수의 사업에서는 적절하지 않다. 카렐 차페크의 〈로숨의 유니버설 로봇Rossum's Universal Robots〉을 연상시키는 덴마크 회사 유니버설로봇UR은 이 상황을 극복하고 싶었다. 유니버설로봇의 소형 로봇은 사람의 모든 행동을 자동화하는 데 적용된다. 유니버설로봇은 회사 홈페이지에서 "우리가 거의 무엇이든 자동화할 수 있다고 말할 때, 그것은 사실상 모든 것을 의미한다"라고 말한다.

유니버설로봇의 기계들은 전통적인 산업용 로봇에 비해 크기가 작다. UR10이 가장 큰 로봇으로 무게가 고작 28.9kg밖에 안 된다. 크기가 작기 때문에 잘못된 동작으로 사람을 죽일 수도 있는 다른 대형 로봇보다 안전하다. 대부분의 UR 로봇은 안전펜스 없이 사람과 같은 공간에서 작업할 수 있다.

UR10은 다른 산업용 로봇과 비슷하게 생겼다. 고정되어 있지만 앵글포이즈Anglepoise(관절을 가지고 있어 자유롭게 조절할 수 있는 스탠드-역자주) 스탠드처럼 자유롭게 각도를 조절할 수 있다. 어깨관절, 팔꿉관절, 손목관절 등 6개의 '자유도degrees of freedom'를 가진 관절구조가 각기 따로 회전함으로써 로봇은 필요한 위치로 이동할 수 있다. 또한 UR 로봇은 다양한 종류의 도구와 장치를 장착할 수 있다.

UR 로봇이 여타 로봇과 다른 점은 바로 사용자 인터페이스다. UR 로봇은 전담 엔지니어 팀이 필요하지 않으며, 프로그래밍 경험이 없는 작업자도 직접 프로그램을 설정하여 작업할 수 있다. 터치스크린 방식의 사용자 인터페이스를 적용하여 태블릿 컴퓨터에서 프로그래밍하며, 로봇 팔을 작업 중 필요한 위치로 이동시킬 수 있으므로 작업자는 로봇에게 필요한 것을 효과적으로 지시할 수 있다. UR의 평균 설치 시간은 반나절 정도라고 한다. 전문적인 교육을 받지 않은 작업자도 박스를 열고 로봇을 설치한 다음 간단한 작업을 프로그래밍하고 설치를 완료하기까지 1시간이 채 걸리지 않는다.

UR10은 작고 가볍기 때문에 화물선박 용접 같은 광범위한 작업보다는 경공업에 적합하며, 엄청난 유연성을 가지고 있다. 새로운 작업 현장에 로봇이 필요할 경우, 작업자는 말 그대로 UR10을 들고 필요한 곳으로 옮긴 다음 별다른 도움 없이 작동하게 할 수 있다.

UR 로봇은 기존 산업용 로봇과 같은 종류의 작업도 수행한다. 프랑스 클레온Cleon 지역의 르노Renault 공장에서는 UR10 로봇이 자동차 엔진에 나사를 고정하는 작업을 한다. 유연하고 작기 때문에 사람이 닿기 어려운 위치까지 로봇 팔을 뻗어 작업할 수 있다. 또한 나사를 고정한 후, UR10은 이를 철저하게 검사하여 확인한다.

다른 업체에서는 UR 로봇을 '픽 앤 플레이스pick and place' 작업에 사용하는데, 비전 시스템의 가이드에 따라 부품을 선택하고 위치를 보정할 수 있다. UR 로봇은 조립 및 포장 작업에도 활용할 수 있다. 세계적인 욕실 부속품 제조사 샤먼러너Xiamen Runner에서는 UR10 로봇이 사출 성형injection molding 기계를 조종하여 부품을 생산한다. 이곳에서는 로봇을 레일 위에 장착하여 작업을 마치면 다음 장소로 이동할 수 있게 했다. 빨리 설치하고 해체할 수 있기 때문에 UR10은 대량생산보다는 소량의 주문제작상품을 생산하기에 적합하다. 이는 헨리 포드 시대의 대량생산 체제와는 다르다.

유니버설로봇은 그들의 로봇이 자금 회수 기간이 업계에서 가장 빠르며, 6개월이 조금 넘으면 투자금을 회수한다고 주장한다. UR 로봇은 안전문제나 복잡한 프로그램이 없어 기존 작업에 쉽게 적용할 수 있기 때문에, 앞으로 광범위하게 확산될 수 있을 가능성을 보여준다. 또한 UR 로봇은 산업 현장 이외에도 사용될 수 있다. 덴마크에는 고등학교마다 기술 교과목 교육을 위해 소형 UR3 로봇을 보유하고 있으며, 네덜란드 흐로닝언 지역의 모퐁고 증류주공장Mofongo's Distillery에서는 UR 로봇 바텐더가 레일을 타고 위아래로 움직이며 술과 음료를 가져다준다.

애플은 매우 직관적인 사용자 인터페이스를 갖춘 제품을 만들어 큰 성공을 거두었고, 이를 바탕으로 지금은 세계에서 가장 성공적인 회사가 되었다. UR 로봇 역시 일반 대중 시장에서 로봇 분야의 아이폰이 될 수도 있다.

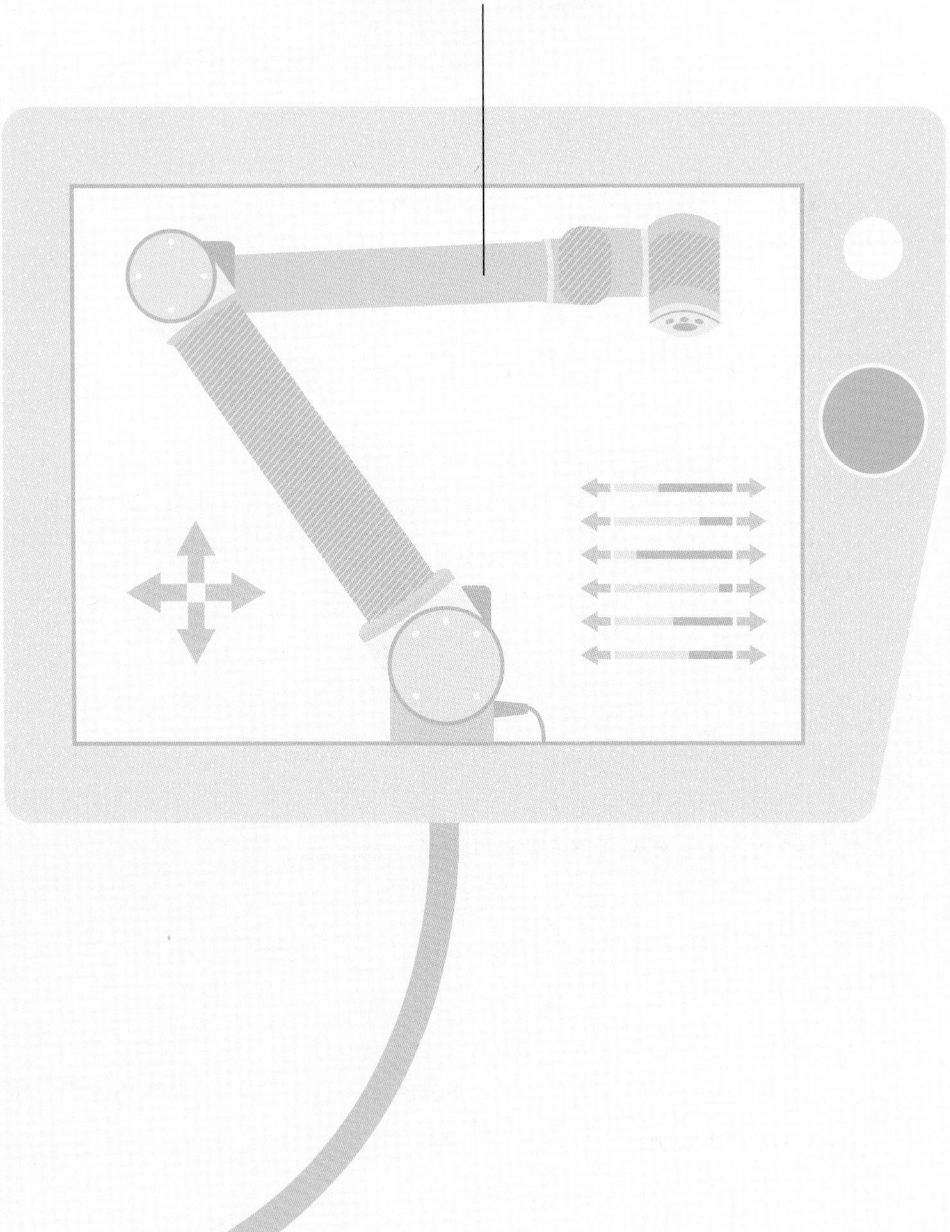

UR10은 태블릿 컴퓨터를 이용하여
쉽게 프로그래밍할 수 있으며,
로봇 팔을 필요한 위치로 이동시킬 수 있다

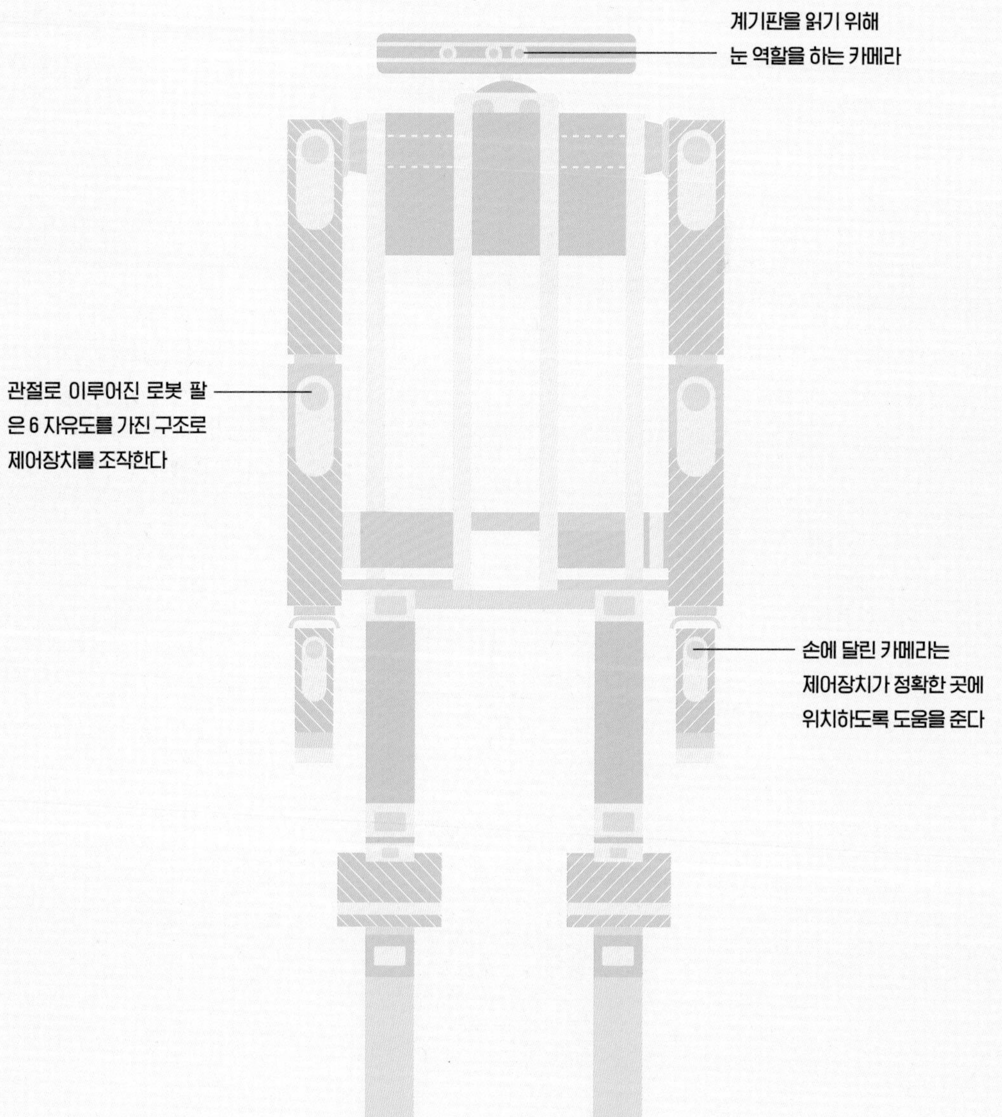
계기판을 읽기 위해
눈 역할을 하는 카메라
관절로 이루어진 로봇 팔
은 6 자유도를 가진 구조로
제어장치를 조작한다
손에 달린 카메라는
제어장치가 정확한 곳에
위치하도록 도움을 준다
발은 페달
제어장치를
조작한다

PIBOT

파이봇

높이	1.27m, 앉은 자세
무게	24kg
출시연도	2016
구성 재료	강철
메인 프로세서	인텔 NUC5 17 RYH
전원	배터리

파이봇은 파일럿 로봇pilot robot의 약자로 조종사의 좌석에 앉아 비행기를 조종하는 휴머노이드 로봇이라 쉽게 짐작할 수 있다. 그런데 이 로봇이 자동운항 시스템을 사용하지 않고 사람처럼 실제로 비행기 제어장치를 사용해 운전하리라고는 예상하지 못했을 것이다.

카이스트KAIST의 심현철 교수는 파이봇을 제작하기 위해 팀을 만들어 조종 자동화 과제에 체계적인 방식으로 접근했다. 그들은 조종을 인식, 의사결정, 행동이라는 세 가지 영역으로 세분화한 후 로봇이 각각의 업무를 수행하는 데 필요한 하드웨어, 인공지능, 센서 소프트웨어를 개발했다.

파이봇은 엔진출력조절장치throttle, 조종간, 페달을 포함한 제어장치를 조작하고, 조종사가 하는 것처럼 계기판과 연료소비량을 확인한다. 대부분의 드론과 달리 파이봇은 원격조종을 통해 작동하지 않으며, 사람의 개입 없이 비행기를 조종한다. 심지어 조종사처럼 항공 교통 관제사들과 대화하기 위해 무전을 사용하기도 한다.

2014년 처음 선보인 최초의 파이봇 1은 저가의 상용 로봇인 바이올로이드 프리미엄Bioloid Premium의 축소 버전으로 비행 시뮬레이터에서 비행 전 과정을 성공적으로 완수하였다. 엔진에 시동을 걸고 브레이크를 해제하는 것부터 시작하여 지상주행, 이륙, 사전에 지정된 경로에 따른 비행을 마친 후 목적지에 안전하게 착륙하였다. 이 작은 안드로이드 로봇은 모형 항공기로 실제 비행에도 성공했다. 비전 시스템 소프트웨어는 아직 미세한 조정이 필요했기 때문에 착륙 과정에서 사람의 도움이 필요하긴 했지만, 이 실험을 통해 파이봇의 개념이 유효하다는 것을 보여주었다.

파이봇 2는 실물 크기의 휴머노이드 로봇이다. 약 10만 달러의 제작비용이 들었으며, 모든 기능을 갖춘, 조종사의 복제품이다. 로봇 팔과 다리는 6 자유도를, 로봇 손은 5 자유도를 가지고 있다. 눈 역할을 위한 카메라 외에 파이봇은 손에도 카메라를 장착하여 제어 장치의 정확한 위치를 찾는 데 도움을 준다. 이전 버전과 마찬가지로, 비행 시뮬레이터를 통해 성능을 입증하였다. 심 교수 팀은 이제 비상상황, 특히 사전에 프로그래밍되지 않은 돌발상황에 대한 파이봇의 대응에 대해 연구하고 있다.

이미 이런 유형의 로봇에 대한 수요가 있다. 미 공군은 유인조종에서 무인조종으로 전환하기 위해 비행기를 개조하지 않고도 사용자가 쉽게 설치할 수 있는 '드롭인 로봇 시스템drop-in robotic system'을 찾고 있다. 심 교수의 기술에서 출발점을 찾을 수 있을 것이다. 미 공군은 화물 운송 비행과 재급유 임무에 로봇을 사용하려 계획하고 있다. 장기적으로는 '정보, 감시, 정찰'과 같은 보다 도전적인 임무에 투입될 것이다. 머지않아 무인항공기와 유인항공기가 영공을 공유하게 될 가능성이 높으므로 로봇이 비행할 수 있도록 관련 규칙 및 규정이 바뀌어야 할 것이다.

비행조종 로봇은 상업적인 부분에서도 역할을 찾을 수 있다. 현행 규정에 따르면, 매 비행마다 조종사와 부조종사가 필요하다. 부조종사는 비상 시에 개입하고, 조종사에게 다른 의견을 제시한다. 과거에는 조종사와 부조종사 외에 계기판을 모니터링하고 연료소비량을 계산하는 비행 엔지니어가 있었다. 자동화된 시스템이 비행 엔지니어를 대체했으며, 부조종사 또한 같은 방식으로 진행될 것으로 보인다. 숙련된 조종사는 보수가 높기 마련이고, 고용하고 훈련시키는 데도 높은 비용이 발생한다. 파이봇은 비용이 저렴하고 소프트웨어 업그레이드를 통해 지속적으로 개선이 가능하다는 점에서 훌륭한 대안이 될 수 있다. 새로운 종류의 항공기를 조종하는 데 필요한 기술은 단지 소프트웨어를 다운로드하여 해결할 수 있으며, 파이봇은 혼동의 위험 없이 다른 종류의 항공기를 조종할 수 있다.

가까운 미래에 조종사 없이 비행조종 로봇만으로 여객기를 운항하지는 않겠지만, 대부분의 항공사고가 인간의 실수로 발생한다는 점을 기억할 필요가 있다. 가장 일반적인 사고 유형은 조종사의 판단착오 등으로 비행기가 산이나 언덕에 부딪히는 'CFITcontrolled flight into terrain(테러나 항공기 결함이 아닌 조종사의 판단착오나 장비오작동 등에 의해 조기강하하여 일어나는 사고-역자주)'이며, 주로 조종사가 계기판 값을 무시하거나 착각해서 발생한다. 앞으로 몇 년 안에 승객들은 실수할 가능성이 있는 사람보다 파이봇이 조종석에 있을 때 더 안전하다고 느낄지도 모른다.

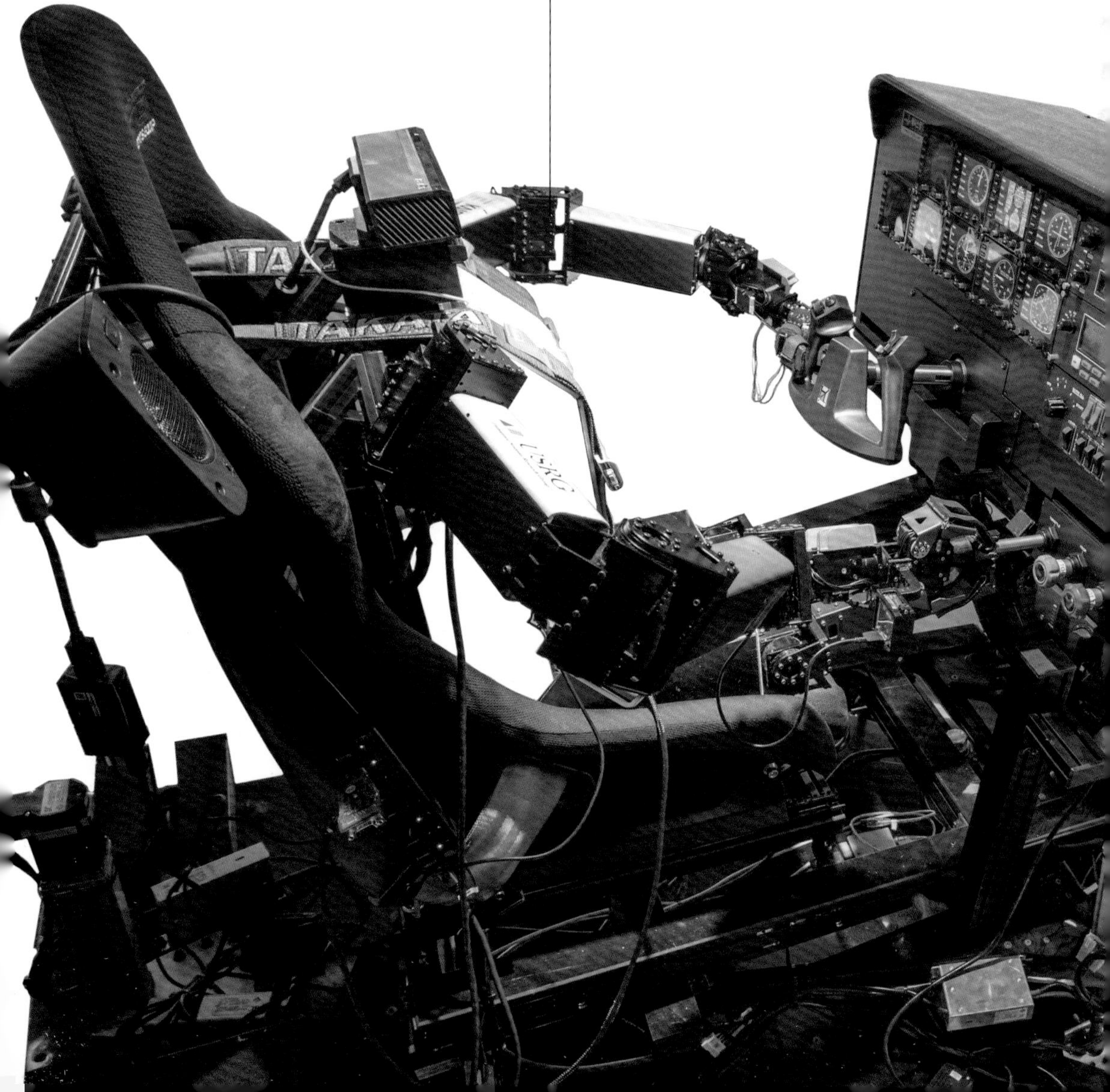

플러그 앤드 플레이: 파이봇은 조종사의 좌석에 앉아
비행기를 조종할 수 있으며, 비행기를 개조할 필요도 없다

공급선을 통해 로봇과
작업자를 연결한다
궤도는 미끄러운 표면에서도
움직일 수 있는 견인력을 제공한다

ROBOTIC PIPELINE INSPECTION SYSTEM 로봇 배관검사 시스템

높이	25cm
무게	135kg
출시연도	2013
구성 재료	강철
메인 프로세서	상용 프로세서
전원	배터리

현대생활은 각종 제반시설을 지원하는 숨겨진 배관들을 기반으로 세워졌다고 해도 과언이 아니다. 수많은 배관은 각 가정에 깨끗한 물을 제공하고 폐수와 하수를 처리한다. 또한 가스와 석유를 전 세계로 운송한다. 이때 흐름을 유지하고 누출을 막는 작업이 필요하다.

1960년대까지 배관검사는 외부에서만 할 수 있었다. 사람이 들어갈 만큼 배관이 큰 경우를 제외하면 예방 보수는 불가능했으며, 육안으로 확인될 정도의 균열이 있거나 누출이 발생할 때에만 수리할 수 있었다. 그러던 중 1965년에 배관 부식감지용 이동장치 '스마트 피그smart pigs'가 등장했다. 원래 '피그'는 철사로 싸인 짚 뭉치로 된 청소용 장치였다. 피그의 크기는 배관의 직경과 일치하였고, 구석구석 배관을 청소하였다. 피그라는 이름은 이 장치가 배관을 통과할 때 내는 '끼익' 하는 소리에서 유래된 것으로 추측한다. 또한 연료유나 원유처럼 서로 다른 종류의 액체를 한 배관을 사용해 흘려보낼 수 있도록 이동식 마개 역할을 하는 분리용 피그도 있었다. 사람들은 피그를 더 효율적으로 사용하기 위해 카메라와 센서를 설치하여 검사를 수행할 수 있도록 하는 기발한 아이디어를 떠올렸다.

카메라나 자기 센서를 이용하여 부식 및 균열을 감지할 수 있는 '스마트 피그'는 매우 유용한 장치다. 하지만 이 장치에도 단점이 있었다. 스마트 피그는 흐르는 물질을 따라 움직이며 배관 내에서 '자유롭게 수영'하는데, 이러한 움직임 때문에 문제가 되는 부분과 잠재적인 문제를 명확히 포착하기 어렵다. 그리고 모든 배관에서 피그를 사용할 수 있는 것도 아니었다. 대다수의 배관은 급격하게 꺾이거나 직경의 크기가 달라지기도 하기 때문에 피그가 처리할 수 없는 부분도 많았다. 이러한 단점들 때문에 스마트 피그가 닿을 수 없는 장소까지 이동해 작업할 수 있는 로봇을 개발하게 되었다.

퓨어로보틱스 배관검사 시스템은 두 개의 견고한 궤도를 갖추고 있어 전차의 축소판처럼 보인다. 휴대가 용이하며, 45cm 규격의 맨홀 입구를 통해 내려갈 수 있을 정도로 충분히 작다. 지하에서는 무선통신이 불가능하기 때문에 케블라 강화Kevlar-reinforced 광섬유 공급선을 통해 3.2km 떨어진 이동식 제어실의 작업자와 데이터를 주고받는다. 물로 가득 찬 배관 내부에서도 동작할 수 있지만, 최상의 결과를 얻기 위해서는 배관을 비울 것을 권장한다.

로봇의 전면에는 조명 및 고화질 카메라들이 터릿turret(회전식 구조장치-역자주) 위에 설치되어 있다. 시속 1.6km의 속도로 움직일 수 있지만 빨리 움직이는 것보다 멈춰서 배관 내부를 제대로 살펴보는 것이 더 중요하다. 메인 카메라는 정밀 검사를 위해 10배 줌이 가능하게 만들었다. 이 로봇은 비디오를 녹화하여 이동식 제어실에 있는 화면에 실시간으로 전송하므로 작업자가 보고 추가 조사가 필요한 영역을 결정할 수 있다.

통신이 불가능하고 위치를 짐작할 수 있는 랜드마크가 없는 지하에서는 GPS 및 기타 네비게이션 시스템도 쓸모가 없다. 대신 퓨어로보틱스 배관검사 시스템은 속도, 가속도, 이동시간을 이용하여 위치를 계산하는 관성 항법 장치inertial navigation system를 갖추고 있다. 이 장치는 시작 위치를 기준으로 지하에 있는 로봇의 위치를 정확히 알려주고, 유지보수나 수리가 필요한 위치로 채굴기를 이동시켜 정확한 해결책을 제시한다.

제조사인 퓨어테크놀로지스Pure Technologies Ltd는 퓨어로보틱스 배관검사 로봇이 모듈형 키트로 제공되기 때문에 하나의 로봇이라기보다는 시스템이라고 설명한다. 예를 들어, 기본 장치에 추가적인 장치를 부착하면 몇 분만에 크기와 운반 용량을 두 배로 늘릴 수 있다. 로봇은 LIDARLight Direction And Ranging 센서를 끌고다니며 배관을 스캔할 수 있다. LIDAR는 레이저를 이용한 거리 측정 센서기술이다. 레이저는 주변환경의 물체에 반사되며, 레이저 신호가 돌아오는 데 걸리는 시간을 계산해 거리를 측정한다. LIDAR는 주변에 점들로 이루어진 '점군point cloud'을 생성한다. 컴퓨터는 이 점들을 결합하여 한 지역의 정확한 3D 지도를 만들 수 있다. 배관검사 로봇은 자기 센서나 수중 음파 탐지기를 탑재할 수도 있다.

과학기술과 첨단장비를 이용하여 접근하기 어려운 환경을 탐색하는 로봇 배관검사 시스템은 나사NASA의 화성 탐사 로봇 큐리오시티 로버Curiosity Rover와 비슷한 임무를 수행한다고 볼 수 있다. 배관을 탐사하는 것이 우주여행보다는 덜 매력적일 수 있지만, 수도꼭지를 틀거나 변기를 내릴 때에는 훨씬 더 중요할지도 모른다.

고화질 카메라를 장착한
회전식 구조장치(터릿)

암석 형태에 따라 회전드릴
또는 공압드릴을 장착

PIT VIPER-275CA

피트 바이퍼-275CA

높이	20.4m
무게	4.4t
출시연도	2016
구성 재료	강철
메인 프로세서	상용 프로세서
전원	디젤 엔진

지난 수십 년 간 이루어진 기계화로 광산 노동자 수는 크게 줄어들었다. 암석을 곡괭이와 삽으로 내리쳐 깨는 시대는 지났다. 오늘날 모든 것은 거대한 기계에 의해 이루어진다. 채석장을 방문해보면 거대한 차량 맨 위 운전석에 앉은 사람만이 눈에 띌 것이다. 그리고 지금은 로봇공학기술로 그 기계마저 자동화할 수 있으며, 에피록Epiroc의 '피트 바이퍼-275CA'와 같은 새로운 굴착장치에는 운전석마저 사라졌다. 'CAcabless automation'는 운전석이 없는 무인자동화를 의미한다.

노천 채광Surface Mining은 시추와 폭발 작업을 포함한다. 암석은 외부에서 가하는 힘에는 저항력이 강하지만 내부에서 폭파하여 깨뜨리는 것은 가능하다. 암석을 깨는 기본적인 기술은 구멍을 뚫고 폭발물을 채운 다음 도화선에 불을 붙이고 뒤로 잘 물러나 있는 것이다. 요즘은 컴퓨터가 최적의 암석파쇄 효과를 위해 구멍의 수, 크기, 패턴을 계산한 다음 굴착장치가 시추한다. 한 번의 폭발로 수천 톤에 달하는 암석이 채취장 안으로 떨어지며, 굴착기와 트럭으로 수거한다.

스웨덴 회사인 에피록은 광산기계 분야의 선두주자다. 2018년 분리되기 전 모기업 아트라스콥코Atlas Copco에서 개발한 피트 바이퍼-275CA는 전차 크기의 무한궤도caterpillar tracks 차량인 로봇 발파공 착암blast-hole drilling 장비다. 유사한 형태의 다른 기계들처럼 시속 1.6km 이상의 속도로 이동하며, LIDAR 센서를 이용하여 장애물, 사람 또는 다른 차량에 충돌하는 것을 방지한다. 피트 바이퍼는 직경 27cm의 구멍을 거의 60m 깊이까지 시추할 수 있다. 드릴이 내려가면서, 자동 핸들링 시스템에 의해 새로운 드릴 부품이 컨베이어 벨트를 타고 '드릴스트링drill string(구멍을 시추하는 데 사용하는 드릴 부품 조립장치-역자주)'에 투입된다.

드릴 위치는 정밀 구멍 배치 시스템을 이용하여 제어할 수 있다. GPS 같은 위성 네비게이션 시스템은 몇 미터 이내에서만 정확성을 유지하기 때문에, 채굴용 드릴은 추가적인 신호를 발신하는 확장 버전의 지상 송신기를 통해 유도되어 정확도를 확보할 수 있다. 피트 바이퍼는 회전드릴이나 공압드릴을 장착한다. 회전드릴은 중력을 이용하는데 드릴에 37.5t의 무게를 실어 암석을 분쇄한다. 공압드릴은 공기의 압력으로 작동하는 해머드릴의 거대 버전이라 할 수 있다. '다운더홀드릴down-the-hole drill'이라고 알려진 축소형 잭해머는 시추 지점까지 내려간다. 드릴샤프트는 드릴비트보다 약간 더 넓어서 압축공기를 이용하여 암석 분진 및 파편을 제거하고 지표면으로 불어낼 수 있는 공간을 확보할 수 있다.

세계 최대의 광산업체 BHPBroken Hill Proprietary는 2014년 오스트레일리아 서부 퍼스Perth 인근 채석장에서 완전히 자동화된 에피록의 드릴을 최초로 시험하였다. 기계는 시작 위치로 이동하여 수평을 유지한 후 설계 지점에 첫 번째 구멍을 시추하였다. 그런 다음 드릴스트링을 꺼내 조각조각 분해하고 이동하는 방식으로, 15개의 구멍을 작업하였다. 이 시연은 작업자가 프로그래밍한 것이 아니라 광산 운영 전체를 관리하도록 설계된 광산자동화 시스템에 의해 작동하였기 때문에 의미가 컸다.

에피록은 철광석, 석탄, 구리 및 기타 광물을 채굴하는 현장에서 점점 더 많은 굴착장치를 자동화하고 있다. 피트 바이퍼와 같은 로봇 시추 굴착장치는 일부일 뿐이다. 폭발 후 암석을 처리하는 적재기, 운반차량, 트럭 그리고 거대한 장난감처럼 생긴 노란색 차량 등도 무인화되었다. 이 모든 것은 원격 또는 광산자동화 시스템으로 제어할 수 있다. 이제 작업자들은 광산에서 멀리 떨어진 사무실에서 근무하며 광산을 관리한다.

이 시스템의 가장 큰 장점 중 하나는 안전이다. 사람들이 작업현장에 들어올 필요가 없게 만들어 사고를 줄이는 것이다. 효율성과 생산성 면에서도 큰 이점이 있다. 자동화된 드릴은 사람보다 빠르며 품질을 균일하게 유지하고, 일할 수 있는 시간이 더 길다. 위성 및 LIDAR 센서를 이용하므로, 기계에게는 밤과 낮이 동일하다. 이러한 방향으로 개발이 계속된다면, 미래의 광부는 그들이 일하는 광산에 전혀 방문하지 않게 될 수도 있다.

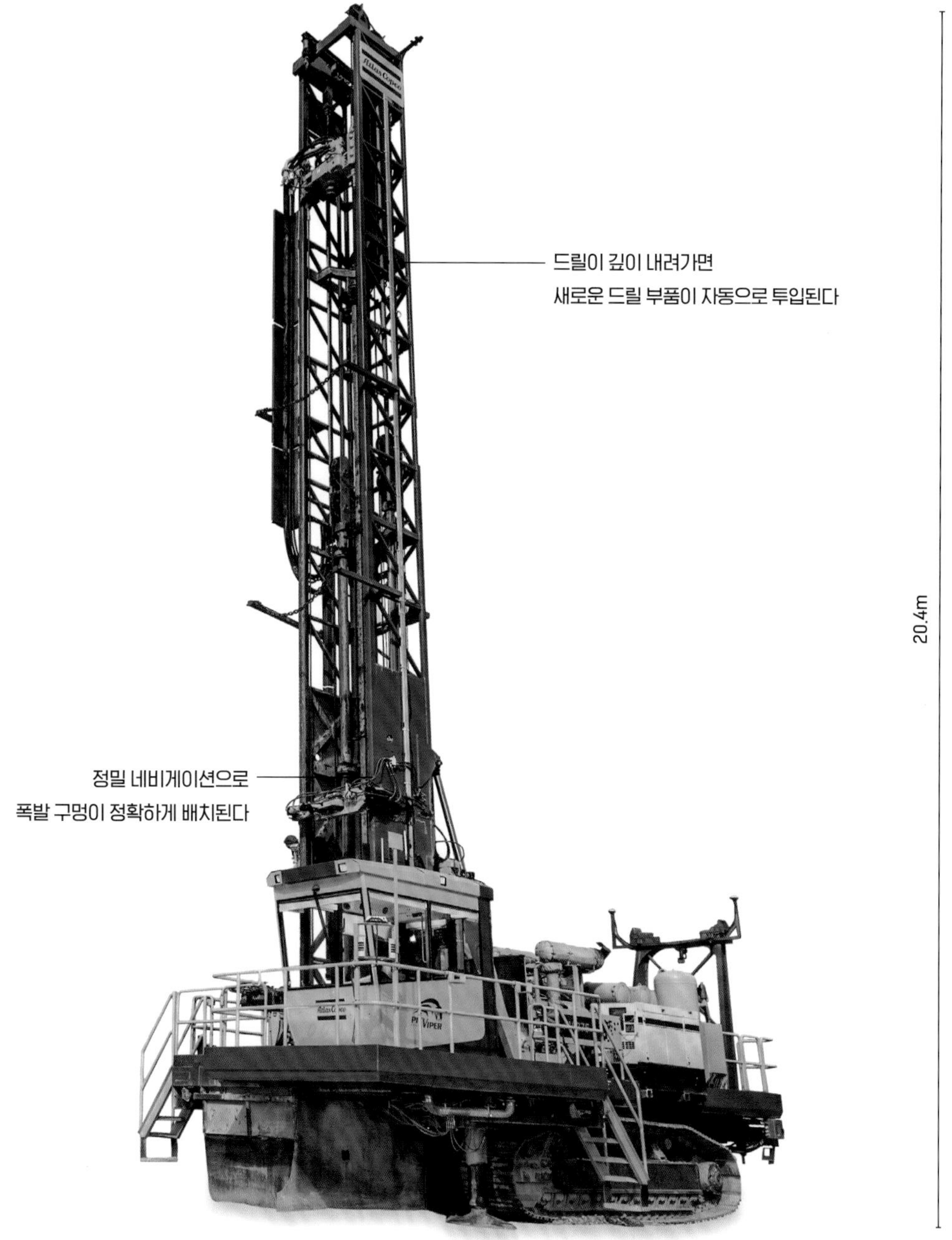
드릴이 깊이 내려가면
새로운 드릴 부품이 자동으로 투입된다
정밀 네비게이션으로
폭발 구멍이 정확하게 배치된다
20.4m

슬라이딩 지붕를 통해
악천후에도 견딜 수 있다
AUTO
DOOR
AIROBOTICS
에어베이스 안에 있는
로봇 팔은 필요 시
배터리와 센서를 교체한다
에어베이스에는
원격조종 또는 데이터
다운로드를 위한 통신
링크가 포함되어 있다

OPTIMUS

옵티머스

높이	30cm
무게	8.5kg
출시연도	2014
구성 재료	복합재료
메인 프로세서	상용 프로세서
전원	배터리(기지에서 충전)

2012년 중국의 DJIDa-Jiang Innovations가 주도한 쿼드콥터 혁명을 통해 누구나 항공사진을 촬영하는 시대가 열렸다. 이제 소비자들은 휴양지의 장관을 사진에 담고, 다양한 각도에서 결혼식 비디오를 촬영할 수 있다. 일반 사용자에게도 선택의 폭은 훨씬 넓어졌다.

드론은 항공지도 제작 및 측량 등 유인항공기가 수행하던 업무를 수행할 수 있다. 또한 이동식 크레인이나 건축용 비계를 세우지 않고도 냉각탑이나 굴뚝 같은 산업 기반시설을 검사할 수 있다. 드론을 사용한다면 비용이 절감될 것이라고 생각할 것이다. 그러나 드론의 비용 자체는 비싸지 않은 반면, 드론 조종사는 그렇지 않다.

이스라엘 텔아비브에 있는 에어로보틱스Airobotics는 인간 조종사 없이 드론 서비스를 제공하는 새로운 기술을 개발하였다. 고객은 드론을 구입하는 대신 옵티머스 쿼드콥터가 포함된 2.2t 상당의 에어베이스Airbase를 임대하여 현장에 설치하면 된다. 드론은 에어로보틱스에 의해 원격으로 조종된다.

작동 중에는 옵티머스 쿼드콥터가 이륙할 수 있도록 날씨의 영향을 받지 않는 전천후의 에어베이스 지붕이 열린다. 드론은 약 30분 동안 비행하는데, LIDAR 또는 가스 누출 감지를 위한 화학물질 탐지기와 같은 특수 센서를 탑재하거나 주간 또는 야간 카메라를 장착한다. 보안 관련 임무 등 일부 임무는 에어로보틱스로 원격조종되지만, 대부분의 단순 반복 작업은 사람의 개입 없이 자동으로 수행될 수도 있다.

현재는 각 에어베이스에 옵티머스 한 대씩만 지원하고 있지만, 에어베이스 자체는 사람 다섯 명이 들어갈 수 있을 정도로 공간이 넓어 다수의 드론을 지원하는 것도 가능하다. 로봇 팔이 배터리 팩을 새로운 것으로 교체하는 동안 드론은 기지국에서 데이터를 다운로드하기 때문에 충전 중에도 별도의 지연은 없다. 로봇 팔로 드론의 적재물을 변경하고 필요에 따라 카메라를 다른 센서로 교체할 수 있다.

이스라엘케미칼Israel Chemicals Ltd은 이 시스템의 얼리어답터로, 네게브 사막 현장에 에어베이스를 설치했다. 네게브 사막에서 드론은 인산염의 비축량을 측정하는 데 사용된다. 이전까지 조사자가 인산염 더미를 기어올라가 GPS 및 측량도구를 사용하여 수작업으로 비축량을 측정하였다. 이 과정에서 안전상의 이유로 현장에 차량 출입을 통제해야 했다. 이제는 옵티머스 드론이 매일 사전에 프로그래밍된 경로를 따라 인산염 비축물 위로 비행하고 고화질 비디오를 촬영하여 측정작업을 수행한다. 에어베이스 내부에서 비디오를 다운로드하여 에어로보틱스 컴퓨터에 전달하고, 사진측량photogrammetry 프로세스를 통해 정교한 3D 모델로 변환한다. 소프트웨어는 자동으로 비축량 부피를 계산하고 고객에게 보고서를 전달한다. 이 방법으로 획득한 값은 수작업으로 측정한 추정치와 크게 다르지 않으며, 현장의 차량 통행을 통제할 필요도 없다.

'드론인박스drone-in-a-box' 솔루션을 작동시키는 데 있어 가장 큰 도전과제는 자동착륙 프로세스다. 돌풍을 잘못 계산하면 드론이 추락하여 무용지물이 될 수도 있다. 에어로보틱스는 바람 조건이 변경되더라도 매번 센티미터 단위의 정확도를 유지하는 특허 받은 착륙 기술을 개발하였다.

몇몇 다른 회사들도 드론 재충전 기지국 또는 제어센터에 관련된 유사한 프로젝트를 진행하고 있다. 아마존은 가로등 및 기타 편의시설에서 운송 드론을 재충전하는 방식으로 특허를 받았다. 그러나 에어로보틱스가 처음으로 시장에 제품을 선보였으며, 가장 앞선 기술을 보유하고 있다. 드론의 기능은 규칙적인 모니터링에 적합하다. 배관, 창고 및 기타 기반시설의 상태를 모니터링할 필요가 있는 산업체가 사용자가 될 가능성이 크다. 드론이 경보 현장에 신속하게 도착하여 침입자의 모습을 담거나 심지어 그들을 따라갈 수도 있다는 점을 생각하면, 드론인박스는 CCTV처럼 보안에 있어 필수요소가 될 수도 있다.

장기적인 관점에서 보면, 여러 종류의 센서가 장착되어 하루는 대기의 상태를 모니터링하고, 다음날에는 쓰레기 불법 투기자를 적발하고, 그 다음날에는 교통을 관리하는 등 다양한 작업을 수행하는 드론이 등장할 수도 있다. 어떤 역할을 하든 기지국에서 운용하는 자율형 드론은 도시 생활의 한 특징으로 자리잡을 것이다.

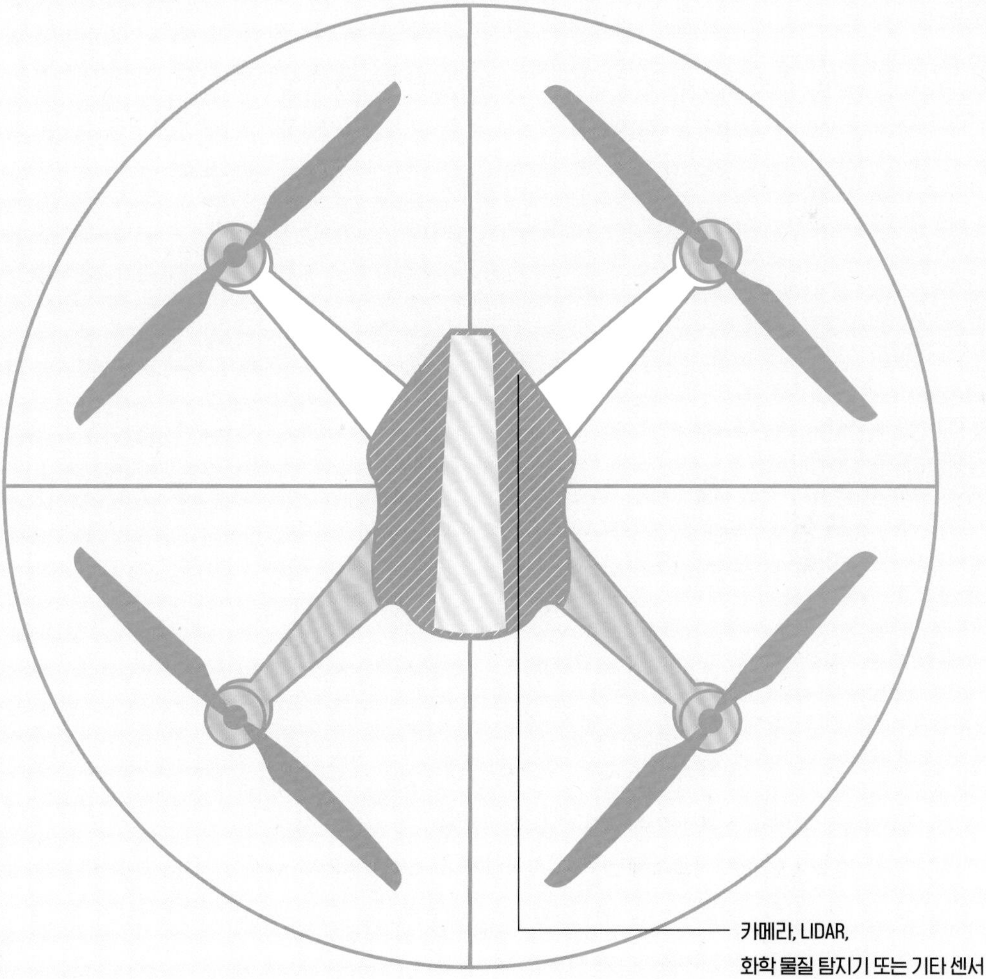
카메라, LIDAR,
화학 물질 탐지기 또는 기타 센서

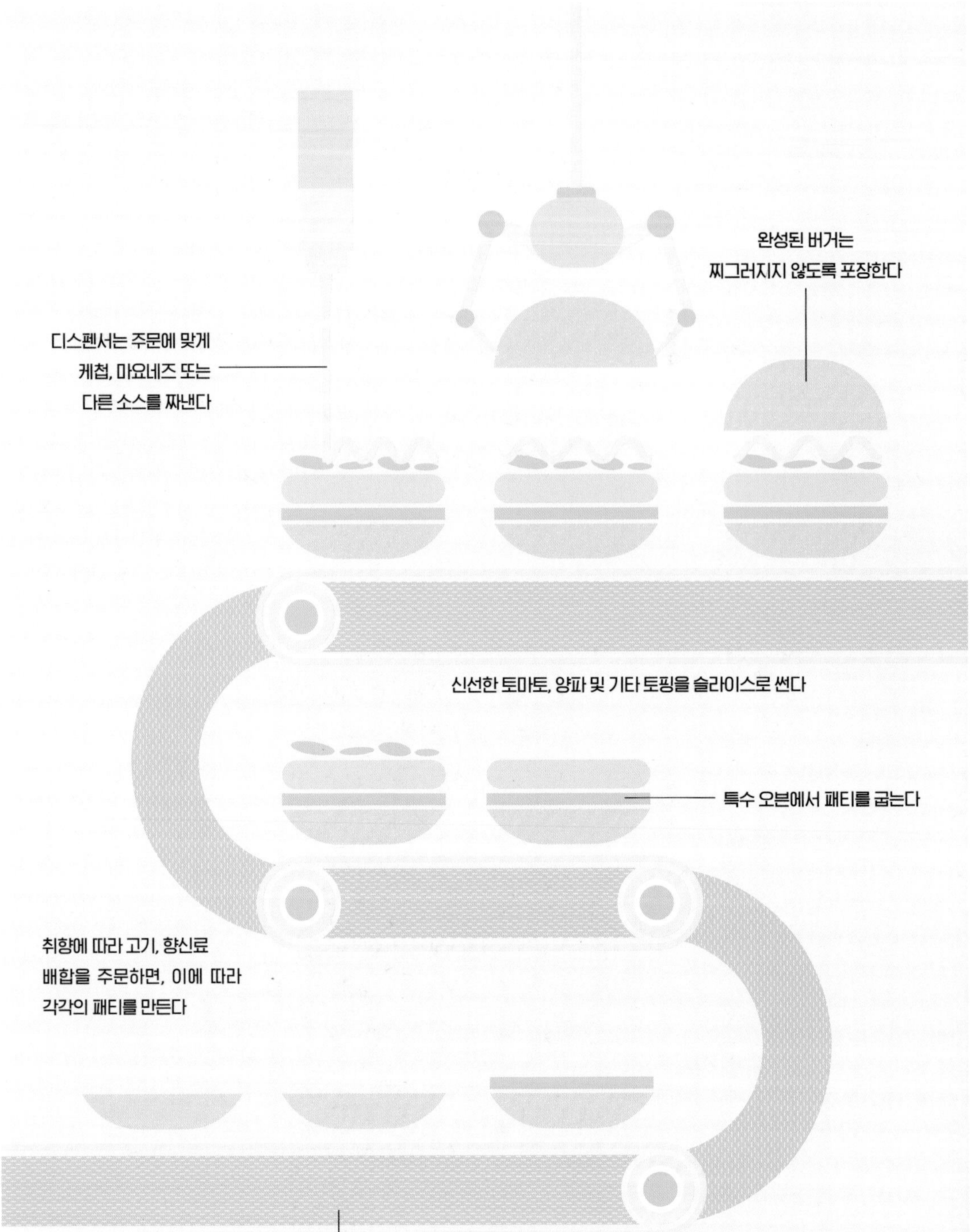
완성된 버거는
찌그러지지 않도록 포장한다
디스펜서는 주문에 맞게
케첩, 마요네즈 또는
다른 소스를 짜낸다
신선한 토마토, 양파 및 기타 토핑을 슬라이스로 썬다
특수 오븐에서 패티를 굽는다
취향에 따라 고기, 향신료
배합을 주문하면, 이에 따라
각각의 패티를 만든다
트랙을 통해 햄버거 빵을 균등하게 반으로 가른다

ALPHA BURGER-BOT

알파 버거봇

높이	2m, 추정
무게	200kg, 추정
출시연도	2012
구성 재료	강철
메인 프로세서	상용 프로세서
전원	외부 주전원

패스트푸드 레스토랑은 조립 라인으로 운영된다. 한정된 범위의 상품을 제공한다는 것은 주문이 원재료에서 식사를 준비하기까지 정해진 일련의 단계를 거치게 된다는 것을 의미한다. 단순 반복 업무의 특성과 직원 고용 비용을 고려할 때, 기업들이 전체 프로세스를 수행하는 로봇을 개발하는 것은 필연적이었다.

샌프란시스코에 위치한 크리에이터Creator는 단지 햄버거만 뒤집는 것이 아니라 주문에 맞춰 고급 햄버거를 생산할 수 있는 로봇 주방장을 개발하였다. '알파'는 단지 $2m^2$의 공간만을 차지하는, 자동화된 소형 햄버거 주방이라고 할 수 있다. 햄버거 패티를 배합하고, 모양을 찍어낸 다음 조리한다. 그릴을 사용하는 대신 '비밀 조리법'을 갖춘 오븐을 활용한다. 이 조리법은 신속한 조리 과정에서 훌륭한 결과물을 얻기 위해 불과 복사열을 결합하였을 것으로 추정된다.

토마토, 양파, 피클과 같은 토핑은 신선함을 유지하기 위해 튜브에 보관했다가 햄버거 빵 위에 올려놓기 직전 슬라이스로 썬다. 토핑 원재료의 불규칙한 크기와 질감 때문에 기계로 자동화하는 것은 매우 어려운 일이다. 이 회사의 공동창업자 중 한 명인 알렉스 바다코스타스Alex Vardakostas는 "토마토를 써는 일은 못할 짓이다"라고 말하기도 했다. 바다코스타스는 크리에이터에서 음식과 기술을 담당하고 있는 엔지니어이며, 그의 가족은 레스토랑을 운영한다. 햄버거 빵은 상대적으로 다루기 쉬운 편이지만 빵을 균등하게 반으로 가르기 위한 센서와 칼날이 장착된, 신중하게 설계된 트랙이 필요하다. 디스펜서는 정확한 양의 케첩, 마요네즈 또는 다른 소스를 패티 위에 짜낸다. 마지막으로 조리된 패티와 빵,

토핑을 가지고 햄버거를 조립하고 포장한다. 포장 과정에서도 자동으로 움직이는 주걱을 이용하여 햄버거를 봉투에 넣는다. 햄버거가 찌그러지지 않도록 신뢰성 높은 프로세스를 고안하는 것은 쉬운 일이 아니었다.

알파는 한 시간에 360개의 햄버거를 생산하여, 대기시간을 최소화하고 최대한 신선한 햄버거를 제공한다. 크리에이터의 목표는 맥도날드처럼 규격화된 제품을 생산하는 데 그치지 않고 모든 햄버거를 고객의 요구에 따라 맞춤화하는 것이었다. 이는 20%의 돼지고기 혹은 양고기를 함유한 패티 등 다양한 고기 배합의 패티를 만들 수도 있고, 식욕에 따라 크거나 작은 햄버거를 만들 수 있다. 또한 다양한 종류의 토핑이나 치즈를 선택하면 기계가 이를 햄버거에 올려줄 것이다. 이 회사는 서비스를 개선하기 위해, 특허 받은 피드백 시스템을 보유하고 있다. 고객들은 햄버거에 평점을 매기고, '치즈는 더 많이', '피클은 더 적게' 등 그들의 요구사항을 기록한다. 이를 통해 알파는 다음 번에 그들에게 무엇을 제공해야 하는지 알 수 있다.

사람들이 주방에 들어오지 않게 되어 생기는 장점도 있다. 계산대에서 일하는 종업원은 음식에 손을 대지 않기 때문에, 위생 기준을 충족시키기 위해 모자나 장갑 등의 조치사항을 신경 쓰지 않아도 된다. 고객들은 주방에서 누군가가 기침이나 재채기를 통해 감염을 퍼뜨리거나, 베이컨을 썰던 칼로 양파를 썰지 않을까 걱정할 필요가 없다. 알파는 일반적인 주방보다 훨씬 적은 공간을 차지하므로 공간을 보다 넓게 활용할 수 있다. 또한 개발자들은 적은 수의 종업원을 고용함으로써 비용 절감을 할 수 있고, 절감한 비용을 투자해 더 좋은 재료를 구입하여 패스트푸드 가격으로도 고품질의 햄버거를 만들 수 있다고 주장한다.

2012년 알파 버거봇의 첫 번째 버전은 고객의 주문을 받아 95%의 신뢰도로 햄버거를 생산했다. 그 이후 2017년에 벤처 투자를 받아 2018년 6월 샌프란시스코 남부에 알파 버거봇을 이용한 첫 레스토랑을 열었다.

만약 크리에이터의 이 도전이 성공한다면, 다른 패스트푸드 매장에서도 로봇을 도입할 가능성이 크다. 레스토랑에서 최고급 주방장이 준비하는 음식은 언제나 프리미엄이 있겠지만, 패스트푸드의 경우 소비자는 최종 제품에만 신경 쓴다. 맞춤형 햄버거에 대한 수요가 있다면 또는 로봇이 더 적은 비용으로 더 좋은 햄버거를 만들 수 있다면, 앞으로 주방에서 더 많은 로봇을 보게 될 것이라고 예상한다.

토핑은 신선함을 유지하기 위해
튜브에 보관되었다가 햄버거 빵 위에
올려놓기 직전 슬라이스로 썬다

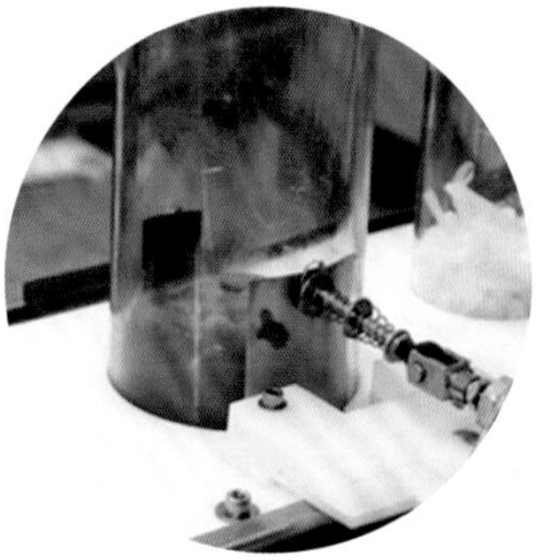

디스펜서는 정확한 양의
소스를 패티 위에 짜낸다

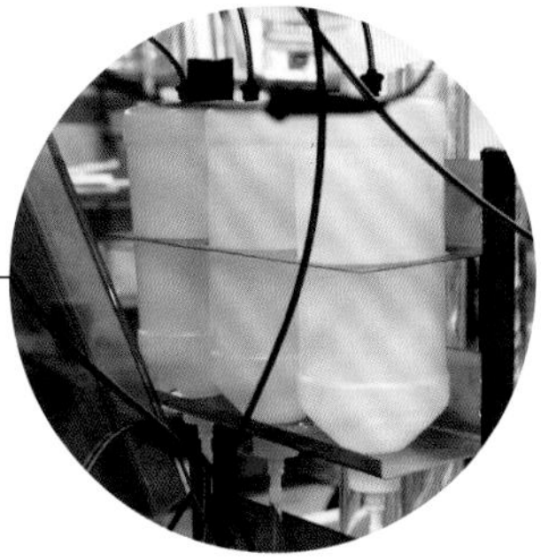

햄버거는 움직이는
컨베이어 벨트를 타고
각 단계를 거치며 만들어진다

ROBOTS

IN YOUR LIFE

일상 속의 로봇

ROBOTS IN YOUR LIFE

일상 속의 로봇

장난감 로봇을 제외하고, 일반 가정에 로봇이 있다는 것은 최근까지만 해도 신기한 일이었다. 1940년대 태엽을 감아 작동시키는 주석 모형은 겉모습만 로봇을 닮았지만, 2000년대 등장한 소니의 로봇 개 '아이보AIBO' 등 가정에서 만날 수 있는 로봇들은 겉모습뿐 아니라 기능까지 갈수록 정교해지고 있다. 아이보는 센서, 프로세서, 컴퓨터 지능을 갖추고 있어 새로운 트릭과 행동을 배울 수 있을 정도로 똑똑하다. 사람의 지시를 따르거나 공을 따라가고, 쓰다듬는 것에 반응을 보일 수 있다. 그러나 아이보는 최첨단 전자 장난감일 뿐 유용한 일을 하지는 못했다. 마찬가지로 레고 마인드스톰Lego Mindstorms도 나사NASA가 달에 사람을 보낼 때 사용한 기술보다 더 높은 연산 능력을 갖추고 있지만, 여전히 장난감에 불과하다.

가정용 로봇의 등장으로 이러한 상황은 변화하고 있다. 수백만 명의 사람들은 룸바Roombas 혹은 그와 유사한 로봇 청소기를 갖고 있으며, 오토모어Automower 같은 잔디 깎는 로봇을 갖고 있는 사람들 또한 점점 늘어나고 있다. 아이팔iPal은 '장난감' 로봇을 뛰어넘어, 어린이 모니터링과 오락 및 교육 장치 역할을 함께 하고 있다. 수백만 명의 청소년과 성인들은 매빅 프로Mavic Pro 드론을 갖고 있다. 이것은 고가의 카메라 키트로 보일 수도 있고, 장난감으로 받아들일 수도 있을 것이다. 물론 어느 쪽이든 그 기능은 인상적이다.

병원에서는 작은 수술을 할 때 다빈치 수술 시스템da Vinci Surgical System 같은 의료용 로봇을 사용하는 경우가 증가하고 있고, 플렉스 로봇 시스템Flex Robotic System을 사용하면 외과의사가 접근하기 어려운 신체부위에서 까다로운 수술을 수행할 수 있다. STARSmart Tissue Autonomous Robot는 봉합처럼 간단한 의료행위를 대신할 수 있는 자율형 수술 로봇이다. 소프트 외골격 로봇exoskeletons 중 하나인 위스 로봇 엑소수트Wyss Robotic Exosuit는 뇌졸중 환자의 이동능력 회복을 돕고 있다. 미래에는 노인들의 활기찬 생활을 위한 일상적인 보조기구가 될지도 모른다. 일부 신체 절단 환자들은 현재 비바이오닉 핸드bebionic Hand와 같은 정교한 로봇 의수를 사용하고 있다.

로봇은 앞으로 일상에서 훨씬 더 큰 역할을 맡을 것이다. 웨이모Waymo의 무인 자율주행 자동차가 발표되어 상당한 주목을 받았다. 이 로봇 자동차는 우리의 도시를 재구성할 가능성이 높으며, 자동차의 발명만큼 커다란 영향을 끼칠 수도 있다. 또한 아마존 프라임 에어Amazon Prime Air의 배달용 드론도 10년 전만 하더라도 공상과학에나 나올 법한 기술처럼 보였지만, 이미 시제품이 시범 배송을 하고 있다. 케어오봇Care-O-bot은 로봇 집사다. 노인들을 보살피기 위해 개발되었지만, 제조사는 이제 케어오봇을 집안일도 할 수 있는 로봇으로 만들기 위해 노력하고 있다. 바하나Vahana는 날아다니는 자율주행 택시다. 도시 환경에서도 사용할 수 있는 이 전기동력 로봇 비행 택시는 소규모의 착륙장에서 수직으로 이착륙할 수 있고, 지상 택시와 비슷한 가격으로 승객을 수송할 수 있다.

이 모든 로봇들이 현실 세계에서 성공하지는 못할 것이다. 비행 택시는 말할 것도 없고, 배달용 드론과 무인자동차는 기존 법규에 대한 변경이 불가피하다. 관련 법을 바꾸는 데 걸리는 시간이 어쩌면 기술 개발보다 더 오래 걸릴지도 모른다. 또한 기술적으로 가능하다고 그것이 바람직하다는 의미는 아니다. 우리는 아이들의 양육을 로봇에게 맡겨야 하는지, 로봇이 노인들을 보살피게 해야 하는지, 수술실에서 로봇을 사용할 경우 얼마나 많은 책임을 부과해야 하는지, 매우 신중하게 고려할 필요가 있다.

그럼에도 불구하고 역사는 우리에게 새로운 기술이 얼마나 빠른 속도로 생활의 일부가 되는지 가르쳐준다. 그것은 새로운 것에서 평범한 것으로 끊임없이 변화한다. 기술과 함께 자라난 세대에게는 최신형 자동차, 텔레비전 또는 휴대폰 등이 평범한 것으로 느껴질 수 있겠지만 10년 전만해도 그들의 부모 세대에서는 새로운 것으로 여겨졌다.

머지않아 로봇 집사를 보유하는 것은 당연한 일이고, 가족 구성원 한 명당 하나씩 필요한지 그리고 얼마나 요리를 잘하는지가 문제가 될 수도 있다. 모든 사람들이 오토모어Automower를 갖게 되면, 사람들은 그 다음으로 나무와 관목을 다듬거나 화단을 예쁘게 꾸밀 수 있는 로봇을 원하게 될 것이다. 또한 가구 같은 더 큰 물건을 배달할 수 있는 드론의 수요도 생겨날 것이다.

산업화된 서구의 보통 사람들은 불과 몇 세대 전까지만 해도 일부 부자들이나 누릴 수 있었던 사치를 즐기고 있다. 기계가 옷을 세탁하고, 수도꼭지를 틀면 뜨거운 물이 나오며, 우리가 살고 있는 집들은 스위치만 누르면 따뜻해진다. 스마트폰과 인터넷은 주머니 속에 휴대하며 우리가 가는 곳마다 온갖 정보와 지식을 제공한다. 로봇은 이 과정을 확장한 것일 뿐이다.

우리는 이제 일상생활 속에서 로봇을 보게 되기 시작하고 있다. 앞으로 우리는 점점 더 많은 로봇을 만나게 될 것이다.

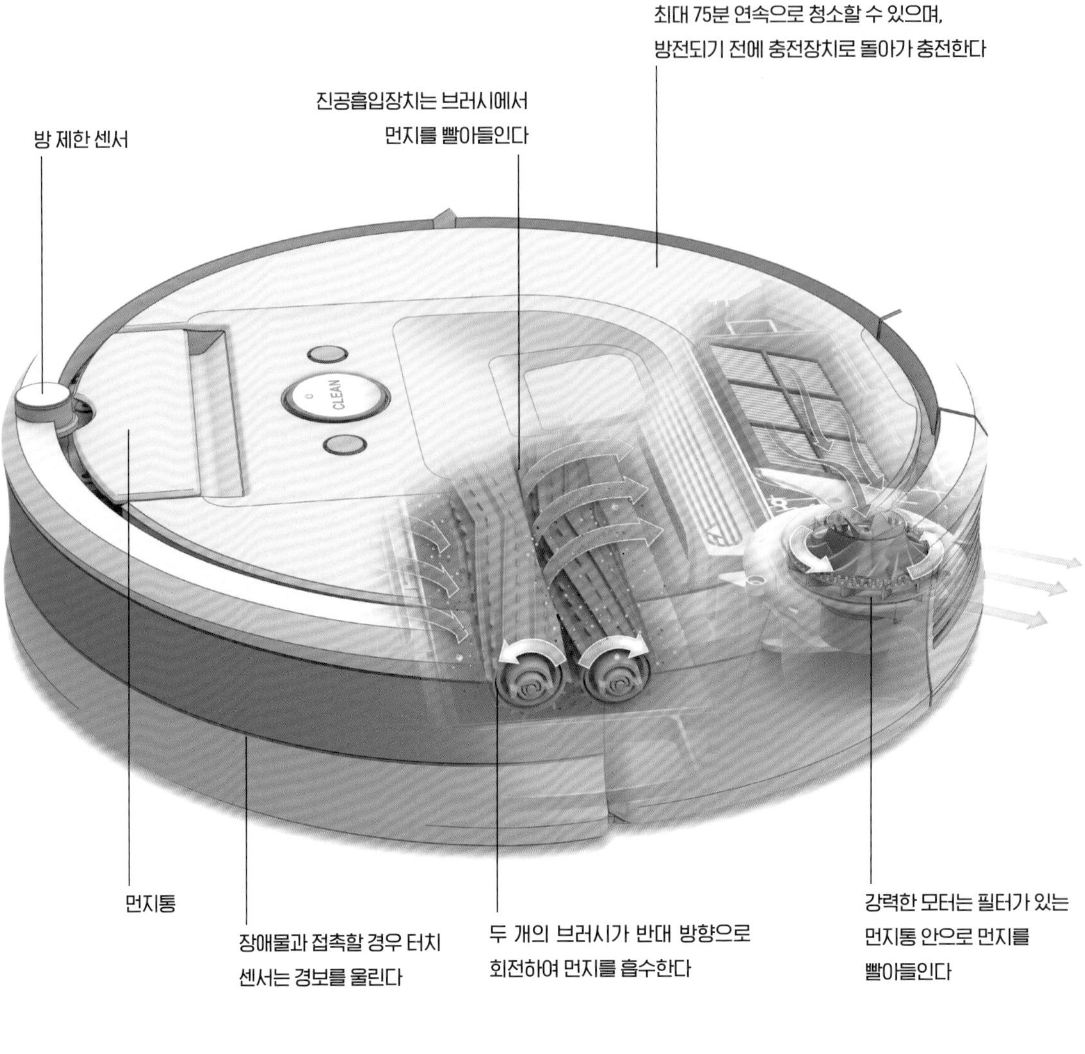
최대 75분 연속으로 청소할 수 있으며,
방전되기 전에 충전장치로 돌아가 충전한다
진공흡입장치는 브러시에서
먼지를 빨아들인다
방 제한 센서
CLEAN
먼지통
장애물과 접촉할 경우 터치
센서는 경보를 울린다
두 개의 브러시가 반대 방향으로
회전하여 먼지를 흡수한다
강력한 모터는 필터가 있는
먼지통 안으로 먼지를
빨아들인다
35cm

ROOMBA 966

룸바 966

너비	35cm
무게	약 4kg
출시연도	2015
구성 재료	복합재료
메인 프로세서	비공개
전원	배터리

집안일 체질이 아닌 사람은 룸바를 구입하는 것이 좋을 것이다. 이 작고 간편한 장치는 최초의 성공적인 가정용 청소 로봇이며, 세계에서 가장 인기 있는 로봇이다. 룸바는 2천만 대 이상 판매되었으며, 수십 개국에서 집안 바닥을 청소하며 열심히 일하고 있다.

룸바는 2002년 미국 회사인 아이로봇iRobot®에서 출시되었다. 몇 세대 후 등장한 룸바 900 시리즈는 겉모습 면에서 이전 제품들과 유사하다. 9cm의 높이를 가진 정찬용 접시 크기의 납작한 디스크 형태다. 이전 세대와 가장 눈에 띄게 다른 점은 무게로, 2002년 출시한 오리지널 버전과 비교하여 1kg 정도 더 무거운 4kg 정도이며, 진공흡입 시스템을 개선하면서 무게가 증가하였다.

아이로봇의 창업자인 CEO 콜린 앵글Colin Angle은 원래 가정용 로봇의 외관에 대해 지금과 매우 다른 생각을 가지고 있었다. 첫 번째 디자인은 이동성을 최대화하기 위한 다리가 있었다. 앵글은 오래 걸리지 않아 디자인에 문제가 있다는 것을 깨달았다. 청소 로봇은 다른 가전제품처럼 저렴하고 신뢰성이 높아야 하는데 다리가 달린 로봇은 가격이 비싸며 신뢰성이 떨어지는 기계였던 것이다. 그래서 그는 어떻게 하면 작고 저렴한 로봇이 바닥을 청소할 수 있을지 다시 생각해보았다. 단지 진공청소기를 소형화하는 것만으로는 문제를 해결할 수 없었기 때문에, 룸바는 정교한 브러시 작업을 통해 청소를 수행하도록 설계하였다. 두 개의 커다란 회전식 고무 브러시가 기계 하단에 있으며, 한 쪽 가장자리에 부착된 세 번째 회전 브러시는 방 구석 가장자리까지 뻗어 먼지를 끌어모을 수 있다. 세 개의 브러시 모두 먼지를 진공흡입장치 쪽으로 보내며, 진공흡입장치는 이를 빨아들여 먼지통에 저장한다.

룸바는 각각의 모터로 구동되는 두 개의 큰 바퀴를 따라 천천히 굴러간다. 이러한 구조 덕분에 청소 로봇은 원을 그리며 회전할 필요 없이, 그 자리에서 어떤 방향으로도 회전할 수 있다. 높이가 낮아 가구나 주방 수납장 아래로 들어가 청소할 수도 있다. 룸바가 벽이나 다른 장애물에 접근하면 적외선 센서는 이를 감지하여 경보를 울리고 속도를 낮춘다. 앞 범퍼의 터치 센서는 룸바가 장애물과 부딪쳤을 경우 이를 알려준다. 룸바는 장애물이 있는 곳을 지나가거나 주변을 통과할 때 필요한 만큼 후진하고 회전한 다음 전진하는 일련의 과정을 반복한다. 룸바 밑면에 있는 추가 적외선 센서는 룸바가 계단 아래로 떨어지는 것을 방지한다. 전원 코드나 카펫에 달린 술을 감지하면 브러시를 역회전시켜 꼬임을 방지한다. 룸바의 브러시는 진공청소기만큼 효과적이지는 않지만, 로봇은 청소가 끝날 때까지 지치지 않고 계속해서 바닥을 돌아다닐 수 있다. 실제로 압전기술 및 광학기술을 적용한 '먼지 센서'를 통해 방 안의 먼지를 감지하고 이동해 청소한다. 룸바는 그저 센서가 알려주는 지역을 반복해서 지나가면 된다.

오리지널 모델은 센서가 그 지역이 완전히 청소되어 더 이상 먼지가 없다고 알려줄 때까지 방을 가로질러 지그재그로 움직이는 '랜덤 워크random walk' 방식으로 작동하였다. 이 알고리즘은 원래 제2차 세계대전 시기에 잠수함 수색 작업을 위해 개발된 것이었다. 최신 버전의 룸바는 이보다 더 똑똑하다. 적외선 카메라를 사용해 방의 지도를 만들고 로봇이 어디에 있었으며 다음에 어디로 가야 하는지 파악한 후 사람이 진공청소기를 돌리는 것처럼 직선으로 청소한다.

룸바의 배터리가 약해지면 적외선 신호를 통해 충전 지점으로 이동한다. 재충전이 되면 다시 작업을 중단한 곳으로 돌아가 작업이 완료될 때까지 청소한다. 룸바는 센서를 통해 사람이나 애완동물 주변에서도 안전하게 작업하도록 만들어졌지만 주로 사람이 밖에 있을 때 청소하도록 프로그래밍되어 있어 일상생활에 방해되지 않는다. 참고로 유튜브 동영상을 찾아보면 개와 고양이가 룸바에 어떻게 반응하는지 확인할 수 있다.

이 로봇은 명백한 한계를 가지고 있다. 가구나 잡동사니를 옮길 수 없고, 쿠션 아래를 청소하거나 계단을 오르내릴 수 없다. 사람이 하는 모든 일을 해낼 수는 없으며, 일부는 룸바의 주인이 직접 청소해야 할 것이다. 이러한 단점에도 불구하고, 룸바는 수많은 가정에서 사용되고 있다. 이는 청소 로봇이 더 이상 신기하고 새로운 것만이 아니라 일상생활에 실질적으로 큰 도움이 되고 있다는 것을 보여준다.

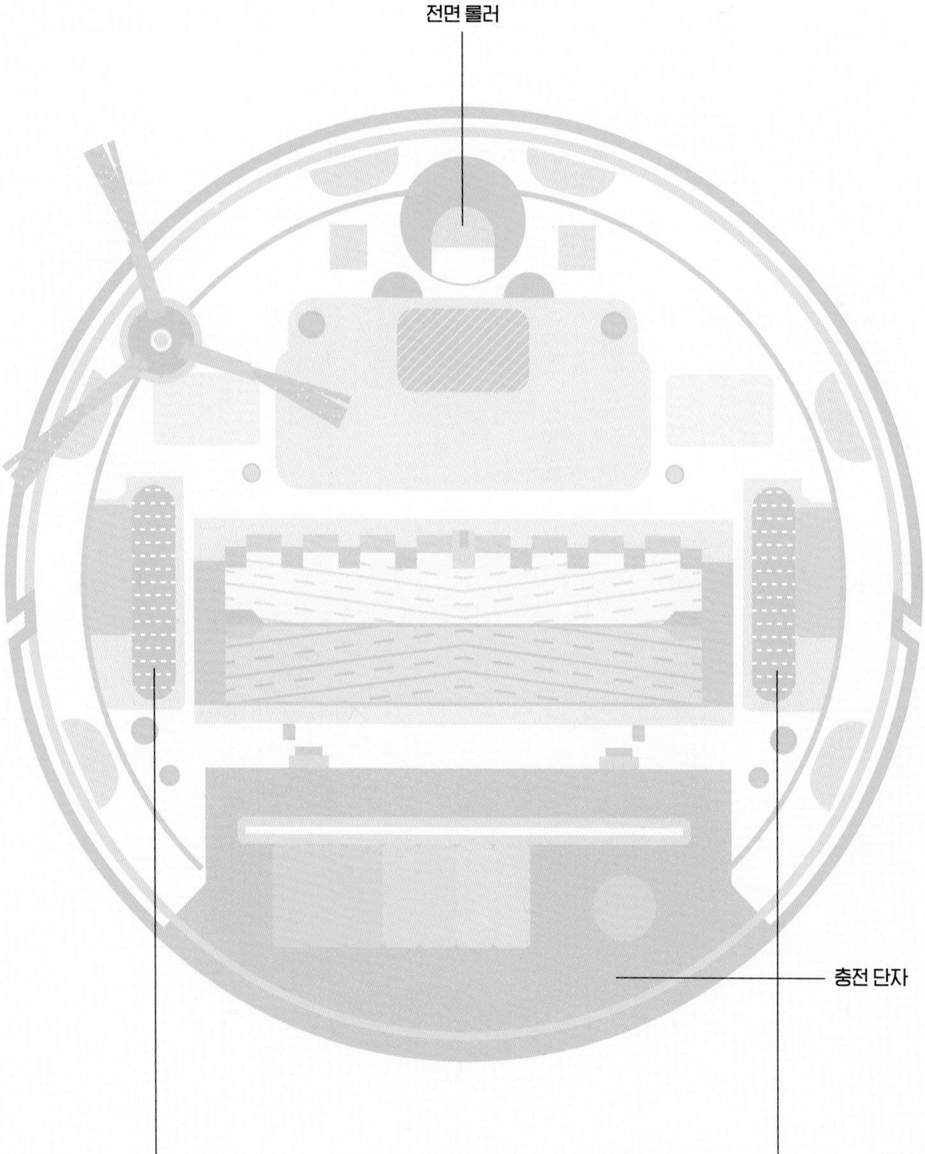
전면 롤러
충전 단자
구동 바퀴

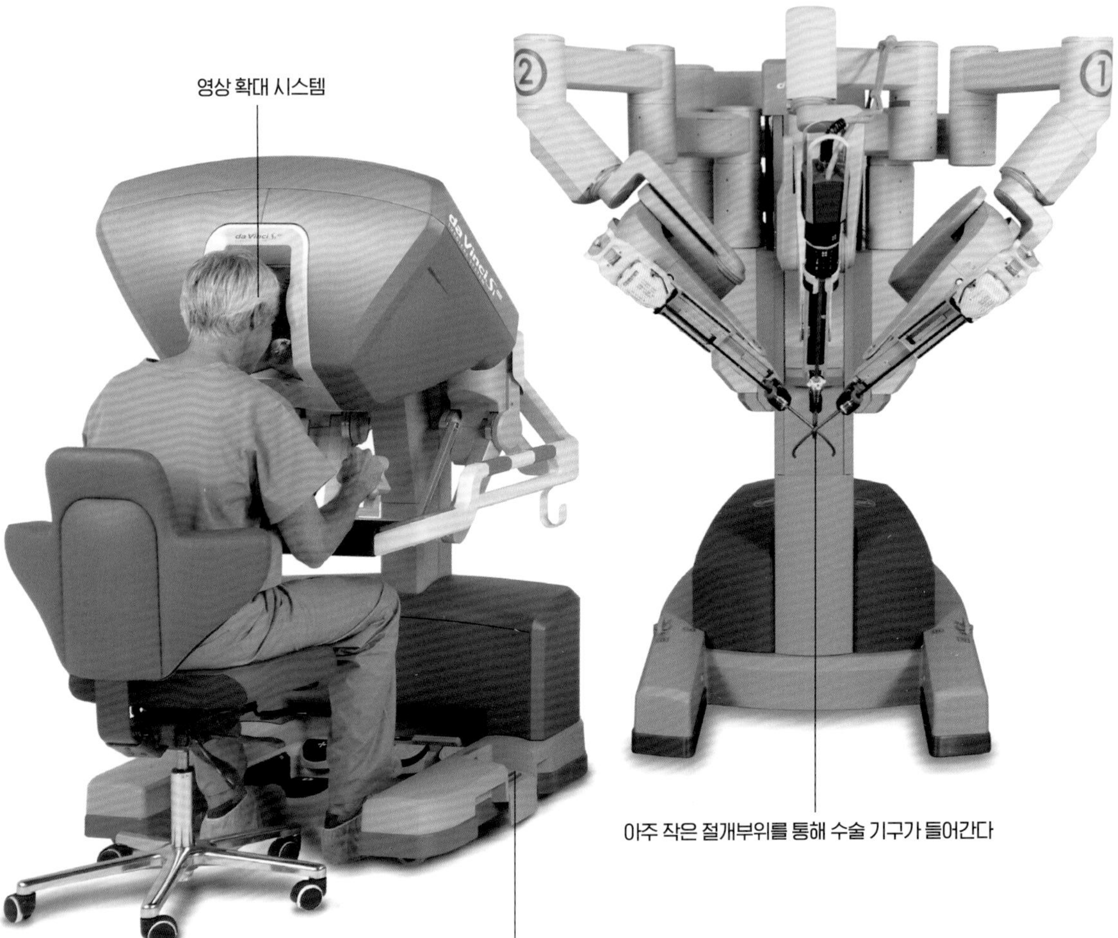
영상 확대 시스템
아주 작은 절개부위를 통해 수술 기구가 들어간다
외과의사의 콘솔(제어장치)

DA VINCI® SURGICAL SYSTEM

다빈치 수술 시스템

높이	1.5m
무게	544kg
출시연도	2000
구성 재료	강철
메인 프로세서	상용 프로세서
전원	외부 주전원

다빈치da Vinci는 복강경 수술에 로봇 기술을 접목시킨 세계 최고의 수술 시스템이다. 미국 회사인 인튜이티브서지컬Intuitive Surgical, Inc.에서 출시된 다빈치는 현재 전 세계 병원에 약 3천 대 정도 설치되었으며, 지금까지 약 300만 회 이상의 수술을 집도하였다.

다빈치라는 이름은, '세계 최초의 로봇'을 고안해낸 레오나르도 다빈치에게 존경을 표하는 의미로 그의 이름을 따서 지었다. 다빈치 로봇은 자율 시스템이 아니라 외과의사가 손으로 작업하는 것보다 더 정밀하고 민첩하게 작동할 수 있게 해주는 원격조종 장치다.

전통적인 복강경 수술법인 '키홀keyhole 수술'은 1900년대 초부터 있었지만, 1980년대가 되어서야 보편화되었다. 이것은 1cm 미만의 아주 작은 절개부위를 통해 기구를 삽입해 몸속 깊은 곳에서 수술을 수행하는 최소침습법이다. 외과의사는 유연한 광섬유 케이블 끝에 달린 복강경laparoscope 카메라를 통해 수술 부위를 확인하고, 긴 손잡이가 달린 특수한 수술기구를 사용하여 수술한다.

전통적인 수술법과 비교하여 복강경 수술은 절개부위가 작고 출혈이 적으며 통증이 적고 입원 기간이 짧다. 하지만 수술기구의 동작 범위가 좁기 때문에 상당한 기술과 손재주가 필요하다. 수술기구는 중심점pivot point 역할을 하는 좁은 구멍을 통해 들어가며, 끝부분은 일반적인 수술과 반대 방향으로 움직인다. 이 '지렛대 현상fulcrum effect' 때문에 복강경 수술은 숙달되기 어렵다.

2000년에 다빈치가 도입한 방법은 소형 로봇 팔을 이용하여 수술을 더 간단하게 만드는 것이었다. 4개의 로봇 팔이 장착된 환자 측 카트 또는 타워가 있으며, 일반적으로 같은 수술실 내에 외과의사가 로봇 팔을 제어하는 콘솔이 있다. 영상 확대 시스템은 일반적인 복강경 수술에서 사용하는 것과 비슷하지만, 3D 입체 영상을 제공한다.

의사는 수술대 앞에 서 있을 필요 없이 양손 제어장치가 있는 콘솔에 앉아서 정면에 놓인 스크린을 보며 수술을 진행한다. 다양한 수술기구가 장착된 로봇 팔은 외과의사가 손으로 제어장치를 조종하는 동작을 따라 움직이며 의사의 손떨림도 자동으로 보정된다.

7 자유도를 가진 로봇 손목은 로봇이 절개부위 안쪽에서 어떤 방향으로든 움직일 수 있게 해준다. 로봇 팔은 의사가 조종하는 방향 그대로 움직이므로 지렛대 현상이 없어 훨씬 쉽게 능숙해질 수 있다. 외과의사는 좁은 절개부위 안에서 매듭을 묶고 상처를 봉합하는 등의 같은 복잡한 작업을 보다 쉽게 수행할 수 있다. 이를 통해 의료사고나 합병증의 위험도 줄일 수 있다.

다빈치 수술 시스템은 전립선절제술에 있어 표준 수술법이 되었으며, 심장판막 수술에도 점점 더 많이 사용되고 있다. 이것은 외과적인 수술을 보다 쉽고 빠르게 수행할 수 있게 해줌으로써 어려운 수술을 쉽게 만들어준다. 로봇 수술 시스템의 가장 큰 걸림돌은 아마도 비용일 것이다. 약 2백만 달러에 달하는 다빈치 수술 시스템은 많은 병원들이 감당하기 어려운 수준이다. 이러한 시설 비용 때문에 로봇 수술은 대체로 가격이 비싸다. 일반적으로 인건비를 절감하기 위해 로봇을 도입한다는 점을 생각하면, 이러한 높은 비용은 다빈치 수술 시스템의 다소 독특한 특징이라 할 수 있다.

로봇에 대한 환자의 두려움을 완화하기 위해 인튜이티브서지컬은 "외과의사는 항상 다빈치 수술 시스템을 100% 통제할 수 있다"고 강조한다.

다빈치 수술 시스템은 화낙의 협동 로봇과 마찬가지로 인간과 로봇의 협동 가능성을 보여준다. 기계는 안정성과 정밀제어기능을 제공하고 사람은 기술과 전문지식을 담당할 것이다. 그리고 혼자 일하는 것보다 더 나은 결과를 얻을 것이다.

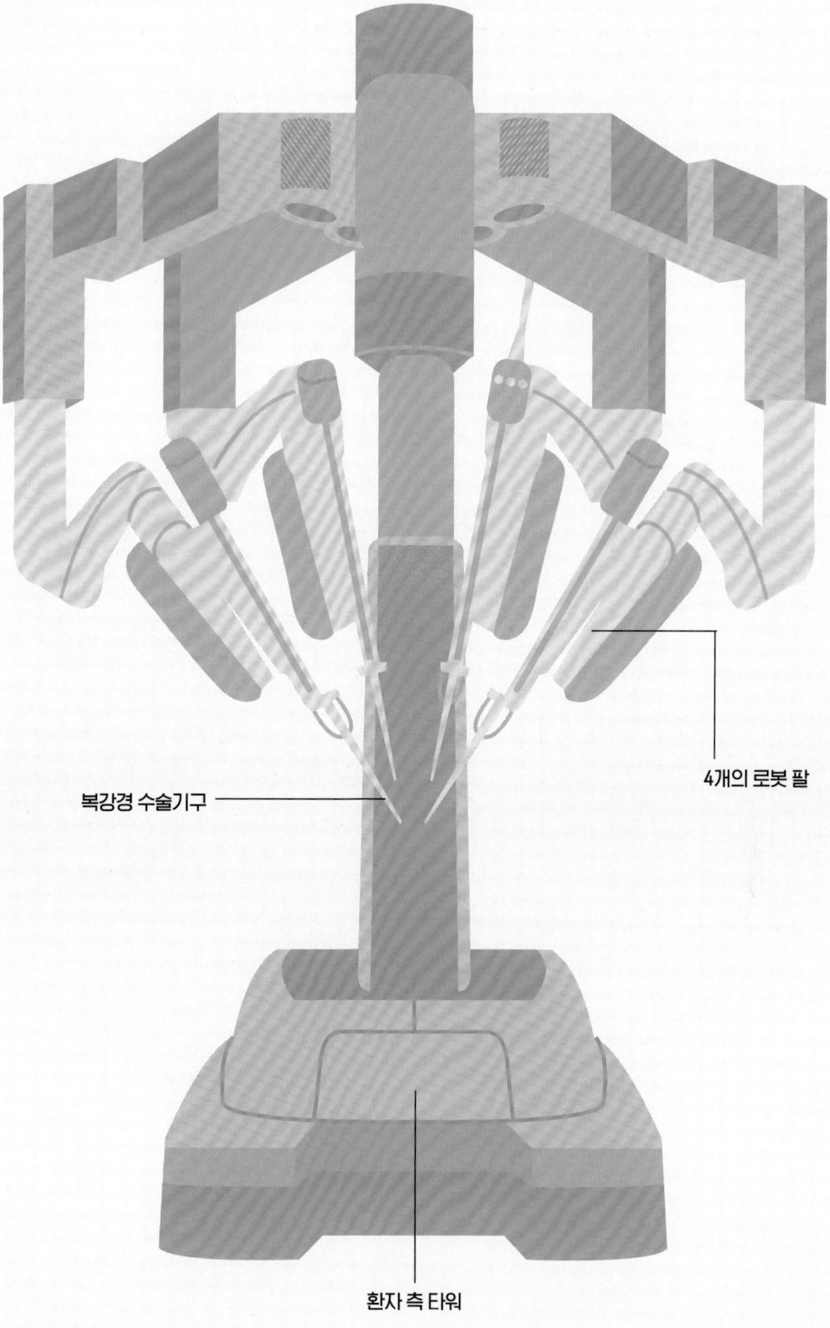
4개의 로봇 팔
복강경 수술기구
환자 측 타워

네비게이션 센서로 경계선을 감지하며
잔디밭을 벗어나지 않는다
범퍼 충돌 센서
Husqvarna
auto
mower
330 X
72cm

AUTOMOWER® 450X

오토모어 450X

높이	31cm
무게	14kg
출시연도	1995-2015
구성 재료	복합재료
메인 프로세서	상용 프로세서
전원	배터리

잔디 깎는 기계가 등장하면서 잔디를 깎는 일은 전보다 훨씬 쉬워졌지만, 여전히 기계를 잡고 그 뒤에서 한참을 걸어야 한다. 그러므로 1960년 전자공학 기술이 상용화되면서 발명가들이 잔디 깎는 로봇을 개발하기 시작했다는 사실은 놀라운 일이 아니다.

1995년 잔디 깎는 로봇 업계에 발을 내디딘 이래로 이 시장을 석권해온 스웨덴의 허스크바나Husqvarna는 2017년 4월에 백만 번째 로봇을 판매하였다. 허스크바나의 로봇은 위험한 블레이드로 시끄러운 큰 소리를 내면서 잔디를 깎지 않는다. 오토모어는 로봇의 장점을 활용하는 부드러운 접근방식을 취했다.

오토모어는 사람처럼 규칙적으로 상하 라인을 따라가기보다는 무작위 패턴으로 연속해서 잔디를 깎으며, 이 작업은 동일한 구역을 여러 번 반복하여 작업할 수도 있다. 오토모어는 일반적인 거대한 블레이드를 장착하던 자리에 가볍고 안전한 블레이드를 장착하였다. 이 블레이드는 힘과 회전력이 약하며, 잔디보다 무거운 것과 부딪치면 즉시 블레이드를 거두어 들인다. 덕분에 오토모어 주위에 사람이 있어도 안전하다. 이 로봇이 잔디를 깎는 방식은 사람이 면도하는 것과 비슷하다. 일주일에 한 번씩 자라난 잔디를 한꺼번에 제거하는 대신 잔디를 매일 몇 밀리미터씩 깎아 일정한 높이를 유지한다. 잘려나간 잔디는 잔디밭에 남겨두어 자연 비료로 활용한다. 오토모어는 센서로 잔디의 높이를 감지하여 작업이 완료되었는지 판단한다. 현재 최고 사양의 모델은 오토모어 450X이며, 5km^2 면적의 잔디밭을 처리할 수 있다.

허스크바나의 다른 기계들처럼, 오토모어는 완전히 자동화되어 있다. 특수 케이블 설치기를 사용하여 지면에서 몇 센티미터 아래에 경계선을 설치하고 이 경계선을 따라 잔디 깎는 로봇의 작업 영역이 정해진다. 로봇이 이 선에 다가가면 센서가 전자신호를 감지하고 이를 피하기 위해 방향을 변경한다. 잔디밭 둘레를 표시할 뿐 아니라, 그 안에 있는 화단, 연못 또는 기타 구역을 표시하여 작업할 때 건드리지 않게 할 수 있다. 오토모어는 또한 나무나 정원에 설치된 구조물, 기타 장애물을 감지하기 위해 충돌방지 센서를 장착하고 있다. 로봇이 무언가와 충돌한다면, 즉시 동작을 멈추고 방향을 바꿀 것이다.

오토모어는 두 개의 큰 바퀴로 작동하는데, 각각은 독립적인 전기모터로 동력을 전달받는다. 이 덕분에 방향 조종이 매우 쉬우며, 그 자리에서 회전이 가능하다. 다른 잔디 깎는 기계들과 달리, 이 로봇은 빗속에서도 작동하도록 설계되었으며, 허스크바나에 따르면 수중에서도 절단 성능은 영향을 받지 않는다. 이 로봇은 또한 조용히 동작하도록 설계되어 밤에도 사람들의 수면을 방해하지 않으면서 잔디를 깎을 수 있다. 오토모어가 가진 큰 장점 가운데 하나는 정원을 즐길 수 있는 시간이 더 많아진다는 점이다.

1995년 오토모어의 초기버전은 태양열을 이용해 동력을 얻었지만 이는 실용적이지 못한 것으로 밝혀졌고, 지금은 배터리로 작동한다. 작업을 시작하고 약 80분 후 배터리가 약해지면, 오토모어는 무선 신호를 이용하거나 미리 설치된 안내선을 따라 충전장치로 이동하여 충전한다. 오토모어는 일단 한번 설치하고 나면 사람이 감독할 필요 없이 스스로 잔디밭을 관리한다. 다시 말하면, 사람이 없을 때에도 잔디밭이 좋은 상태를 유지할 수 있다. 또한 야간이나 근무시간 동안에만 로봇이 잔디를 깎도록 스마트폰 앱을 통해 잔디 깎는 일정을 설정할 수도 있다.

오토모어는 실외에서 사용하는 로봇이므로 도난방지 경보 시스템이 장착되어 있다. 기계를 함부로 들어올리면 경보가 울리고 PIN(개인식별번호) 없이는 경보를 해제할 수 없다. PIN은 로봇의 프로그램을 변경할 때도 필요하다. 오토모어 450X는 GPS와 지오펜싱 geofencing(위치정보에 따라 반경을 설정하는 기술로 특정 대상이 범위 안에 있느냐 없느냐를 분석하는 기술-역자주)을 장착하여, 로봇이 지정된 구역을 벗어나면 스스로 주인에게 도난당한 것을 보고한다.

많은 로봇들과 마찬가지로, 잔디 깎는 로봇이 상업적으로 성공하려면 가격과 성능 면에서 저임금 노동자보다 경쟁력이 있어야 한다. 이는 잔디 깎는 로봇이 왜 미국보다 유럽에서 더 인기가 있고, 일부 지역에서는 흔치 않은지 설명한다. 그러나 허스크바나의 지속적인 성장은 잔디가 자라듯 잔디 깎는 로봇의 수가 꾸준히 증가할 것임을 보여준다.

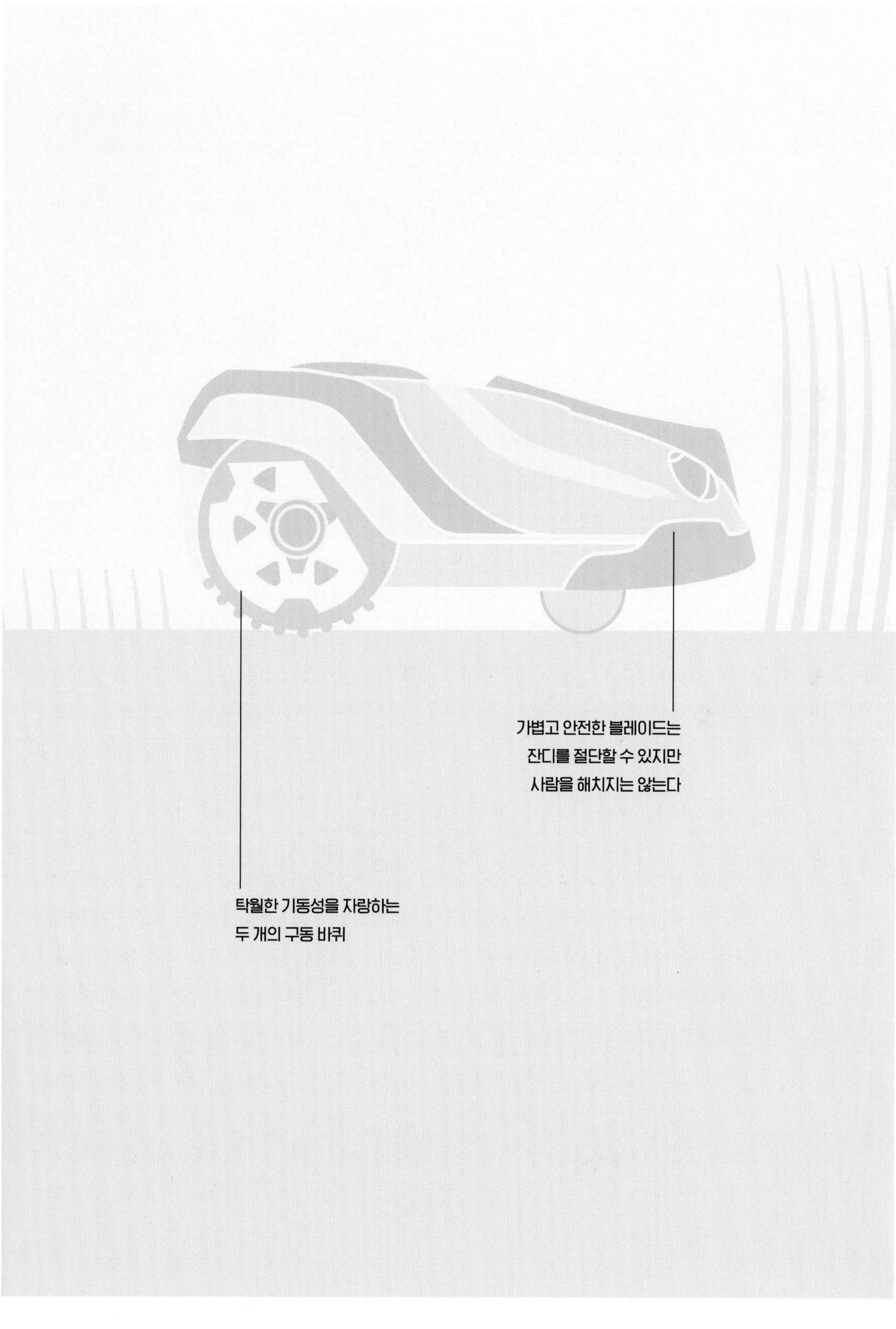
가볍고 안전한 블레이드는
잔디를 절단할 수 있지만
사람을 해치지는 않는다
탁월한 기동성을 자랑하는
두 개의 구동 바퀴

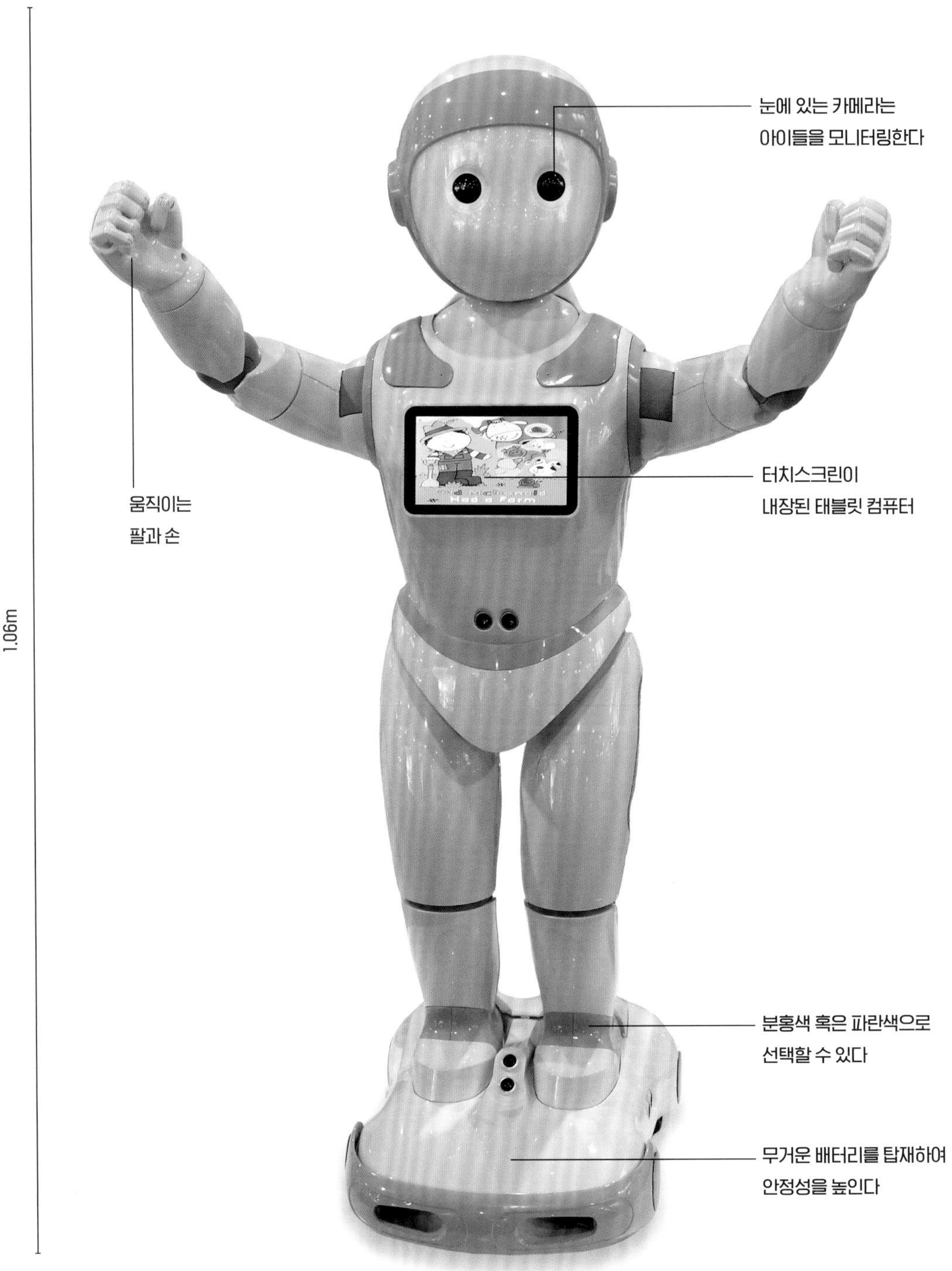
눈에 있는 카메라는
아이들을 모니터링한다
움직이는
팔과 손
터치스크린이
내장된 태블릿 컴퓨터
1.06m
분홍색 혹은 파란색으로
선택할 수 있다
무거운 배터리를 탑재하여
안정성을 높인다

IPAL™

아이팔

높이	1.06m
무게	13kg
출시연도	2016
구성 재료	복합재료
메인 프로세서	상용 프로세서
전원	배터리

2010년 아이패드가 등장한 이후로 그 전까지는 주목받지 못했던 태블릿 컴퓨터가 이제 어린 시절의 일부로 확고히 자리잡았다. 2017년 기준 영국의 세 살 이하 어린이 세 명 중 한 명은 태블릿을 가지고 있으며, 평균적으로 하루에 대여섯 시간을 그 앞에서 보낸다. 2014년 설립된 중국 실리콘밸리의 신생 벤처기업인 아바타마인드AvatarMind는 태블릿 기반 접근방식을 사용하여 아이들을 돌보고 더 활동적으로 만들고자 했다.

아이팔iPal은 크고 매력적인 눈이 달린 1m 높이의 로봇이며, 가슴에는 터치스크린 태블릿이 장착되어 있다. 각각의 눈에는 130만 화소의 카메라가 달려 있으며, 함께 내장된 센서를 통해 부모들은 아이들이 무엇을 하는지 보고 들을 수 있고, 스크린을 통해 아이들을 살필 수 있다. 로봇에는 교육용 소프트웨어가 탑재되어 있는데, 아이팔은 그 외관 자체로도 충분히 매력적이어서 아이들이 무척 좋아한다. 이 로봇은 수학, 과학, 언어 등을 가르칠 수 있는데, 그 범위는 빠르게 확장되고 있다. 또한 매일 사진을 찍고 동영상을 녹화함으로써 아이의 발달을 꾸준히 기록할 수 있다.

아이팔은 경제적인 이유로 다리가 아닌 4개의 감춰진 바퀴로 이동한다. 몸체 바닥 앞쪽에 위치한 배터리 덕분에 무게중심이 낮아 잘 넘어지지 않는다. 충돌방지 센서와 소프트웨어는 로봇이 사물에 부딪히지 않게 한다.

아이팔은 움직일 수 있는 팔과 손이 달려 있지만, 기본적으로 장식용이다. 물체를 잡거나 들어올리는 기능은 어린이용 로봇으로서 그다지 유용하다고 여겨지지 않아 배제되었다. 그 대신에 가위바위보는 할 수 있다. 아이팔은 어린이 목소리로 말하며, 노래하고 춤추며 함께 게임도 할 수 있다. 아바타마인드에 따르면 아이팔은 대화형 인터페이스를 가지고 있으며 '왜 태양은 뜨거운가?'와 같은 광범위한 질문에 대답할 수 있다고 한다. 사람과 달리 이 로봇은 끊임없이 이어지는 질문에도 싫증 내지 않고 대답하며, 같은 질문을 반복한다고 해서 짜증내거나 좋아하는 이야기를 되풀이한다고 지루함을 느끼지 않는다.

아이팔은 얼굴을 인식할 뿐 아니라 감정을 포착하고 이에 반응할 수 있다고 한다. 사람들의 '취향과 습관'을 익힐 수도 있다. 소프트웨어가 더 정교해질수록 두 기능 모두 계속 향상될 것이다.

전문가들은 아이팔에 몇 가지 걱정스러운 점이 있다고 지적했다. 그 중 하나는 로봇이 특정한 의도를 전달할 수 있다는 것이다. 물론 제작자들이 고의적으로 로봇을 프로그래밍하진 않겠지만, 교사나 보모처럼 로봇이 아이들의 부모와 다른 가치관을 전달할 수도 있다. 예를 들어 특정 웹사이트나 소프트웨어만 사용하는 경향을 보일 수도 있으며, 진화론이 아닌 창조론을 가르칠 수도 있다.

더 심각한 것은 아이팔 같은 로봇들은 지나치게 잘 작동할 수 있다는 점이다. 아이들은 부모나 친구들과의 관계보다 로봇과의 상호작용을 선호하게 될지도 모른다. 이 로봇은 아이들과 많은 시간을 보내기 때문에 실제로 아이들에 대해 더 잘 파악할 수 있고 어떤 면에서는 다른 누구보다 그들을 더 잘 이해할 수도 있을 것이다. 이것은 아이들이 나중에 인생에서 사람들과 관계를 형성하는 데 어려움을 겪는 '애착장애'로 이어질 수도 있다.

이러한 단점 때문에 로봇이 육아의 대안으로 사용된다면 감정적인 문제를 야기할 수 있다는 점에 대해서는 의심할 여지가 거의 없으며, 제조사 또한 아이팔이 전업 보모가 될 수 있다고 제안하지는 않는다. 그러나 부모가 일을 하거나 다른 이유로 부재중인 상황에서는 로봇이 유용하게 사용될 수 있다. 많은 부모들이 다른 일을 하기 위해 아이들에게 DVD나 아이패드를 주고 시간을 번다. 아이팔 또는 앞으로 출시될 로봇들은 사용 시간을 효율적으로 제한한다면 바쁜 부모를 대신하여 아이를 돌봐줄 수 있는 보다 나은 대안이 될 수 있을 것이다.

이러한 로봇이 얼마나 더 남아 있을 수 있고, 남아 있어야 하는지는 아직 미지수다. 부모들은 자녀들에게 로봇과 함께 있기보다는 수영이나, 자전거 타기 또는 팬케이크 만들기를 가르치는 것이 나을 수도 있다. 그러나 부모가 항상 아이들의 옆에 있을 수 없으며, 특히 한부모 가정이라면 더욱 어려울 것이다. 그리고 아이가 종이접기나 스와힐리어 또는 라인댄스를 배우고 싶어할 때는 참을성 있고 모든 것을 다 아는 것처럼 보이는 아이팔 같은 로봇 친구가 필요할 수도 있을 것이다.

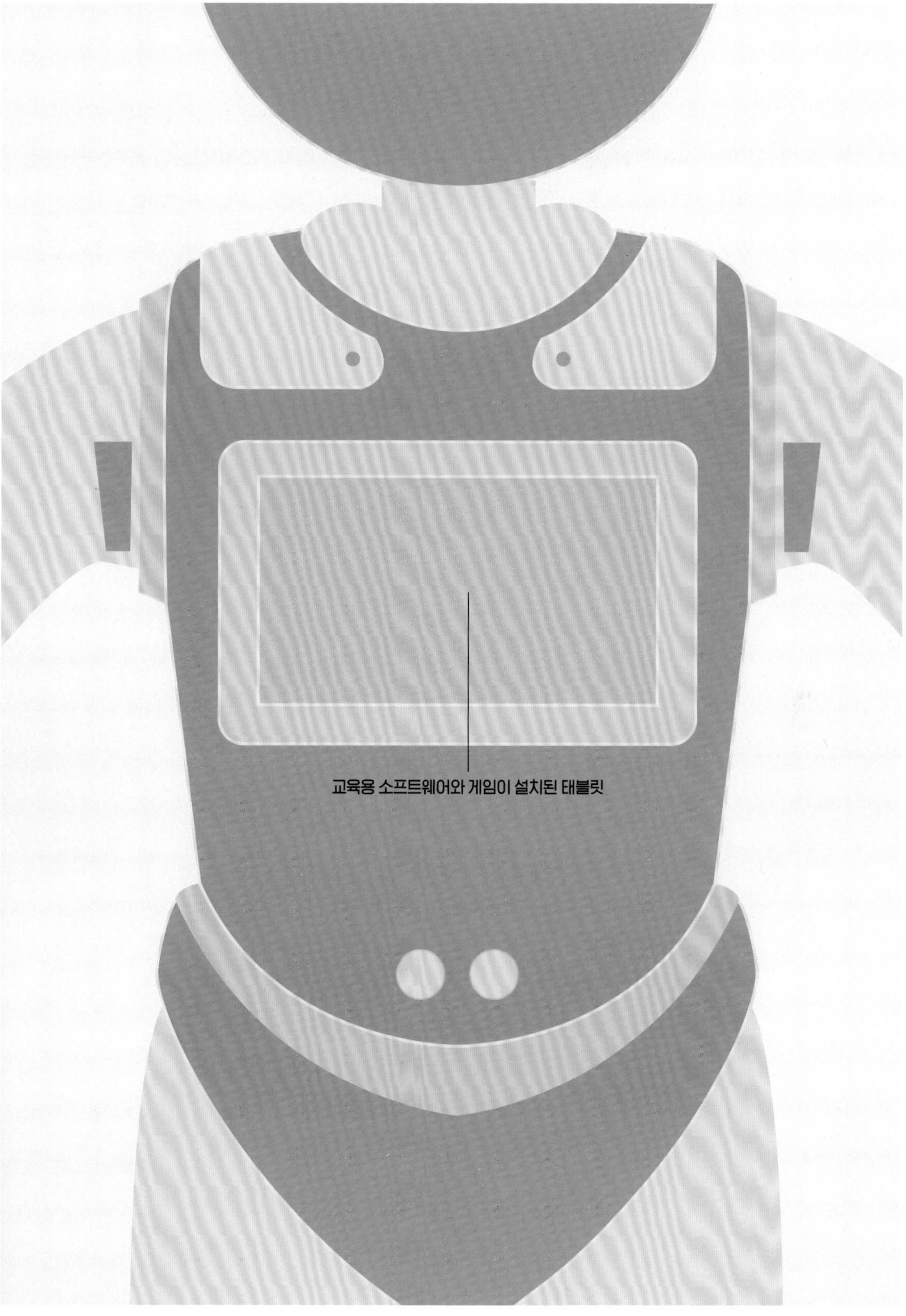
교육용 소프트웨어와 게임이 설치된 태블릿

양 옆으로 장착된
단거리 감지용 레이더
전방 LIDAR 및
카메라
크라이슬러 퍼시피카 미니밴과 결합된
웨이모 기술 - 다양한 차량에 적용될 수 있다
차량 앞쪽 옆에
장착된 레이더
WAYMO

WAYMO

웨이모

높이	2.1m
무게	3.2t
출시연도	2016
구성 재료	강철
메인 프로세서	상용 프로세서
전원	하이브리드 자동차: 배터리/휘발유

2015년, 미국 텍사스 주의 오스틴에서 시각장애인인 스티브 마한은 역사에 남을 만한 운전을 하기 위해 길을 나섰다. 그는 자동차에 타 있는 유일한 사람이었지만 운전을 하지 않았다. 자율주행 자동차 웨이모는 공공도로에서 첫 번째 승객을 실어 나르고 있었다.

2004년 미 국방부 DARPADefense Advanced Research Project Agency(고등연구계획국)가 무인자동차를 대상으로 개최한 경주대회인 그랜드 챌린지Grand Challenge의 실패를 생각해볼 때 이것은 대단한 업적이었다. DARPA는 모하비 사막을 가로지르는 약 230km의 코스를 1등으로 완주하는 무인자동차에 1백만 달러의 상금을 내걸었다. 15개 팀이 도전한 가운데 단 한 팀도 코스를 완주하지 못했다. 가장 좋은 성적을 거둔 팀도 12km(11.78km)를 넘기지 못한 채 멈추고 말았다. 하지만 로봇 센서, 프로세서, 소프트웨어는 급격하게 발전하였다. 1년 후 2005 그랜드 챌린지에서는 5대의 무인자동차가 결승점에 도달했다. 우승자는 세바스찬 스런Sebastian Thrun이 이끄는 스탠포드대학교 연구팀이 개발한 '스탠리Stanley' 였다.

세바스찬 스런은 웨이모로 알려진 구글의 무인자동차 프로젝트를 이끌었다(구글과 웨이모 모두 모기업 알파벳Alphabet Inc.의 자회사다). 2005년 그랜드 챌린지에서 우승한 스탠리에는 많은 센서가 장착되어 있었는데, 이 중 웨이모를 개발하는 데 있어 가장 중요하게 쓰인 기술은 지붕 위에 탑재된 LIDAR 센서이다. LIDAR는 주변환경을 감지하여 상세한 3D 지도를 만드는 데 사용할 수 있는 레이저 기반의 레이더다(로봇 배관검사 시스템 참조). 구글의 핵심 제품 중 하나는 구글맵인데, 이 프로그램에서 각 도시들은 전례 없이 상세하게 조사되고 사진으로 찍혀 데이터화된다. 구글은 LIDAR와 구글맵의 데이터를 일치시킴으로써 정확한 위치를 파악하고 경로를 계획할 수 있다. 최초의 구글 무인자동차에는 벨로다인Velodyne LIDAR를 적용하기 위해 약 14만 달러에 달하는 전체 비용 중 절반 정도를 투자하였다. 현재 구글은 저비용 LIDAR를 자체 개발한 것으로 보인다.

웨이모의 소프트웨어는 센서만큼이나 중요하다. 자동차는 실시간으로 주변의 모든 것을 보고 이해하고 적절하게 반응해야 한다. 대부분의 상황에는 특별한 판단능력 없이도 문제없이 작동하는 반면, 이상하고 예기치 않은 상황은 사고를 유발할 수 있다. 예를 들어 경고판이 설치되지 않은 도로공사, 고장난 차량 또는 찻길로 뛰어든 동물 등이 그것이다.

구글은 무인자동차를 개발하면서 수천 시간의 테스트를 수행하였다. 이때 '운전자'는 차량에 탑승하여 핸들에 손을 올려 놓고 로봇이 안전하게 운행하는지 확인했다. 구글 무인자동차는 18건 정도의 사고가 났는데, 한 건을 제외하고는 모두 사람의 실수에서 비롯되었다. 일례로 빗물 배수로 주변에 놓인 모래주머니를 피하기 위해 천천히 빠져나오던 무인자동차가 버스에 부딪혔다. 사상자는 없었고 단지 약간의 피해만 있었을 뿐이다.

내부 정보에 따르면 웨이모의 무인자동차는 전기자동차가 될 것이라고 하지만, 웨이모의 무인자동차는 아직 차체가 어떻게 생겼는지도 공개되지 않았다. 테스트 차량만해도 도요타 프리우스, 아우디 TT, 렉서스 RX450h 등 여러 종류가 있다. 구글은 또한 항공기에서 놀이기구까지 여러 프로젝트를 수행해온 디트로이트Detroit의 작은 회사 로쉬Roush에서 조립한 맞춤형 차량도 보유하고 있다. 구글과 경쟁하여 무인자동차를 개발 중인 업체에는 포드Ford와 같은 기존 자동차 제조사, 거대 기술기업 애플Apple 등이 포함되어 있다. 지금까지는 축적된 기술과 자율주행 차량에 대한 집중투자 덕분에 구글이 가장 앞서나가고 있다.

로봇 차량은 자동차와 주차장 중심으로 설계되어 있는 도심지의 모습을 바꿀 수 있다. 차량이 편한 위치에 스스로 알아서 주차할 수 있게 된다면 주차장은 그렇게 중요하지 않게 될지도 모른다. 많은 논평가들은 이 신기술로 인해 자동차 소유권 개념이 점차 사라질 것이라 내다보고 있다. 무인자동차는 사실상 로봇 택시와 같으며 소유하는 것은 별로 의미가 없을지도 모른다. 알파벳은 이미 온라인 택시 업체인 리프트Lyft와의 협업을 선포한 바 있다.

대부분의 자동차는 하루에 한두 시간 정도만 사용된다. 그러므로 무인자동차를 공유할 경우 효율성 향상을 기대할 수 있다. 자동차를 이용한 이동 비용이 보다 저렴해지고, 도로를 막아 통행을 방해하는 주정차 차량의 수를 줄일 수도 있다. 또한 자동차 사고의 90% 정도가 운전자의 부주의나 피로, 음주운전 등으로 발생한다는 점을 고려할 때, 무인자율주행 자동차가 궁극적으로 훨씬 더 안전하다고 할 수 있다.

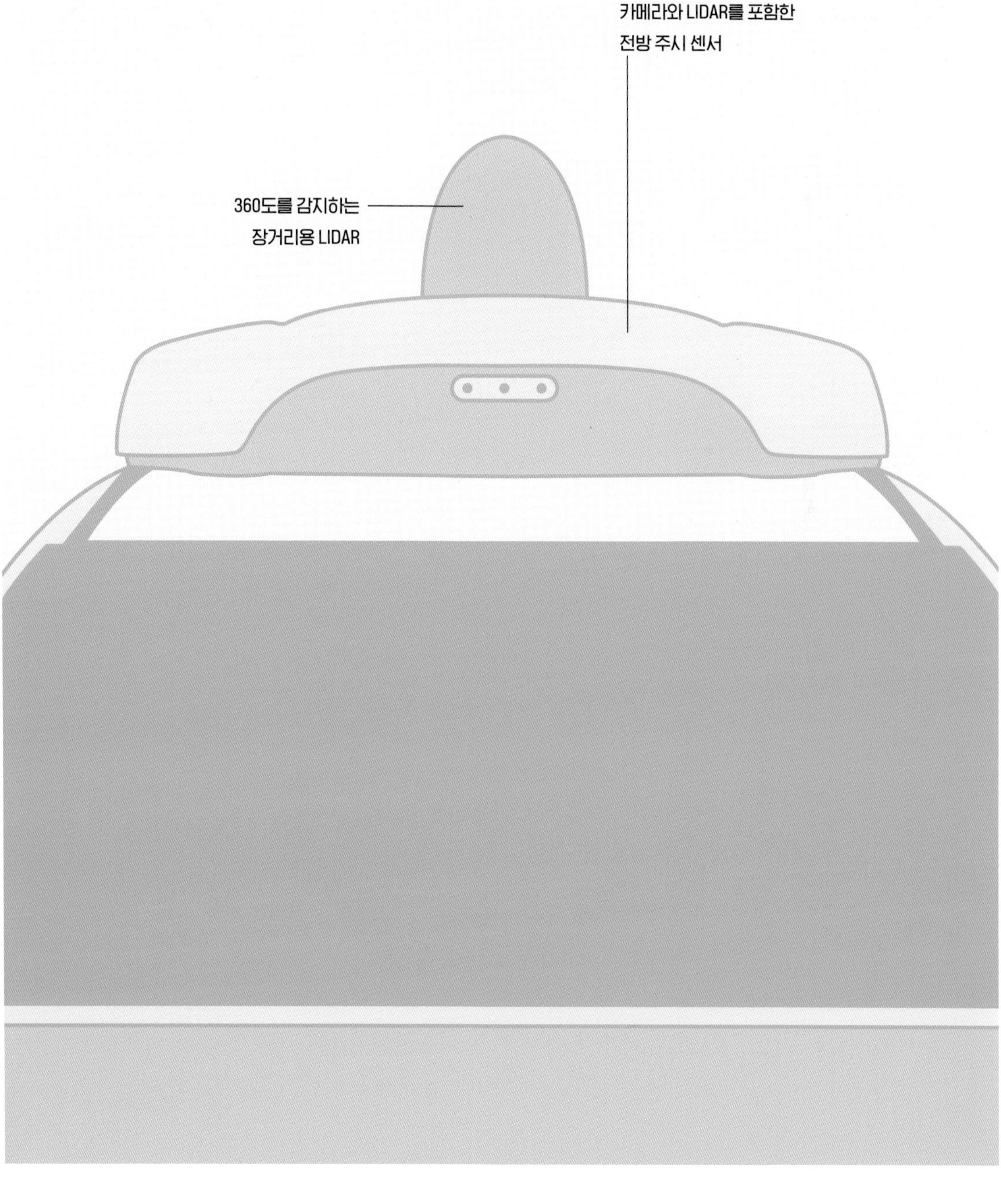
카메라와 LIDAR를 포함한
전방 주시 센서
360도를 감지하는
장거리용 LIDAR

비디오
화면
레이저 센서와 카메라가
들어있는 센서링
손에는 3D 카메라를
포함한 여러 센서들이
장착되어 있다
Care-O-bot 4
실내 이동을 위한
바퀴 달린 바닥면
72cm

CARE-O-BOT 4

케어오봇 4

높이	1.58m
무게	140kg
출시연도	2014
구성 재료	복합재료
메인 프로세서	인텔 NUC i5 256GB 4-6개, 8GB RAM
전원	리튬 이온 배터리

인구 문제가 갈수록 심각하게 다가오고 있다. 앞으로 수십 년 안에 보살핌이 필요한 노령 인구는 늘어나고 그들을 돌볼 젊은 사람들은 줄어들 것이다. 독일의 프라운호퍼Fraunhofer IPA는 케어오봇 4와 같은 로봇을 통해 이러한 부담을 줄이고자 한다.

케어오봇 4는 프라운호퍼의 4세대 로봇으로, 돌봄 로봇caring robots을 개발하는 연구원들을 위한 모듈형 모바일 테스트베드testbed(새로운 기술이나 제품의 성능을 시험할 수 있는 시스템-역자주)로 개발되었다. 케어오봇의 소프트웨어는 '오픈 소스'로 되어 있어, 사용자가 직접 프로그래밍하고 개발자가 직접 소프트웨어를 만들어 변경할 수 있다.

케어오봇의 가장 단순한 변형은, 독립적으로 조종되는 4개의 바퀴로 천천히 굴러가는 모바일 서빙 트롤리 형태이다. 센서링에는 레이저 거리 센서와 스테레오 카메라가 들어 있다. 로봇은 센서에서 얻은 데이터를 결합하여 주변환경의 3D 컬러 영상을 확보한다. 이를 바탕으로 움직이는 사람을 포함한 '움직이는 장애물'을 회피하면서, 경로를 계획하고 탐색하여 안전하게 이동할 수 있다.

로봇은 마이크, 스피커, 카메라, 비디오 화면을 통해 환자가 태블릿이나 다른 새로운 도구를 사용하지 않고도 간병인, 의사 또는 다른 사람들과 대화할 수 있게 해주는 '텔레프레전스telepresence(화면으로 상대방의 모습을 보며 이야기할 수 있는 가상화상회의 시스템-역자주) 통신 단말기'의 기능을 할 수 있다. 그리고 간병인들도 로봇을 이용하여 환자의 건강 상태를 확인할 수 있다.

케어오봇은 구형 관절을 갖춘 한 개 또는 두 개의 로봇 팔을 추가하여 보다 많은 기능을 수행할 수 있다. 각각의 팔에는 자체 3D 카메라, 손전등 및 레이저 포인터 그리고 터치 센서가 있는 '3-핑거 그리퍼three-finger gripper(3개의 손가락이 달린 잡을 수 있는 장치-역자주)'가 포함되어 있다. 센서를 이용하여 잡는 힘을 조절할 수 있기 때문에 로봇은 물체를 손상시키지 않고 안전하게 들어올릴 수 있다. 로봇 팔은 바닥에 있는 물체를 집기 위해 아래로 뻗을 수도 있고, 높은 선반에 있는 경우에는 위로 뻗을 수 있다. 또한 장애물과 부딪치지 않으면서 그 너머로 팔을 내밀 수도 있다.

케어오봇은 새로운 물체를 식별할 수 있는 적응형 사물인식 시스템을 갖추고 있다. 일단 물체를 로봇의 손에 놓으면, 로봇은 그것을 회전시켜 모든 각도에서 사진을 찍고, 물체를 인식한 후 물체를 정확히 잡을 수 있는 올바른 자세를 파악하기 위해 '특징점'을 확인한다. 이렇게 로봇에게 물체를 보여주어 인식시킨 후에는 '머리 빗을 가져오라' 또는 '꽃병을 테이블 위에 놓아라'와 같은 요청을 수행하게 할 수 있다.

나이든 사용자들이 로봇을 받아들이도록 하기 위해 가장 신경 써야 할 부분은 자연스럽고 직관적인 방법으로 그들이 상호작용할 수 있는 방법을 찾는 것이었다. 드롭다운 메뉴drop-down menu(주 메뉴를 선택하면 그에 해당하는 하위 메뉴들이 아래로 나란히 배열되어 나타나는 형태의 메뉴 표시 방식-역자주)로 구성된 복잡한 인터페이스는 노인들이 사용하기에는 너무 어렵기 때문에, 케어오봇은 음성 및 동작 인식 기능을 갖추고 있다. 몸통은 두 개의 유연한 관절로 연결되어 있어 간단한 동작을 표현할 수 있고, 기분을 나타낼 수 있는 화면이 있다. 이러한 특징들로만 보면 케어오봇은 물건이라기보다 사람에 가깝다고 할 수 있을 것이다.

우선 케어오봇은 음식을 준비하고 음료를 가져다주는 일반적인 집사와 가사도우미 역할을 할 것이며, 궁극적으로는 더 많은 일을 할 수 있을 것이다. 또한 초기의 돌봄 로봇과 마찬가지로, 이 로봇은 실용적인 기능뿐만 아니라 함께 있어주거나 옆에서 도움을 주는 사회적 기능을 갖게 될 것이다.

돌봄 로봇이 노인들의 사회적 고립을 증가시킬 수도 있다고 주장하는 사람들도 있다. 간병인은 단지 도움의 손길에 불과한 것이 아니라 공감, 따뜻함 그리고 대화 등 인간적인 접촉을 제공하는 사람들이다. 로봇이 노인을 맡기는 저렴하고 편한 수단으로만 여겨지고, 노인들은 사람과의 접촉 없이 고립된다면 이는 문제가 될 것이다. 그렇지만 이상적으로 생각해보면 케어오봇 같은 로봇은 요리나 정리 같은 잡다한 집안일을 처리함으로써 간병인이 노인을 돌보는 데 집중하도록 시간을 확보해줄 것이다. 또한 인터넷 및 세상에 연결하는 수단을 제공함으로써 노인들의 삶의 질을 향상시킬 것이다.

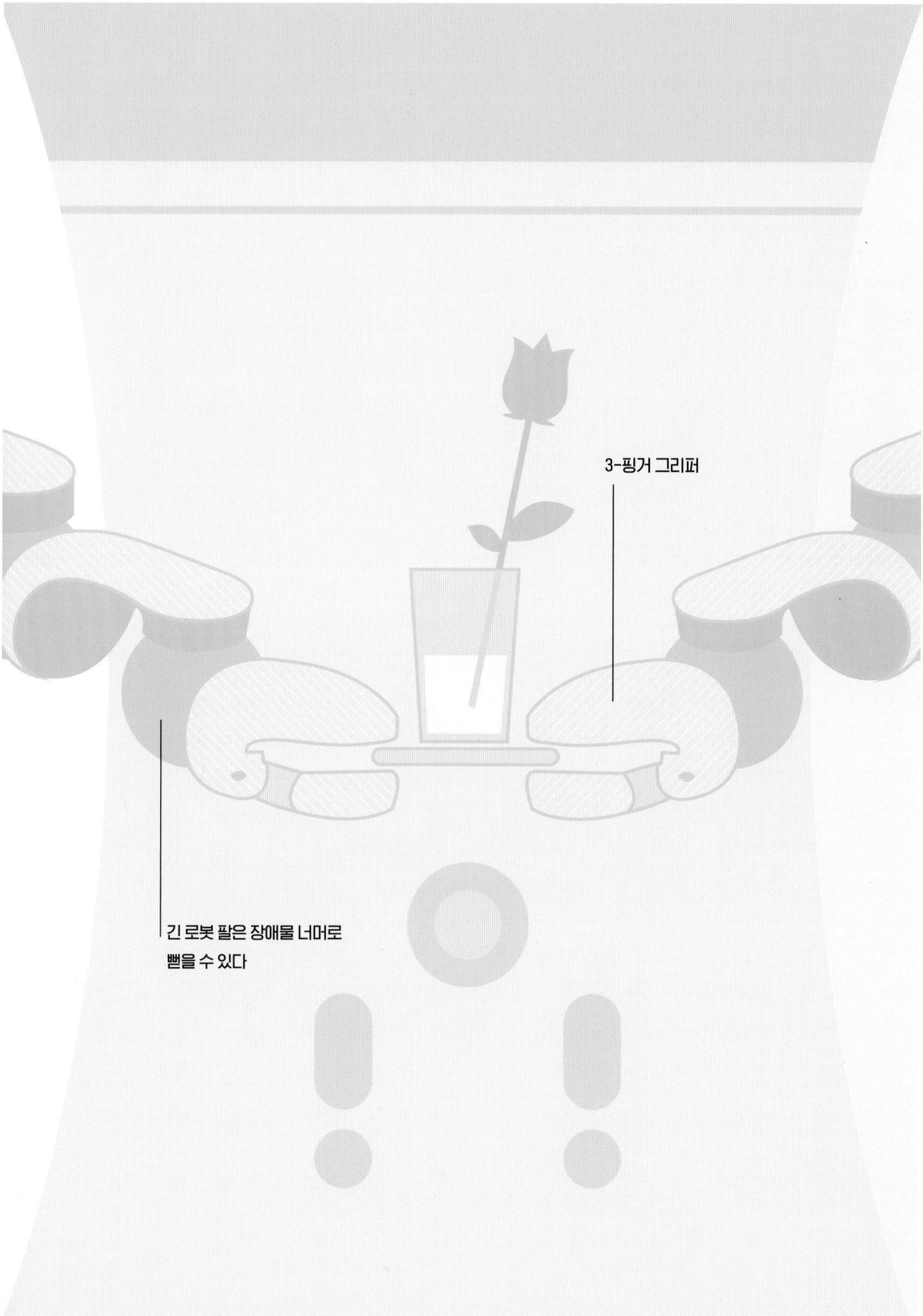
3-핑거 그리퍼
긴 로봇 팔은 장애물 너머로 뻗을 수 있다

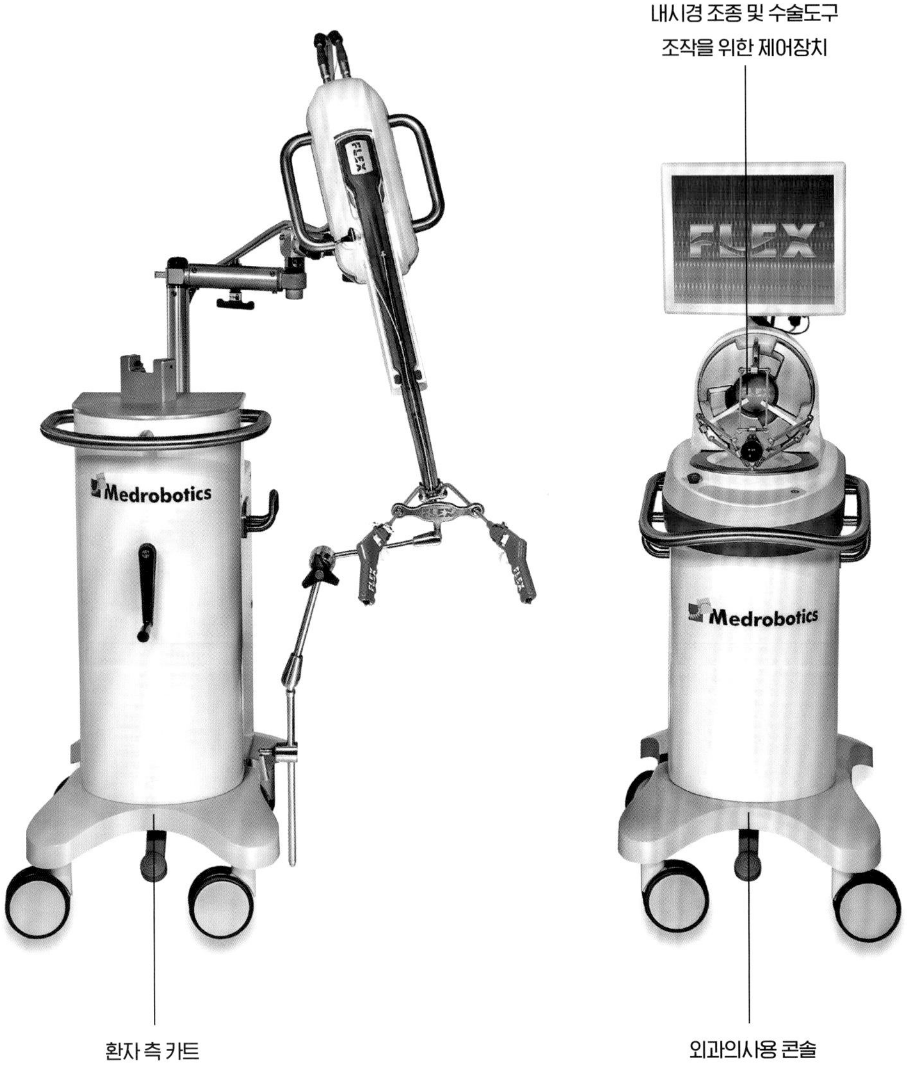
내시경 조종 및 수술도구
조작을 위한 제어장치
FLEX
Medrobotics
FLEX
Medrobotics
환자 측 카트
외과의사용 콘솔

FLEX® ROBOTIC SYSTEM

플렉스 로봇 시스템

높이	1.36m
무게	196kg
출시연도	2014
구성 재료	강철
메인 프로세서	상용 프로세서
전원	외부 주전원

다빈치 수술 시스템 같은 로봇은 최대한 작게 절개하긴 하지만 어쨌거나 절개 수술을 통해 사람 몸 안으로 들어간다. 그러나 인체에 있는 자연적인 구멍을 통해 들어가는 다른 방법도 있다. 내시경endoscopy이라 부르는 이 기술은 영상진단 용도로 잘 자리잡았다. 로봇 기술은 여기에서 더 나아가 절개를 하지 않고 사람의 몸으로 들어가 수술을 수행하는 장치를 개발하여 내시경 기술을 더욱 발전시켰다.

1806년 필리프 보치니Philipp Bozzini는 내시경을 처음 발명했다. 그의 내시경은 휘지 않는 단단한 형태의 리히트라이터Lichtleiter(빛으로 보는 기계-역자주) 혹은 도광기light conductor라고 불리는 장치로, 수술할 필요 없이 램프의 빛을 통해 환자의 귀, 콧구멍, 직장 내부 등을 살펴볼 수 있었다. 이후에 의사들은 몸속으로 더 깊이 들어갈 수 있는 유연한 내시경을 개발했다. 그 다음 그들은 조직 샘플을 채취하기 위해 바늘을 추가했고, 지금은 내시경에 부착할 수 있는 수술도구들이 점점 더 많아지고 있다.

카네기멜론대학교 로봇공학연구소의 호위 초셋Howie Choset 교수가 플렉스 로봇 시스템을 개발하여 내시경 검사의 수준을 한차원 높였다. 2014년 매사추세츠 주 레이넘Raynham 지역의 메드로보틱스Medrobotics Corp에서 초셋의 기계를 출시했다. 다빈치 수술 시스템과 마찬가지로, 이 시스템은 환자 옆에 위치한 로봇과 외과의사의 제어용 콘솔로 이루어진 두 개의 장치이며, 같은 수술실 내에 자리한다. 유연한 내시경 로봇은 조이스틱을 사용하는 의사의 조종에 따라 환자의 목으로 들어가 몸속으로 이동하며, 로봇에 달린 비디오 카메라에서 전송하는 확대 영상을 참조하여 움직인다. 내시경 로봇은 180도로 구부러질 수 있는 연결 구조로 구성된 기계적인 뱀이라 할 수도 있을 것이다. 4개의 모터에 의해 구동되는 수많은 관절 덕분에 플렉스 로봇 시스템은 무려 102 자유도를 갖는다.

눈여겨봐야 하는 부위에 도달하여 외과의사가 로봇의 연결된 부분을 움직이지 않게 고정시키면 로봇은 안정적인 수술도구 역할을 수행하게 된다. 내시경 내부에 있는 두 개의 작은 튜브로 외과용 메스와 가위, 집게 그리고 상처를 꿰맬 수 있는 바늘 등의 수술도구를 해당 부위까지 보낸다. 외과의사는 비디오 카메라를 사용해 몸속을 살피고 검사나 제거가 필요한 신체조직을 집게로 들어 메스로 절개할 수 있다.

플렉스 수술 시스템의 제조사는 이 로봇이 높은 기동성을 갖고 있기 때문에 이전에 절개하지 않고는 어렵거나 불가능했던 부위를 내시경으로 수술할 수 있다고 말한다. 2016년 초기 미국 임상 시험에서 플렉스는 94%의 성공률로 종양 부위에 도달했는데, 그 중 58%는 기존의 방법으로는 '도달하기 어려운' 것으로 분류되었던 것이었다.

플렉스는 최소침습수술의 새로운 단계를 보여준다. 다빈치와 마찬가지로 이 로봇도 자율적인 시스템이라기보다는 원격제어 시스템이라 할 수 있다. 미국 식약청은 외과의사가 내시경 로봇을 항상 통제할 수 있어야 한다는 조건하에 허가하였으며, 그렇지 않을 경우 사용상 안전하다고 인증되지 않았을 것이다. 이에 따라 로봇에 설치된 안전기능에는 우발적인 움직임을 억제하는 제어장치가 포함되어 있다. 이 제어장치는 외과의사가 페달을 밟지 않는 한 로봇이 움직이는 것을 방지한다. 내시경 로봇의 유일한 자동기능은 수술 후 이동한 경로를 되돌아가며 철수하는 기능뿐이다.

초셋은 플렉스 로봇 시스템을 새로운 유형의 의료 서비스의 시작으로 본다. 투자비용이 높아 일부 엘리트 의료기관에서만 쓸 수 있는 다빈치와 달리, 플렉스의 가격은 일반 병원에서도 감당할 수 있을 정도다. 환자 몸속에서 시술하는 최소침습수술은 입원이 필요하지 않으며, 심지어 병원이 아니어도 진행할 수 있다. 초셋은 일상적인 수술의 경우 외과 전문의가 아니어도 수술 절차를 위임받아 진행할 수 있다고 생각한다. 이것은 초셋이 말하는 수술의 '민주화democratization'로 이어질 수 있다. 수술은 더 빨리 더 쉽게 진행되고, 대기자 명단은 더 짧아지며, 심지어 병원을 방문하는 환자가 훨씬 줄어들 수도 있다.

플렉스와 같은 로봇은 의료비용과 처치의 복잡성이 꾸준히 상승하고 있는 추세를 뒤바꿀 수 있다. 그들은 의학계의 모든 사람들, 특히 내시경 로봇의 도입으로 손해를 볼 가능성이 있는 고소득의 외과의사들에게 환영받지 못할 수도 있다. 그러나 로봇이 더 낮은 비용으로 더 나은 결과를 안전하게 제공할 수 있다면, 수술도구로서 더 폭넓게 사용되는 것을 반대해야 할 이유가 없다.

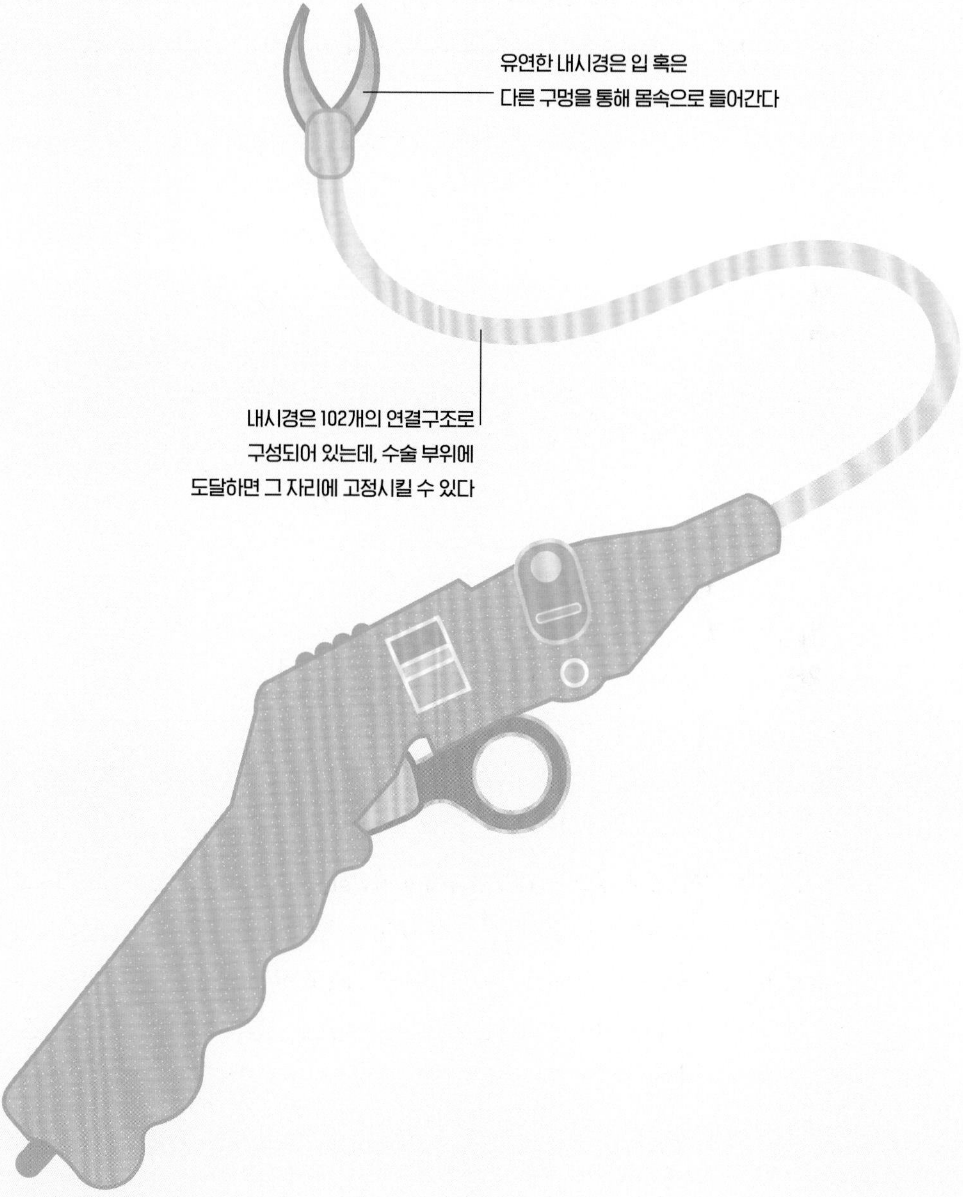
유연한 내시경은 입 혹은
다른 구멍을 통해 몸속으로 들어간다
내시경은 102개의 연결구조로
구성되어 있는데, 수술 부위에
도달하면 그 자리에 고정시킬 수 있다

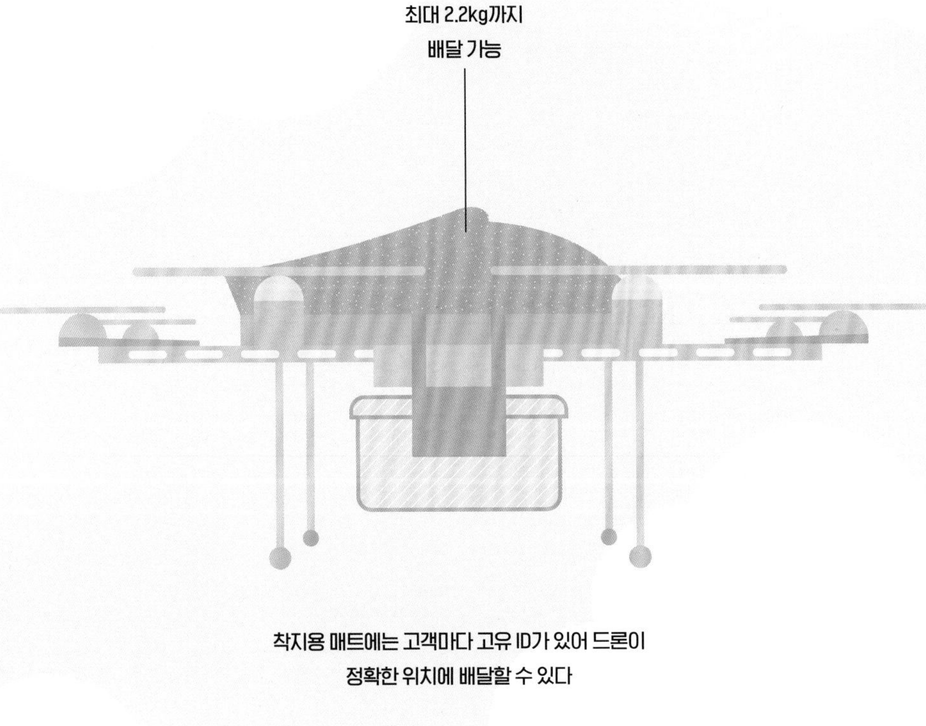
최대 2.2kg까지
배달 가능
착지용 매트에는 고객마다 고유 ID가 있어 드론이
정확한 위치에 배달할 수 있다

AMAZON PRIME AIR

아마존 프라임 에어

높이	30cm, 추정
무게	6kg, 추정
출시연도	2013
구성 재료	복합재료
메인 프로세서	상용 프로세서
전원	배터리

아마존은 세계에서 가장 성공한 인터넷 종합 쇼핑몰이다. 아마존의 거대한 물류센터에서는 1억 개에 달하는 주문을 받아 처리하며, 보통 다음날까지 상품을 배송한다. 아마존은 공격적인 혁신 정책을 펼쳐 점점 더 빠르게 성장하고 있다. 예를 들어, 물류센터의 효율성을 높이기 위해 '집품 및 포장picking and packing' 작업에 키바 로봇을 도입한 것처럼 말이다.

2013년 크리스마스 광고에서 배송용 드론을 이용해 피자, 맥주 등과 같은 간단한 물품을 배달하는 것이 기술적으로 가능하다는 것을 보여주었지만, 사람들은 이것을 실제 프로젝트가 아니라 홍보를 위해 이목을 끄는 것으로 받아들였다. 그러나 아마존은 본격적으로 배송용 드론 개발 팀을 꾸리고 시험 현장을 준비하였으며, 상용 드론 배송이 가능하도록 항공 규정 변경을 위해 움직였다.

2013년 광고를 통해 아마존의 비전을 엿볼 수 있다. 배송용 드론은 일반 소비자용 쿼드콥터처럼 배터리로 구동하는데, 비행 모드를 바꿀 수 있는 일종의 변환 타입이다. 즉, 헬리콥터와 같이 로터rotor(회전날개-역자주)를 이용하여 수직으로 이착륙하지만, 공중에서는 비행기처럼 프로펠러를 사용해 수평으로 전진한다. 배송용 드론은 최대 시속 96km의 속도로 13km의 거리를 비행할 수 있으며, 수직 착륙 기능을 갖추었다. 아마존에서 공개한 동영상을 보면 고객이 원하는 위치에 착지용 매트를 깔아놓으면 드론은 이곳에 배송물을 부드럽게 내려놓는다. 착지용 매트에는 바코드처럼 고유한 ID 번호가 입력되어 있으므로 좁은 지역에 여러 개의 착지용 매트가 있을 경우에도 정확한 배송을 할 수 있다.

아마존 첫 번째 드론 배송은 2016년 12월, 영국에서 소규모 시범 서비스를 통해 이루어졌다. 아마존의 TV 셋톱박스인 '아마존 파이어 TV'와 팝콘 한 봉지로 구성된 주문이었으며, 영상을 통해 공개한 배송용 드론은 2013년 버전과 상당히 달랐다. 쿼드콥터의 회전날개를 플라스틱 가드로 보호하여 안전상 위험요소를 제거했다.

아마존 프라임 에어는 아직 제대로 운영되고 있지 않고, 아마존의 모든 주문을 처리하지도 않는다. 이 시스템은 30분 내에 2.3kg 이하의 상품을 고객에게 빠르게 배송할 수 있는 프리미엄 서비스가 될 것이다. 그러기 위해서는 드론이 사람의 도움 없이 스스로 비행할 수 있도록 자동화된 설정이 필요할 것이다.

드론 배송에 있어 가장 중요한 문제는 드론이 인구 밀도가 높은 도시에서도 안전하게 비행할 수 있어야 한다는 점이다. 현재 드론은 인간의 통제 없이 시야에서 벗어나서는 안 된다. 이에 아마존에서는 카메라 및 기타 센서를 이용하여 나무, 건물, 전선, 새, 다른 드론 등 장애물을 탐지하는 감지 후 회피sense-and-avoid 시스템을 개발하고 있으며, 유인 항공기의 항로를 방해하지 않는 120m 미만 높이에서 드론을 작동시키려고 계획하고 있다. 항공 당국은 여전히 드론을 규제할 방법을 심사숙고하고 있다. 드론은 안전해야 할 뿐만 아니라 그 안전성을 입증할 필요가 있기 때문이다. 무게가 몇 킬로그램밖에 안 되는 드론이라도 시속 96km의 속도로 낙하한다면 심각한 사고를 일으킬 수 있다.

미국이 드론 배송을 허가받기 가장 어려운 지역 중 하나이기 때문에 아마존은 다른 나라에서 시범 서비스를 진행하고 있다. 시범 서비스를 진행한 나라에서 드론 배송 시스템이 성공적으로 이루어진다면, 허가가 어려운 지역에서도 관련된 규제를 완화하는 데 도움이 될 것이다. 한편으로 아마존은 드론 기지국 역할을 수행하는 다양한 종류의 비행선, 고층건물의 충전소, 낙하산을 이용한 배송 등 아마존 프라임 에어와 관련된 특허를 꾸준히 등록하고 있다. 겉보기에는 달라 보일지 모르겠지만, 드론을 기반으로 한 서비스를 지향한다는 점은 그대로다.

다른 기업들도 유사한 방식의 연구를 진행하고 있다. 매터넷Matternet은 개발 도상국의 외딴 마을에 의약품을 배송하는 드론 네트워크를 구축하기 위해 노력하고 있고, DHL과 UPS 같은 기존의 운송업체는 배달 트럭에서 날아오르는 드론을 개발하고 있다. 거대 인터넷 업체인 구글 또한 '프로젝트 윙Project Wing'이라는 드론 배송 프로젝트를 진행하는 등 여러 업체들이 드론 배송 분야에서 아마존과 경쟁하고 있다.

지금까지 드론 배송에 들어간 막대한 투자금은 배달용 드론에 대한 강한 믿음을 시사한다. 아마존은 아마도 처음으로 실질적인 네트워크를 구축할 수는 있겠지만, 수년 내로 드론 배송은 이메일만큼이나 당연한 것이 될 것이다.

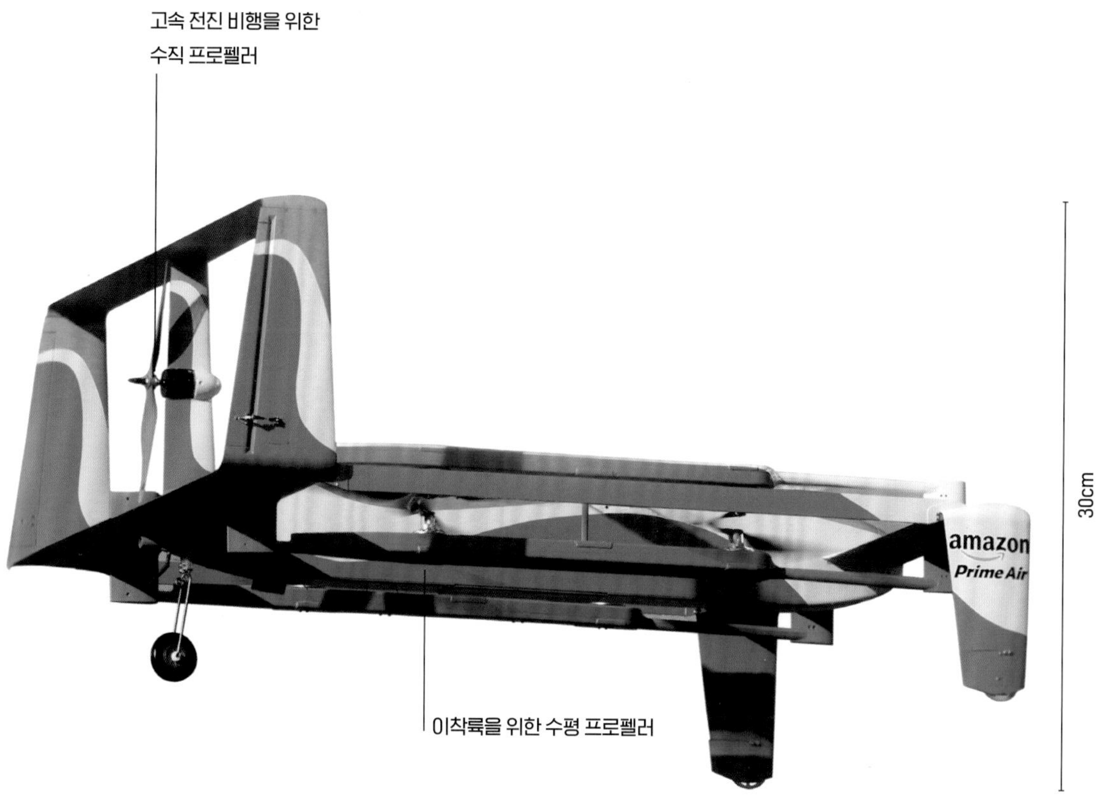

고속 전진 비행을 위한
수직 프로펠러
amazon
Prime Air
30cm
이착륙을 위한 수평 프로펠러

중형: 19cm
대형: 20cm

잡은 물체가 미끄러질 때
자동 그립 기능이 이를 감지하여
그립을 더 단단히 조인다

다른 그립 패턴 세트를
이용하기 위한 스위치

사용자의 피부에 맞는 색깔의
실리콘 장갑을 씌운다

BEBIONIC HAND

비바이오닉 핸드

높이	5cm, 손목 직경
무게	598g
출시연도	2010
구성 재료	알루미늄 합금
메인 프로세서	상용 프로세서
전원	배터리

레오나르도 다빈치가 인간을 모방해 설계한 기계를 참조하여 가장 직접적으로 응용한 분야는 인공 신체 기관이다. 의수나 의족 같은 대체용 팔다리는 단순한 고리 형태 또는 실물처럼 생겼지만 기능은 전혀 없는 나무 모형에서 시작하여 인간의 손동작과 비슷하게 움직이는 정교한 로봇 장치로 진화했다.

영국의 RSL스티퍼RSL Steeper는 그들이 개발한 비바이오닉 핸드가 세계에서 가장 진보된 의수라고 주장한다. 이것을 착용하면 평범한 사람들에게는 당연한 일이지만 팔다리가 없는 환자들은 할 수 없는 유리잔 잡기, 열쇠 잠그기, 가방 들기 같은 다양한 활동을 할 수 있다.

바이오닉bionic(생체공학적인, 인조-역자주)이라는 단어는, '살아있는'이라는 의미를 가진 'bio'와 '-같은' 또는 '-의 성질을 가진'을 의미하는 'ic'를 조합한 것으로, '바이오닉 맨 프로젝트'를 통해 초강력 인조 팔다리를 갖게 된 우주비행사의 이야기를 다룬 TV 시리즈 〈육백만 불의 사나이The Six Million Dollar Man〉가 방영되면서 널리 알려졌다.

비바이오닉 핸드는 배터리로 작동하며 사용자의 근육을 사용하여 제어된다. 다섯 개의 손가락에는 각각 독립적인 모터가 장착되어 있다. 사용자가 손목 근육을 제어하면 피부의 전기적 신호가 달라지고 센서는 이를 감지한다. 즉 근육을 움직여 전자 의수의 그립을 작동시킬 수 있다. 이 '근전도' 제어는 지난 몇 년간 꾸준히 사용되어 왔는데, 여러 가지 그립 패턴을 제공한다는 것이 비바이오닉 핸드만의 차별점이다. 14가지 기본적인 손 자세 및 그립 패턴을 이용하여 다양한 작업을 수행할 수 있다.

그립 패턴은 세트로 이루어져 바로 사용할 수 있으며, 손 뒤에 있는 스위치를 눌러 다른 세트를 이용할 수 있다. 사용자는 선호도와 필요에 따라 기본 패턴과 보조 패턴을 선택한다. 제조사는 어느 정도 훈련과 연습을 거치고 나면 비바이오닉 핸드를 조작하는 것이 매우 자연스러워질 것이라 말한다.

비바이오닉 핸드는 인공지능을 가지고 있다는 점에서 진정한 로봇이라 할 수 있다. 내장된 마이크로프로세서는 정밀하고 신뢰성 높은 제어를 위해 각 손가락의 위치를 모니터링한다. '자동 그립' 기능은 물체가 손아귀에서 미끄러질 때 이를 감지하고 손가락을 조절하여 물체를 놓치지 않게 해준다. 일부 그립 패턴은 맞섬opposed 자세와 비맞섬non-opposed 자세 사이에서 수동으로 엄지손가락의 위치를 바꿔야 한다. 맞섬 자세는 연필 같은 물건을 쥐기 위해 '삼각대' 형태의 그립 패턴에 사용되는데, 엄지손가락이 집게손가락이나 가운뎃손가락과 만나 만들어진다. 엄지손가락의 맞섬 자세는 나머지 네 개의 손가락 모두 엄지손가락에 가까워지는 '파워' 그립 패턴에도 사용할 수 있다. 이것은 공이나 과일 또는 유리잔, 병, 주방이나 정원용 도구와 같은 원통형 물체를 집는 데 사용하는 그립 패턴을 말한다.

비맞섬 자세는 가운뎃손가락, 약손가락, 새끼손가락을 손바닥 안쪽으로 접고 엄지손가락은 가운뎃손가락 위에 놓고 집게손가락을 살짝 뻗는 '손가락 포인트'가 대표적이다. 이 자세는 양손 집게손가락만으로 타이핑하는 독수리 타법이나 버튼을 누를 때 사용할 수 있다. '마우스' 그립 패턴은 이름에서 알 수 있듯이 컴퓨터 마우스를 조작하기 위한 자세이고, '열린 손바닥'은 쟁반이나 박스 같은 큰 물체를 옮길 때 유용하다. 비바이오닉 핸드는 45kg까지 들 수 있고, 캔을 찌그러뜨릴 수 있을 정도로 악력이 강하다. 속도 제어를 통해 힘을 적절하게 제어할 수도 있다. 캔을 찌그러뜨리는 것도 가능하지만, 계란처럼 깨지기 쉬운 물체도 조심스럽게 집을 수 있다.

비바이오닉 핸드는 탈착이 가능한 실리콘 장갑으로 덮여 있다. 이 장갑은 사용자의 피부에 맞춰 제공하기 위해 19가지 색으로 제작되었으며, 맞춤형 실리콘 손톱도 제공된다. 일반적으로 의수는 몸의 일부처럼 여겨지지 않아 사용자들이 의수를 거부하는 경향이 있다. 그러나 비바이오닉 핸드는 외양과 기능의 강력한 조합을 통해 많은 이들의 마음을 돌리는 데 성공했다.

물론 '육백만 불의 사나이'처럼 슈퍼파워를 발휘할 수는 없다. 그러나 이전에 보지 못한 새로운 방식으로 팔다리가 없는 사용자들의 일상생활을 개선하고 있다.

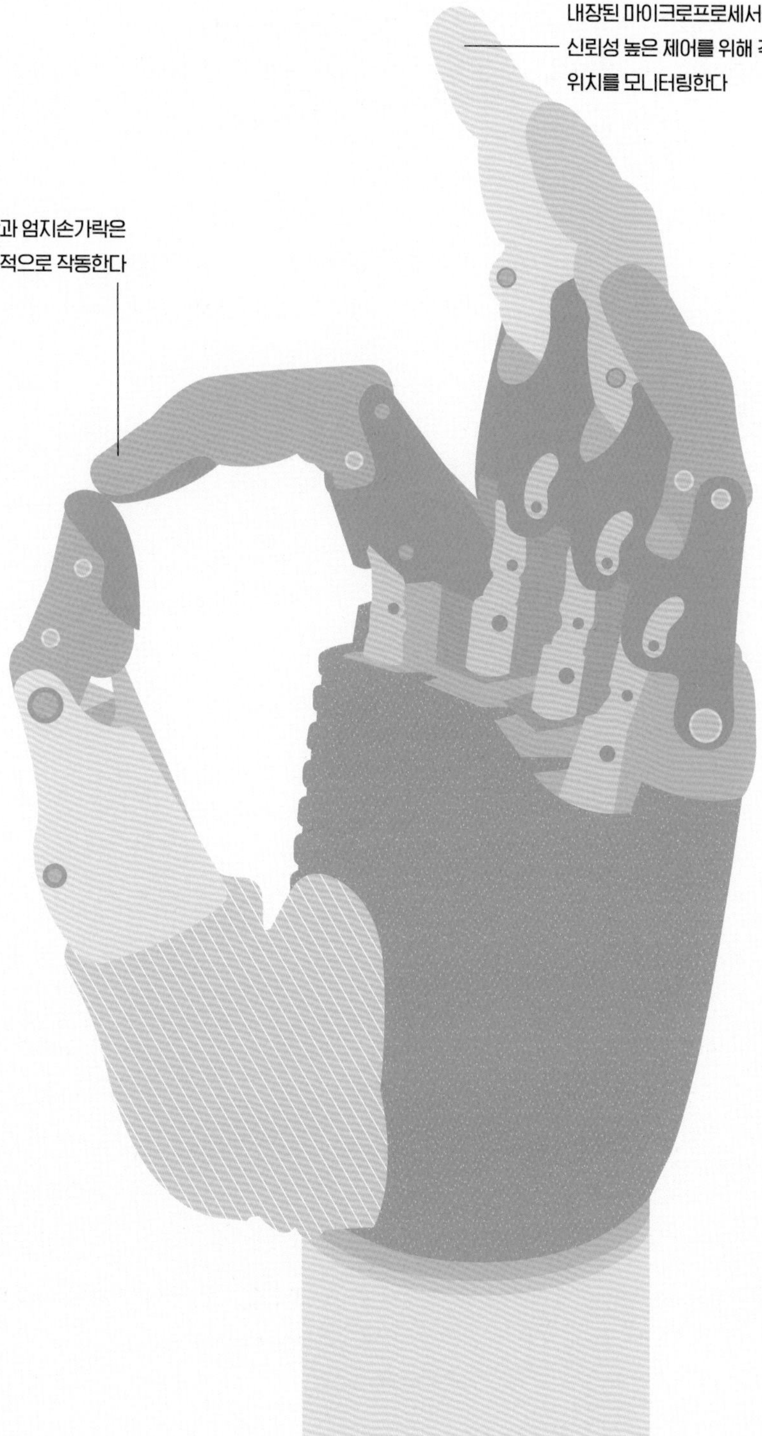
내장된 마이크로프로세서는 정밀하고
신뢰성 높은 제어를 위해 각 손가락의
위치를 모니터링한다
네 손가락과 엄지손가락은
각각 독립적으로 작동한다

4개의 회전날개에는
각각 독립된 모터가 장착되어
방향을 조종하고
안정성을 확보한다
안정된 4K 카메라
날개를 펼친 매빅의 폭 198mm

사용자는 터치스크린 지도에 매빅이
도착해야 하는 위치를 지정한다

MAVIC PRO

매빅 프로

높이	8.3cm
무게	743g
출시연도	2016
구성 재료	플라스틱
메인 프로세서	자체 프로세서
전원	리튬 이온 배터리

매빅 프로 같은 소형 쿼드콥터가 점점 보편화되고 있다. 수백만 명의 애호가들이 항공 영상을 촬영하기 위해 이를 이용하고 있으며, 이러한 인기에 힘입어 중국의 DJI는 세계에서 가장 성공한 드론 제조사가 되었다. 매빅 프로는 장난감처럼 보일 수 있지만, 잘 살펴보면 매우 정교한 자율비행 로봇임을 알 수 있다.

멀티콥터multicopters의 등장은 1990년대 초반 미국 엔지니어 마이크 대맘Mike Dammarm이 개발한 배터리 구동 쿼드콥터로 거슬러 올라간다. 일반적인 헬리콥터는 양력을 위한 수평 회전날개와 안정성을 위한 수직 회전날개를 갖추고 있으며 날개의 각도나 속도를 변경하여 방향을 조종하는데, 이를 위해서는 기계의 배치가 정교해야 한다. 쿼드콥터의 회전날개는 기계적인 면에서 보면 일반적인 헬리콥터보다 훨씬 단순하다. 4개의 회전날개에는 개별적인 모터가 장착되어 있는데, 각 날개의 회전속도를 높이거나 낮춤으로써 방향을 조종하고 안정적으로 비행한다. 사람이 각 회전날개의 속도를 상황에 맞춰 제어하는 것은 매우 어려운 일이지만 전자 제어장치를 이용하면 쉽게 처리할 수 있다. 매빅 프로는 바람이나 날씨 조건이 갑자기 바뀌더라도 공중에서 완벽한 정지 상태를 유지할 수 있다. 또한 기체를 약간 기울이면 고속으로 비행할 수 있다.

대맘의 발명품은 2010년 프랑스의 패럿Parrot이 Wi-Fi를 통해 실시간으로 영상을 송신하는 쿼드콥터 'AR.Drone'을 선보이면서 큰 반향을 일으켰다. AR.Drone은 베스트셀러가 되었지만 비행거리와 비행시간이 짧았고, 무엇보다 카메라의 해상도가 볼품없었다.

DJI의 CEO인 프랭크 왕Frank Wang은 소형 드론이 항공사진 플랫폼으로서 가진 잠재력에 주목했고, 배터리, 모터, 카메라, 센서, 컴퓨터 프로세서 등 드론의 가능성을 실현하기 위한 기술 개발에 착수했다. 2013년 DJI는 한번에 1.6km 떨어진 곳까지 비행하며 20분 동안 고화질 비디오를 촬영할 수 있는 팬텀Phantom을 출시하였다. 팬텀의 가격은 대중 시장을 겨냥해 책정되었고, 수백만 대가 팔렸다.

DJI의 새로운 드론 매빅 프로는 팬텀 시리즈보다 작으며 무게는 700g에 불과하고, 가격은 1천 파운드 미만이지만 첨단 전자 부품으로 무장하였다. 제조사는 초보자가 포장을 푼 후 즉시 비행을 시작할 수 있을 정도로 조작법도 간단하다고 주장한다. 매빅 프로는 시속 65km의 속도로 비행하며, 안정적인 카메라를 이용하여 최대 25분 동안 '영화 품질'의 4K(Full-HD보다 해상도가 4배 높은 차세대 고화질 해상도-역자주) 동영상을 촬영한다. 또한 8km 떨어진 곳에서도 제어할 수 있다.

매빅 프로의 크기는 작지만 시속 32km 이상의 바람에도 대처 가능하다. 카메라, 음파 탐지기 같은 아래를 살피는 센서를 이용하여 공중에서 흔들림 없이 비행할 수 있고, 경사면을 지날 때도 지면에서 일정한 높이를 유지할 수 있다. 핵심 판매 포인트는 휴대성이다. 매빅 프로의 팔을 접어 물병 정도의 크기로 만들 수 있으므로, 등산을 할 때 가방에 넣고 다닐 수 있어 안전하고, 사용할 때는 그저 쉽게 펼치기만 하면 된다.

매빅 프로를 로봇답게 만들어주는 것은 높은 수준의 자동 제어 프로그램이다. 이 기능을 통해 드론은 스스로 날 수 있으며, 음파 탐지기와 카메라를 사용해 장애물을 피할 수 있다. 사용자가 터치스크린 지도에 목적지를 지정하면, 드론은 GPS를 통해 경로를 탐색한다. 사용자가 버튼을 누르기만 하면 매빅 프로는 언제나 이륙 지점으로 돌아올 수 있다. 광학 네비게이션 시스템은 이륙 시 지면의 사진을 찍고, 착륙 시에 이를 이용하여 이륙 지점의 위치를 인식하면 자동으로 되돌아와 착륙할 수 있으며, 그 오차범위는 겨우 몇 센티미터 정도다.

또한 매빅 프로는 추적 모드를 갖추고 있다. 카메라는 사람이나 차량을 추적하고 그들을 따라간다. 이를 이용하면 스키나 스케이트보드 타는 사람을 따라가며 동영상을 찍을 수 있다. 제스처 모드는 무선 제어장치 없이 드론을 유도하는 또 다른 방법이다. 드론은 사용자의 손짓을 따라가며 신호를 보내면 사진을 찍는다.

매빅 프로와 기능이 유사하지만 좀더 큰 드론들은 영화 제작에 혁명을 일으켰다. 자동차 추격 장면, 협곡 또는 고층건물 위에서 급강하하는 장면, 독수리와 함께 나는 장면 등 항공 영상을 담기 위해 더 이상 헬리콥터가 필요하지 않다. 에어로보틱스의 옵티머스 드론인박스와 같은 드론 로봇은 산업과 농업 분야에서 자리를 넓혀나가고 있다. 그러나 일반 가정에서 대다수의 사람이 소유하고 즐길 수 있는 로봇은 매빅 프로일 것이다.

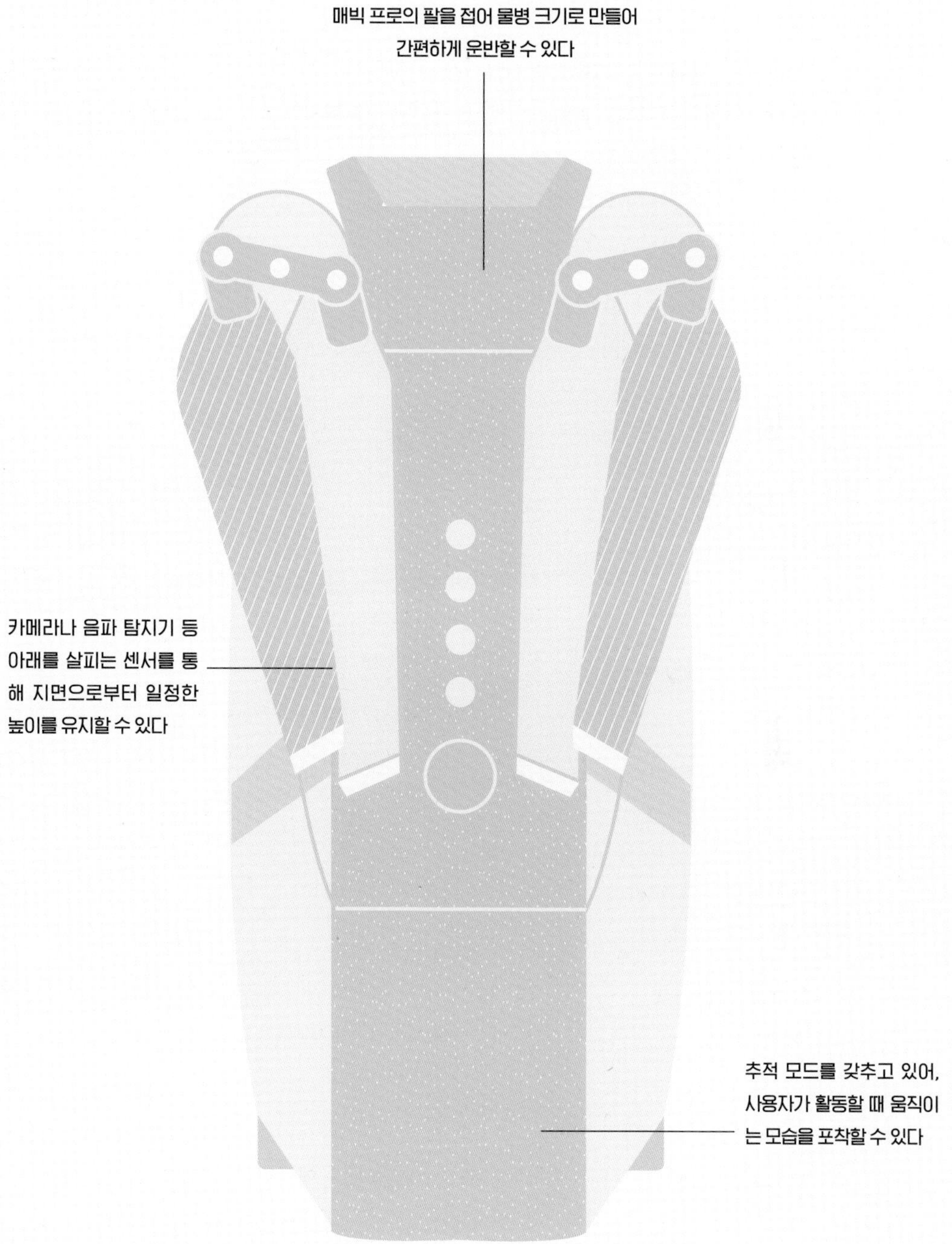

매빅 프로의 팔을 접어 물병 크기로 만들어
간편하게 운반할 수 있다
카메라나 음파 탐지기 등
아래를 살피는 센서를 통
해 지면으로부터 일정한
높이를 유지할 수 있다
추적 모드를 갖추고 있어,
사용자가 활동할 때 움직이
는 모습을 포착할 수 있다

착용자에 따라 높이가 달라진다
착용자의 동작을 센서로 모니터링한다

SOFT ROBOTIC EXOSUIT

소프트 로봇 엑소수트

높이	약 1m
무게	3.5kg
출시연도	2014
구성 재료	복합재료
메인 프로세서	상용 프로세서
전원	배터리

외골격 로봇exoskeleton은 착용자의 동작에 맞춰 부가적인 힘을 전달하는 웨어러블 로봇이다. 이러한 유형의 연구는 아이언맨 같은 전투복을 만들고 싶은 군대의 열망에서 시작되었지만, 연구원들은 개인용으로 사용할 수 있는 다른 형태의 외골격 로봇을 검토하고 있다.

소프트 외골격 로봇은 단단한 외형을 갖고 있지 않지만 근육의 보조 역할을 할 수 있다. 코너 월시Conor Walsh는 하버드대학교의 위스 생체모방공학연구소에서 이러한 개념을 기반으로 다양한 소프트 외골격 로봇을 개발하는 팀을 이끌고 있다. 이들이 개발한 로봇은 뇌졸중이나 다른 질환으로 신체가 불편한 환자들이 움직일 수 있도록 도와주고, 사람들이 쉽게 무거운 짐을 들거나 먼 거리를 걸어갈 수 있도록 만들어준다. 레오나르도 다빈치가 그랬듯, 연구원들은 사람의 근육과 힘줄이 어떻게 동작하는지 자세히 관찰했다.

월쉬의 '하지 로봇 엑소수트lower-extremity robotic exosuit'는 다리에 착용하는데, 허리 벨트에는 모터, 회전바퀴, 배터리 팩을 맨다. 허리 벨트는 4개의 끈을 이용해 발목 장치와 연결한다. 센서가 착용자의 동작을 확인하면 컴퓨터 시스템은 각각의 모터가 적절한 순간에 작동할 수 있도록 한다. 엑소수트는 걸음을 내딛거나, 발을 들거나, 지면을 밀거나 발을 내려놓아야 하는 순간, 착용자의 보행과 매끄럽게 조화되도록 정확하게 작동하여 도움을 준다. 이렇게 정교하게 제어하여 엑소수트는 아무것도 하지 않는 것처럼 보이며, 착용자는 그저 더 걷기 쉬워졌다고 느낄 뿐이다.

엑소수트는 전기모터를 사용해 작동하지 않고 일종의 인공 근육인 맥키번 구동장치McKibben actuator를 사용한다. 이것은 압축된 가스를 사용해 공압식으로 작동하며 실제 근육처럼 동작한다. 근육은 전기모터와 달리 가해지는 힘이 균일하지 않으며, 근육의 확장 정도에 따라 달라진다. 인공 근육은 사람의 근육을 보조하여 함께 동작해야 하기 때문에 유사한 패턴으로 힘을 가할 수 있어야 한다. 그렇지 않으면 각 동작의 시작과 끝 부분에는 너무 세게 밀고, 중간에는 너무 약하게 밀어 동작을 보조하기보다는 오히려 방해할 수 있다. 사람의 움직임을 도와주지 못하는 소프트 외골격 로봇은 3.5kg짜리 무거운 겉옷에 불과하다.

가장 먼저 엑소수트를 착용해본 시험대상은 뇌졸중 환자다. 뇌졸중 생존자 중 80%는 한쪽 다리의 기능을 일부 상실하며, 이때 엑소수트가 환자의 보행 능력을 회복하는 데 도움을 줄 수 있다. 일반적으로 뇌졸중 환자는 엉덩이를 치켜들거나 지면에 끌리지 않도록 발을 원형으로 흔드는 등 달라진 신체에 적응하기 위해 걷는 방법을 바꾼다. 걷는 법을 바꿈으로써 당장의 문제는 해결할 수 있을지는 모르겠지만 이동성은 떨어진다. 엑소수트는 그들이 정상적으로 걸을 수 있도록 도와주며, 재활하는 동안 이상한 습관이 생기는 것을 방지할 수 있다.

월쉬 팀은 여기서 그치지 않고 손가락의 힘을 잃은 환자를 위한 소프트 로봇 장갑도 개발했다. 하지 로봇 엑소수트처럼 착용자의 신체에 맞게 작동하고 힘을 효과적으로 증폭시킨다. 미래에는 착용자가 쥐는 동작을 시도할 때 나오는 신경신호를 근전도 센서로 감지하여 환자가 손가락을 움직일 힘이 부족하더라도 장갑이 대신할 수 있을 것이다. 이 기능은 컵을 집거나 포크를 사용하는 등 다른 사람의 도움 없이는 기본적인 일상생활이 불가능한 환자들에게 매우 유용할 것이다.

월쉬 팀에서 진행하고 있는 또 다른 프로젝트는 무거운 짐을 들고 장기간 걸을 수 있게 해주는 하지 로봇 엑소수트이다. 이 로봇은 군대가 확실한 고객층이 될 것이다. 시험 결과를 보면, 엑소수트는 조깅이나 기타 활동 시 발생하는 '신진대사 비용'을 감소시킨다. 예를 들어 엑소수트의 무게가 더해졌음에도 불구하고 맨몸으로 같은 거리를 걸어갈 때보다 엑소수트를 착용하고 1.6km를 걸었을 때 드는 힘이 더 적다.

미국에서는 소프트 외골격 로봇을 상업적으로 사용하려고 시도하고 있다. 소매점 체인 업체 로우스Lowe's에서 진열대 담당자의 허리 부상을 줄이기 위해 소프트 외골격 로봇을 착용하는 실험을 진행하였다.

소프트 외골격 로봇은 아직 개발 단계에 있으며, 더 많은 사람들이 사용할 수 있게 되기까지는 보다 개선되어야 할 필요가 있다. 기술이 발전하고 이에 따라 외골격 로봇이 점차 보편화되면, 사람들은 나이가 들어 신체활동이 불편해지더라도 걱정 없이 여행과 야외활동을 즐길 수 있을 것이다.

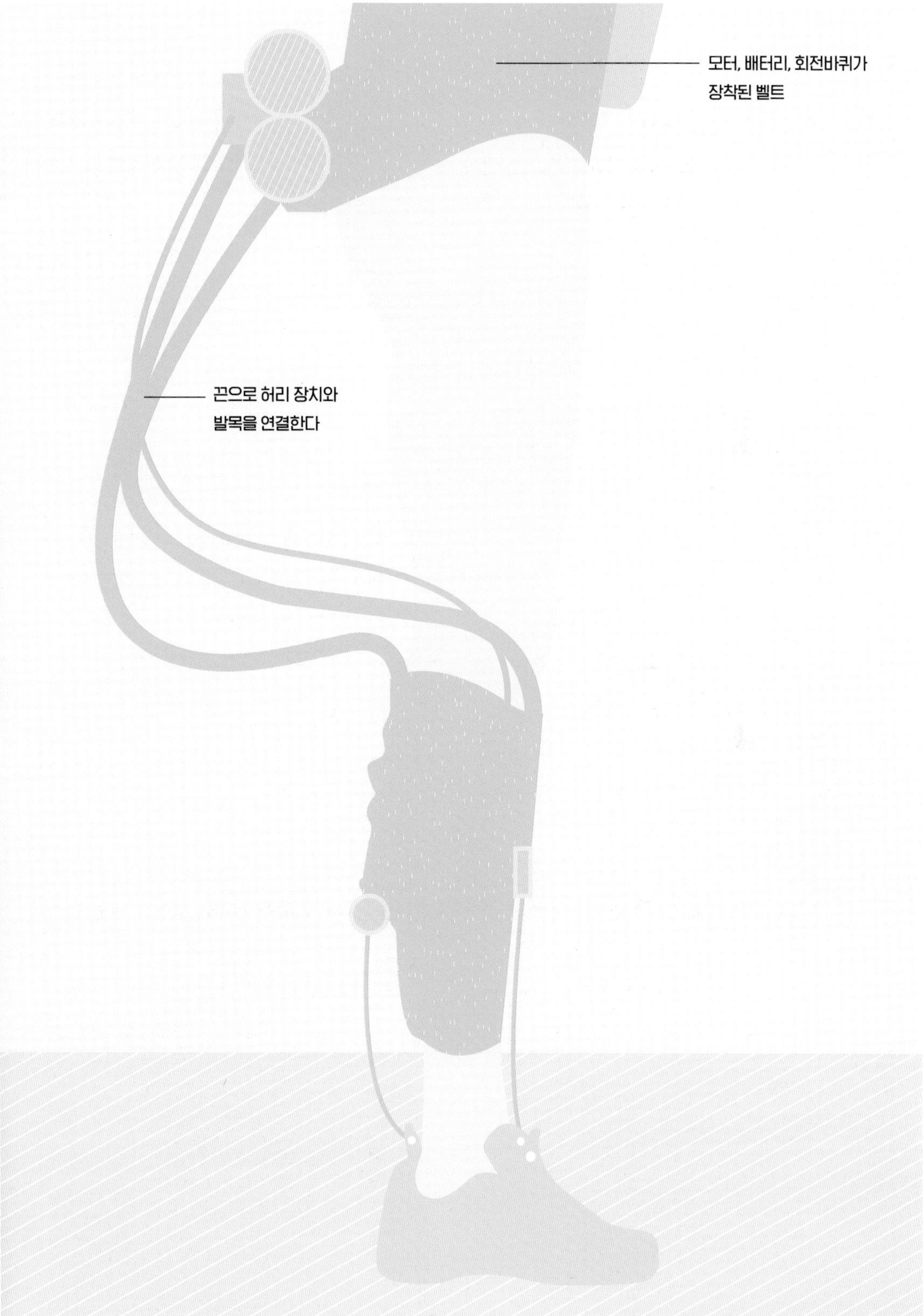
모터, 배터리, 회전바퀴가
장착된 벨트
끈으로 허리 장치와
발목을 연결한다

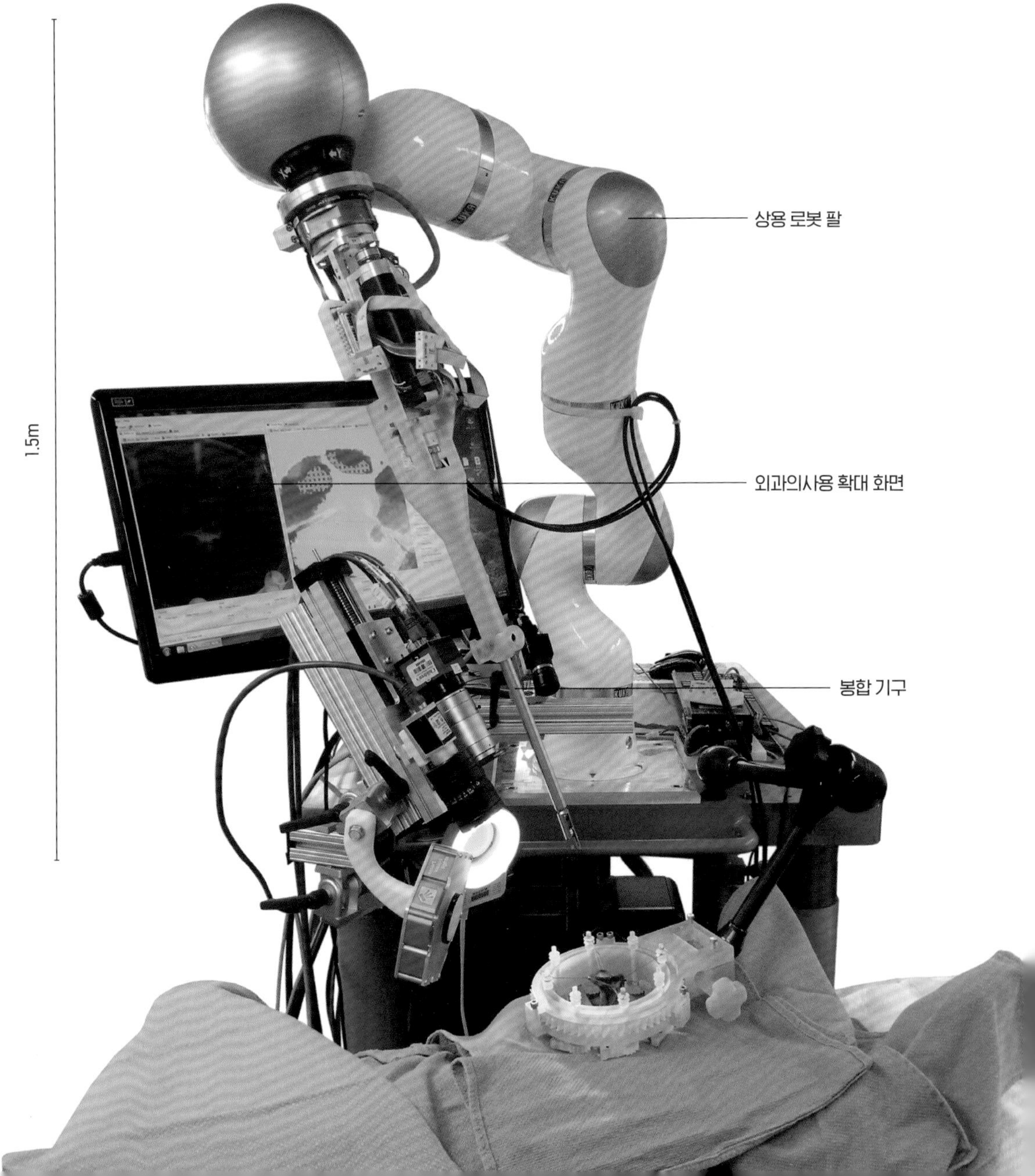
1.5m
상용 로봇 팔
외과의사용 확대 화면
봉합 기구

SMART TISSUE AUTONOMOUS ROBOT

STAR

높이	약 1.5m
무게	30kg
출시연도	2016
구성 재료	강철
메인 프로세서	상용 프로세서
전원	외부 주전원

다빈치 수술 시스템이나 플렉스 로봇 시스템과 같은 로봇은 연부조직 수술의 특징 때문에 외과의사가 조종해야 한다. 이 과정을 자동화하기 위해서는 새로운 유형의 로봇이 필요하다.

만약 환자가 고정된 위치에서 움직이지 않을 수 있다면, 특정 위치에 구멍을 뚫거나 나사를 체결하는 작업과 다르지 않을 것이고, 산업용 로봇이 외과의사 대신 수술을 집도할 수도 있을 것이다. 환자의 마음을 편안하게 해주기 위해서인지 '로봇' 수술이라고 부르는 일은 거의 없지만, 연부조직 수술이 아닌 무릎 수술과 레이저 눈 수술 같은 것은 통상적으로 자동화 수술로 진행된다.

연부조직 수술은 무릎 수술이나 레이저 눈 수술보다 난이도가 높다. 우리 몸의 대부분을 차지하는 물렁물렁한 연부조직은 수술 과정에서 움직이기 쉽기 때문에, 뼈 수술에 사용할 때처럼 로봇이 정해진 대로 움직이도록 프로그래밍해서는 안 된다. 워싱턴 DC에서 소아과 수술 혁신에 대해 연구하는 셰이크자이드연구소Sheikh Zayed Institute의 피터 킴Peter Kim과 그의 동료들은 이 문제를 해결하기 위해 STAR를 고안하였다. STAR의 특별한 기술은 조직의 움직임을 3차원적으로 추적하는 것이다.

킴은 영화 산업 분야에서 사용하는 기술을 도입하였다. '모션 캡처' 대상의 움직임을 3D로 찍어 인식해 CGIcomputer generated images(컴퓨터 생성 이미지-역자주)에 덮어씌우는 기술이다. 영화 〈호빗〉 시리즈에서 앤디 서키스Andy Serkis가 연기한 기괴한 골룸이 그 대표적인 예다. 모션 캡처를 할 때는 손, 팔꿈치, 무릎, 발의 동작을 인식하기 위해 배우가 입은 모션 캡처용 바디수트 주요 관절 위치에 일련의 형광점들을 부착한다. 여러 대의 카메라는 다양한 각도에서 촬영하면서 이 점들의 동작을 추적한다. 그런 다음 컴퓨터는 CGI의 뼈대를 구성하는 그 점들을 바탕으로 와이어 프레임 애니메이션을 만든다. STAR는 이와 유사한 기술을 사용한다. 수술 전, 수술 부위 주변에 일련의 근적외선 형광NIRF, Near Infrared Fluorescent 태그를 부착하면 3D 카메라는 태그의 움직임을 추적하여 조직의 정확한 위치를 파악한다.

STAR는 처음에 상처를 봉합하기 위해 설치되었다. STAR의 7자유도 로봇 팔은 독일 회사 쿠카Kuka AG의 제품으로 원호 모양의 바늘로 봉합하는 특수 봉합 장치를 장착하였다. 센서는 상처를 봉합할 때 바늘이 가하는 힘을 감지하여, 피부를 관통하되 찢어지지 않을 정도의 적당한 힘으로 바늘을 밀어넣는다.

STAR는 시체와 동물을 대상으로 임상실험을 거쳤으며, 개발자에 따르면 외과의사보다 더 좋은 성능을 보였다고 한다. 그들은 또한 보다 일관성 있게 더 빨리 봉합할 수 있다고 주장한다. 일반적인 외과의사와 비교했을 때 실수가 적으며 재봉합 가능성도 더 낮다. 현재 STAR는 외과의사의 철저한 제어 아래에서만 사용되지만, 원칙적으로 의사는 봉합이 필요한 라인만 표시하고 버튼을 누르면 STAR가 작업을 수행할 수 있게 설계되어 있다.

STAR는 시제품이 아니라 지금 로봇이 무엇을 할 수 있는지를 보여주는 원리 증명proof-of-principle이라 할 수 있다. 한 외과의사는 수술용 로봇을 이용한 봉합 방식을, 로봇의 적용 범위를 확장하기 전에 반드시 완성되어야 하는 '원대한 도전'이라 표현했다. 봉합수술은 작지만 중요한 첫걸음이다. 만약 봉합수술용 로봇이 완벽하게 작동한다면, 연부조직 수술 분야에 새 장이 열릴 것이다. 다빈치 수술 시스템, 플렉스 로봇 시스템과 같은 수술용 기계도 완전 자동으로 로봇 수술이 가능하도록 업그레이드될 수 있다.

이 기술은 우주탐사 임무처럼 외과의사가 수술을 할 수 없는 상황에 시범적으로 적용될 수 있을 것이다. 대개 그러한 임무에는 의사가 포함되어 있겠지만, 때로는 의사도 병에 걸리거나 사고를 당해 환자가 될 수 있다. 1961년 남극 러시아 기지의 의사인 레오니드 로고조프Leonid Rogozov는 맹장염에 걸리자 마취제 없이 자격증도 없는 조수의 도움을 받아 스스로 자신의 맹장을 제거하였다.

수술용 로봇은 점차 활용도가 높아질 것이다. 그들은 신경외과 수술처럼 외과의사도 힘들다고 하는 섬세하고 복잡한 수술 또한 집도할 수 있을 것이다.

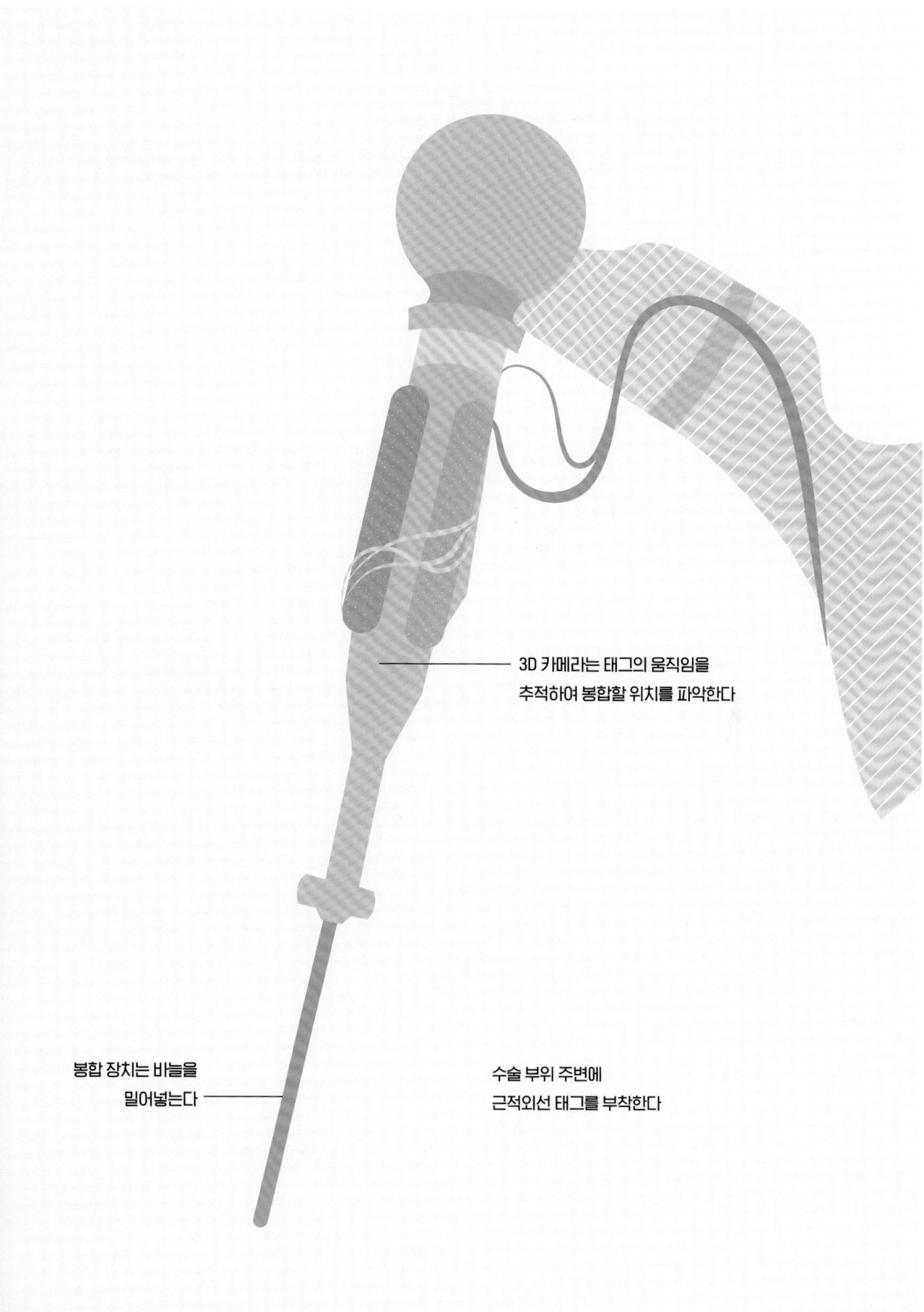
3D 카메라는 태그의 움직임을
추적하여 봉합할 위치를 파악한다
봉합 장치는 바늘을
밀어넣는다
수술 부위 주변에
근적외선 태그를 부착한다

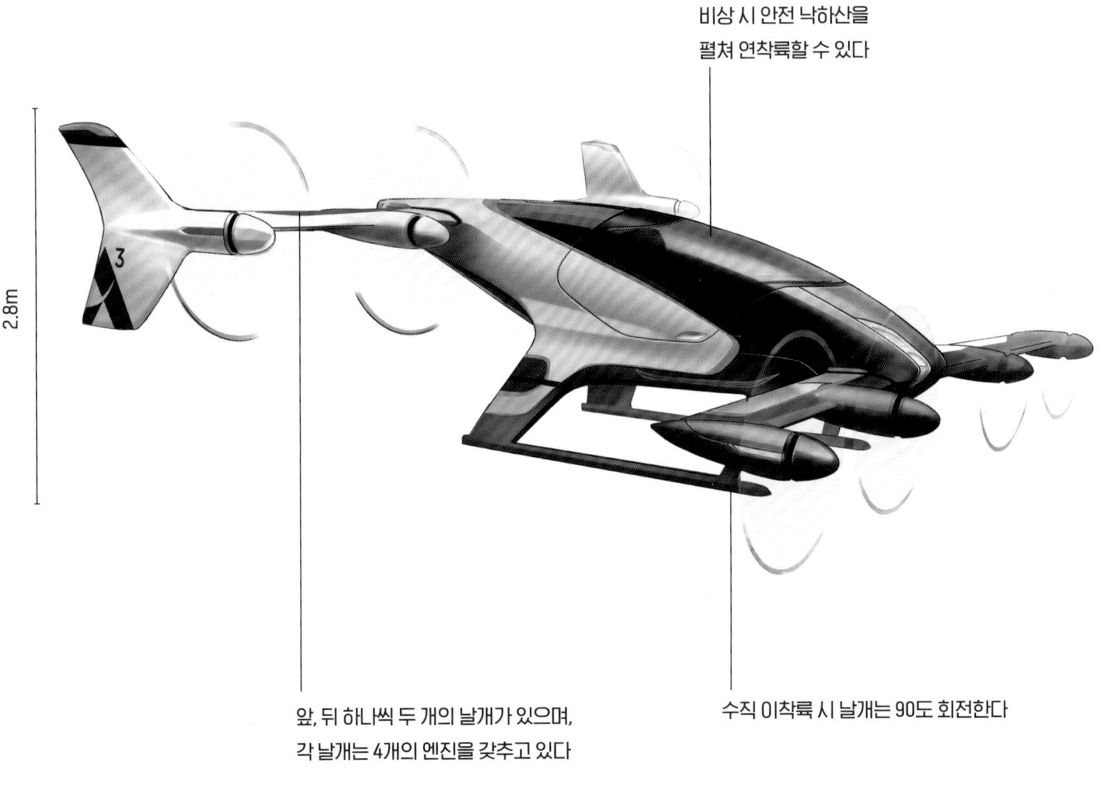
비상 시 안전 낙하산을
펼쳐 연착륙할 수 있다
2.8m
앞, 뒤 하나씩 두 개의 날개가 있으며,
각 날개는 4개의 엔진을 갖추고 있다
수직 이착륙 시 날개는 90도 회전한다

VAHANA

바하나

높이	약 2.8m
무게	726kg
출시연도	2018
구성 재료	복합재료
메인 프로세서	상용 프로세서
전원	배터리

바하나는 '비행 자동차'지만 자동차보다는 소비자용 드론과 더 비슷한 특징을 가지고 있다. 바하나는 소형 드론과 마찬가지로 전기로 작동하는 엔진을 갖추고 있으며, 스스로 비행한다. 이것은 사실 비행 자동차라기보다는 비행 로봇 택시에 가깝다. 바하나라는 이름은 산스크리트어로 '탈것, 운반하는 것'을 의미한다.

비행 자동차는 비용이 많이 들 뿐 기술적으로 실현 가능하다. 그러나 두 가지 문제가 발목을 잡고 있다. 하나는 조종사 면허를 가진 사람이 많지 않다는 것이고, 다른 하나는 항공교통 관제소에서 수천 대의 비행 자동차가 도시 위를 날아다니는 상황에 대처할 수 없다는 것이다. 사람이라는 변수를 제거하면 두 문제 모두 해결할 수 있다. 불필요한 조종사 없이 무인 자율비행 자동차인 바하나를 이용하면 된다. 바하나는 규칙을 철저히 준수하고, 비행 경로를 벗어나지 않으며, 다른 항공기의 진로를 방해하지 않을 것이다. 이는 동일한 공역을 공유하게 될 배달용 드론과 마찬가지다.

이 모든 것이 환상 속에서나 가능한 것처럼 보일지 모르겠지만, 바하나의 제조사인 A^3는 항공 분야에서 수십 년간 경험을 쌓아온 에어버스Airbus의 자회사다. 바하나의 전기 구동 방식은 비용이 저렴하고 신뢰성이 높지만, 배터리가 일반적인 가솔린 기반 시스템에서 얻을 수 있는 에너지의 10% 정도밖에 공급하지 못하기 때문에 이동 범위가 제한된다. 바하나는 장거리 국제선보다는 단거리에 사용될 것이며, 에어버스에서 국제선 항공기를 공급하고 있다는 점을 생각하면 이해관계가 완벽히 들어맞는다. 이 비행 자동차 덕분에 사람들은 도시에서 공항 사이를 빠르게 오갈 수 있게 될 것이다.

현재 시범 비행을 진행하고 있는 초기 알파 버전은 한 명의 승객을 태울 수 있다. 이동범위, 속도, 승객 수용 능력은 앞으로 베타 버전에서 개선될 것이다. 알파 버전에서 시속 200km의 속도로 48km를 이동하였다면, 베타 버전에서는 시속 233km의 속도로 104km까지 이동할 것이다. 무엇보다 안전이 최우선이다. 바하나는 다른 여러 안전조치와 더불어 비상 낙하산을 싣고 있어 문제가 발생하면 항공기 전체가 낙하산을 이용해 천천히 하강하여 연착륙할 수 있다.

비행 자동차의 기존 개념과 달리, 바하나는 차도에서 이륙하지 않을 것이다. 대신 승객은 택시를 타고 가장 가까운 헬리콥터 이착륙장으로 이동하여 이용할 수 있다. 이때 승객이 탄 택시는 웨이모 같은 무인자동차일 가능성이 크고, 바하나는 비행 스케줄을 관리하는 소프트웨어에 의해 자동으로 배정될 것이다.

바하나는 날개가 기울어지도록 설계되어 있다. 헬리콥터처럼 수직으로 이륙하고 난 다음, 엔진이 4개씩 달린 두 개의 날개는 90도 회전하여 비행기처럼 수평으로 비행한다. 바하나는 다른 항공기를 피하기 위해 레이더, 카메라 및 기타 센서를 사용하는 정교한 감지 후 회피 시스템을 갖추고 있다. 배달용 드론과 마찬가지로, 비행 자동차의 도입을 위해서는 사람의 통제 없이는 비행할 수 없는 현행 규정이 변경되어야 한다.

이 항공기의 상업성 여부는 가격에 달려 있다. 저렴한 가격의 전기 추진장치가 달려 있고 임금이 비싼 조종사가 필요 없다는 장점을 살려 기존 항공 서비스보다 훨씬 저렴해야 한다. 바하나는 1.6km당 1~2파운드 정도의 금액으로 운영될 것이라 예상된다. 이는 지상의 택시와 비슷한 수준이지만 속도가 2~4배 빠르며 교통체증이나 도로공사로 인한 지연의 위험이 없다. 만약 예상 가격대로 시행된다면, 바하나는 공항까지 빠른 이동을 원하는 얼리어답터만의 전유물이 아니라 도시 전체를 비행할 수 있는 저가의 통근 대체 교통수단으로 인기를 얻을 수도 있다. 또한 바하나는 비용이 저렴하고 소음이 적으며 헬리콥터보다 좁은 장소에서 이착륙이 가능하다는 점에서 이상적인 항공 앰뷸런스가 될 수도 있다. 같은 이유로 경찰에게 유용할 수도 있다.

비행 택시가 매우 편리할 것이라는 점은 확실하지만 이것은 공급이 수요를 초과하는 경우에만 해당된다. 앞으로 수십 년 후에, 만약 승객들이 중요한 회의에 참석해야 하는데 헬리콥터 이륙장에는 바하나를 타기 위해 기다리는 사람들이 줄을 서 있고 비행택시를 5분 타기 위해 1시간을 기다려야 한다면 어떻겠는가?

알파 버전이 승객 한 명을 태워 48km를
이동할 수 있다면, 베타 버전은 두 명의
승객을 태워 105km를 이동할 수 있게
개선될 것이다

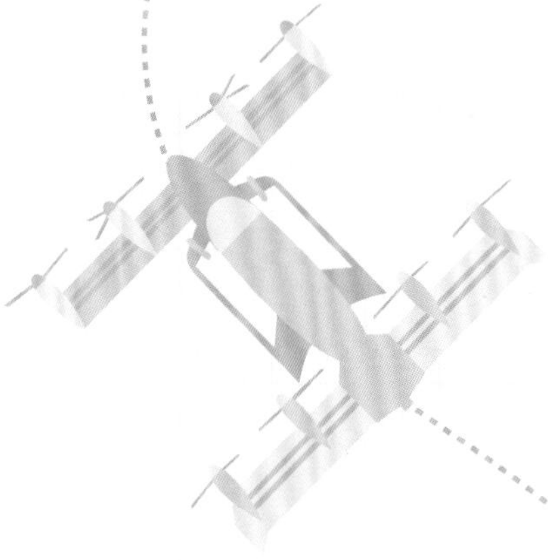

ROBOTS
AT WAR

군사용 로봇

ROBOTS AT WAR

군사용 로봇

최초의 군용 로봇은 18세기에 적군을 물리치기 위해 적의 배, 다리, 요새 등을 공격하는 데 사용했던 무인함정인 화공선fireships이었을 것이다. 영국에서는 폭탄의 신관을 터뜨리는 데 사용된 기계식 타이머의 이름을 따라 '기계 함정machine-vessels'이라 불렀고, 이탈리아에서는 '지옥에서 온 기계(이탈리아어로 maccina infernale)'라고 불렀다.

원격조종 선박은 1890년대부터 존재했지만, 해군은 그것을 사용하기를 주저해왔다. 이러한 상황은 잠수함을 추적하기 위해 고안된 자율형 함정 씨 헌터Sea Hunter의 등장으로 바뀔 수 있다. 로봇 잠수함은 새로운 시대를 맞이하기 직전이다. 1950년대에도 소형 단거리 무인잠수함은 있었지만, 새롭게 나타난 에코 보이저Echo Voyager는 수개월 동안 스스로 운항할 수 있는 대형 무인잠수함 시제품이다.

최초의 군용 드론은 1849년 오스트리아가 베니스를 포위, 공격할 당시 폭탄을 투하하는 데 사용했던 열기구일 것이다. 초기의 움직이는 사진 영사기의 발명가로 잘 알려진 프란츠 본 우차티우스Franz von Uchatius는 내부에 구리선과 연결된 배터리 기폭장치를 달아 목표 지점에 도달했을 때 명령신호가 떨어지면 폭탄이 터지는 소형 열기구를 설계했다. 그러나 당시 기술은 실제 임무를 수행하기에는 역부족이었고, 결국 실패했다.

드론은 제1차 세계대전에서 무선 조종 방식의 복엽기biplane(날개가 2조로 되어 있던 초창기의 비행기-역자주) 형태로 다시 등장했다. 영국의 소피스 ATSopwith AT나 미국의 케터링 버그Kettering Bug 같은 '공중 어뢰'는 적군의 비행선이나 지상의 진지를 파괴하기 위해 폭탄을 장착한 무인자폭기였다. 그러나 두 항공기 모두 실제로 사용하기에는 신뢰도가 떨어진다는 평가를 받았다.

이처럼 드론은 공군에게 인기가 없었지만, 미국에서 개발한 프레데터Predator 드론이 1995년 유고슬라비아 내전에 투입되어 뛰어난 정보 수집 능력을 보여주자 미 공군도 더 이상 거부하지 못하고 프레데터 함대를 도입하였다. 이들은 오사마 빈 라덴Osama bin Laden을 포함한 '고가치 표적high value targets'을 발견하였으나 공격수단을 싣고 있지 않아 어떤 조치도 취할 수 없게 되자 2001년부터 자체 미사일을 탑재하여 목표물을 공격하기 시작했다. 그러나 잘못된 공습으로 오폭과 민간인 피해가 늘어나는 문제가 생겼다.

그 이후로 프레데터는 리퍼Reaper로 잘 알려진 더 크고 보다 강력한 프레데터 B로 대체

되었다. 군사 용어에서 무기를 탑재한 정찰용 경량 항공기를 말하는 X-47B는 아직 개발 중에 있는, 보다 본격적인 무인전투기이다. 한편 휴대용 잭나이프처럼 매우 작은 공격용 드론도 전술적 임무에서 점점 중요한 역할을 하고 있다.

원격조종 지상 차량도 제2차 세계대전 이전부터 있었지만 그들의 역할은 팩봇 510PackBot 510 같은 기계를 필요로 하는 폭탄 처리 임무로 제한되었다. 미니타우르Minitaur는 탁월한 기동성을 제공하는 새로운 보행 로봇으로, 도시 정찰에 유용하게 사용될 수 있다. XOS-2 외골격 로봇은 조금 색다른 개발품으로 착용자의 힘과 지구력을 강화시킨다. 초기에는 물류 이동 임무에 주로 배치되겠지만, 궁극적인 목표는 착용자를 걸어다니는 전차로 만들어주는 전투형 수트일 것이다. 적의 진지에 침투하여 눈에 띄지 않게 조용히 돌아다녀 정찰 임무를 수행하는 은닉형 코버트 로봇Covert Robot도 주목할 만하다.

실제 가동 중인 유일한 무장 지상 로봇은 한국의 SGR-1A 보초sentry 로봇이다. 러시아는 1930년대 원격조종 '텔레전차teletanks'를 실험했고, 칼라시니코프Kalashnikov의 '콤래드 인 암스Comrade in Arms'를 포함한 많은 무장 지상 로봇 개발을 추진하고 있다. 미국은 조금 보수적인 입장을 취하고 있어, 립소Ripsaw 같은 무인 무장 차량은 몇 년 더 지나야 운행할 수 있을 것이다.

일각에서는 리퍼처럼 원격조종을 받지 않고 스스로 목표한 대상을 찾아 공격할 수 있는 자율형 로봇의 경우, '킬러 로봇'이 될 수 있기 때문에 개발해서는 안 된다고 적극적으로 주장하는 캠페인도 벌어지고 있다. 미군은 무기를 사용하기 위해서는 사람이 방아쇠를 당겨야 하는 '맨인더루프man in the loop'를 항상 유지해야 한다고 주장한다.

자율형 무장 로봇이 금지되고 있음에도 불구하고, 군용 로봇은 최전방에서 군인들을 대체할 수 있기 때문에 빠르게 확산되고 있다. 결국 작전을 수행할 때 작전지에 있는 사람은 지휘관, 드론 조종사 그리고 민간인뿐일 것이다.

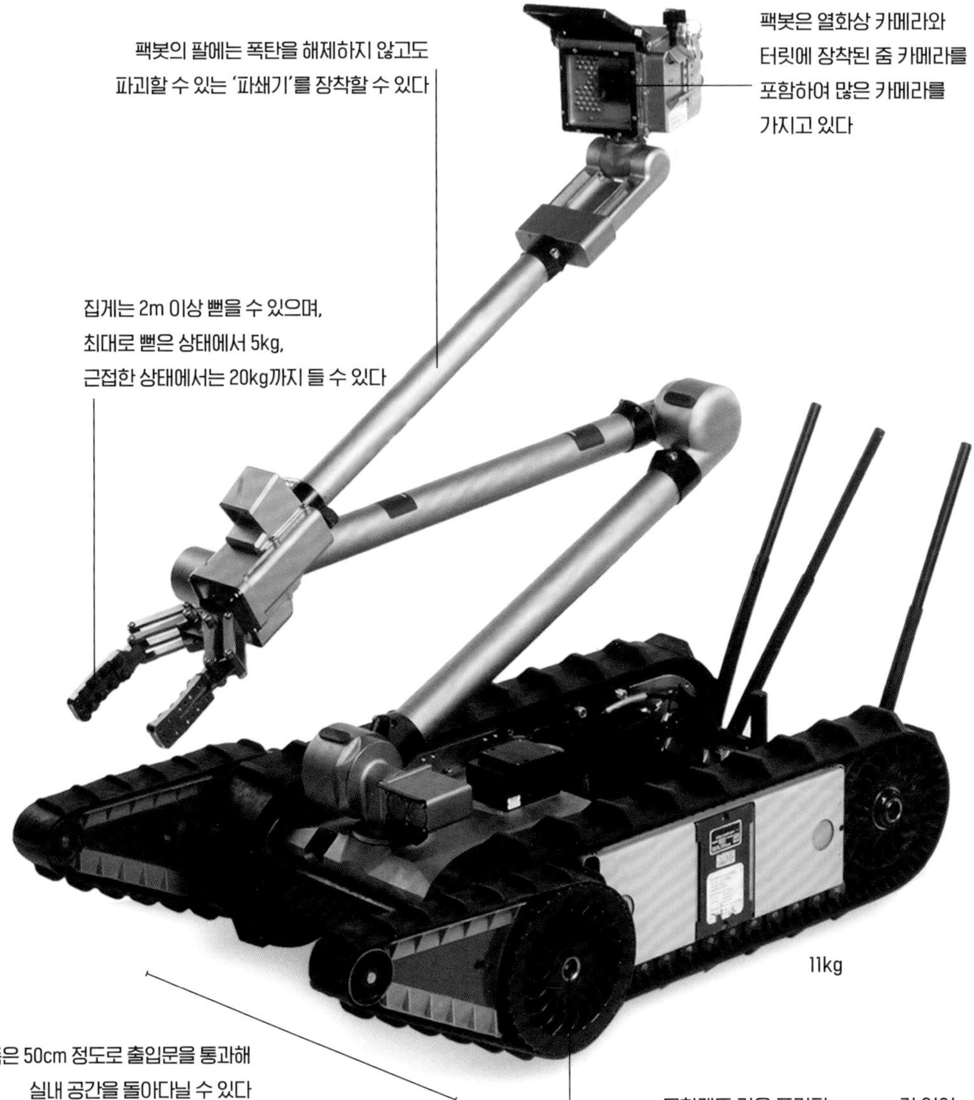
팩봇은 열화상 카메라와
터릿에 장착된 줌 카메라를
포함하여 많은 카메라를
가지고 있다
팩봇의 팔에는 폭탄을 해제하지 않고도
파괴할 수 있는 '파쇄기'를 장착할 수 있다
최대 20m 이상 확장할 수 있다
집게는 2m 이상 뻗을 수 있으며,
최대로 뻗은 상태에서 5kg,
근접한 상태에서는 20kg까지 들 수 있다
11kg
폭은 50cm 정도로 출입문을 통과해
실내 공간을 돌아다닐 수 있다
무한궤도 같은 플리퍼(회전바퀴)가 있어
계단을 오르고 거친 지형을
가로지를 수 있다

PACKBOT

팩봇

높이	17.8cm
무게	11kg
출시연도	2002
구성 재료	강철
메인 프로세서	자체 프로세서
전원	리튬 이온 배터리

폭탄 처리는 세상에서 가장 위험한 작업 중 하나일 것이다. 모든 폭발은 치명적이며, 급조 폭발물IEDs, improvised explosive devices을 해제하는 것은 매우 까다로운 작업이다. 폭탄 처리 로봇은 폭발물과 그것을 제거하려는 사람들 사이의 거리를 확보하여 생명을 구한다.

첫 번째 폭탄 처리 로봇은 1972년 영국 육군 장교 피터 밀러Peter Miller가 발명한 휠바로우Wheelbarrow였다. 당시 북 아일랜드에서 증가하고 있던 자동차 폭탄 테러에 대처하기 위해 설계된 휠바로우는 전기모터가 장착된 외바퀴 손수레를 기반으로 한 단순한 원격조종 궤도 차량tracked vehicle이었다. 이 기계의 임무는 자동차 폭탄에 고리를 걸어 안전한 장소까지 견인하는 것이었다. 이후 폭탄 처리 로봇은 비디오 카메라, 로봇 팔, 파쇄기 그리고 기타 부가장치들을 추가함으로써 점점 더 정교해졌다.

청소 로봇 룸바로 유명한 아이로봇은 2002년 폭탄 처리 로봇인 팩봇PackBot을 선보였고, 그 가치는 아프가니스탄과 이라크에서 빠르게 증명되었다. 현재까지 6천 대 이상이 납품되었으며, 이는 별도 사업체인 인데버로보틱스Endeavour Robotics®를 설립하기에 충분했다. 군대는 이 기계 영웅에 상당한 애착을 보이고 있다. 심지어 어떤 부대에서는 임무수행 중 '전사한 전우'를 새로운 기계로 교체하는 대신 수리해달라고 요청하였다.

주력 모델은 팩봇 510이지만, 다양한 용도로 사용할 수 있도록 여러 크기가 제공되고 있다. 사람이 들어가기에 너무 위험한 임무일 경우 건물의 창문을 통해 던져질 수 있을 만큼 작은 모델도 있고, 큰 모델의 경우 트럭 폭탄을 진압할 수 있다. 폭탄을 처리하기 위해 언덕과 계단을 오르고 돌무더기를 가로질러야 할지도 모르기 때문에 팩봇의 모든 모델은 어떠한 충격에도 대처할 수 있도록 매우 견고하다. 팩봇의 개발자들은 처음부터 견고하게 만들어져야 하며, 기존의 디자인을 보강하는 것만으로는 안 된다는 것을 알고 있었다.

팩봇은 포장할 수 있을 정도로 작다는 특징을 살려 이름을 지었다. 무게가 11kg에 불과하며, 한 사람이 운반할 수 있고 2분 안에 설치할 수 있다. 궤도의 연장선 역할을 하는 이동형 '플리퍼flippers(회전바퀴-역자주)'가 있어 작은 크기에도 불구하고 거친 지형과 계단을 지나갈 수 있다. 개울이나 웅덩이를 건너갈 수 있으며, 심지어 수심 1m의 물 속에서도 작동한다. 또한 폭이 50cm에 불과해서 내부 출입구도 쉽게 통과할 수 있다.

팩봇은 원격으로 제어되며 작업자에게 최상의 시야를 제공하기 위해 여러 가지 센서를 갖추고 있다. 여러 대의 주행용 고해상도 카메라와 터릿(회전식 구조장치)에 장착된 줌 카메라, 열화상 카메라 등이 포함된다. 이 로봇은 가시광선 및 적외선 조명을 가지고 있으며, 마이크도 갖추고 있다.

8개의 페이로드 베이payload bay(적재할 수 있는 공간-역자주)에는 다양한 추가 옵션을 수납할 수 있다. 여기에는 '매니퓰레이터manipulator(사람의 팔과 비슷한 기능을 가진 기계-역자주)'로 알려진 로봇 팔이 포함되는데, 카메라와 물체를 잡고 움직일 수 있는 집게가 장착되어 있으며, 최대로 뻗은 상태(2m)에서 5kg까지 들 수 있다. 가장 일반적인 도구 중 하나는, 폭탄을 해제하지 않고도 파괴할 수 있는 작은 방향성 폭발 장치인 '파쇄기disruptor'이다.

팩봇에는 전선 절단기도 장착되어 있다. 실제 폭탄 처리는 '적색선 절단'만으로 해결되는 작업이 아니지만, 많은 폭탄이 명령을 전달하는 전선으로 작동하고 폭발하는 것도 사실이다. 이 선을 절단하는 것이 위험요소를 제거하는 가장 쉬운 방법이 될 수도 있다. 급조폭발물은 일반적으로 땅이나 모래 아래에 은폐되어 있는데, 팩봇은 맞춤형 탐지기로 땅속에 묻힌 폭발물을 찾아서 파낼 수 있다.

초기 팩봇은 원격조종 방식이며 인공지능이 없었지만, 점차 똑똑해졌다. 현재 버전에서는 뒤집힐 경우 오른쪽 로봇 팔을 사용하여 본체를 다시 세운다. 무선통신이 단절되면 작업자가 다시 제어할 수 있을 때까지 자동으로 경로를 따라 되돌아간다. 수요가 있다면 미래의 새로운 버전에는 스스로 건물을 탐험할 수 있는 기능을 추가할 수도 있을 것이다. 마치 룸바(청소 로봇)의 군용 버전처럼 말이다.

경찰과 소방관들도 팩봇을 사용한다. 이 경우 폭탄 처리보다는 화학 물질이나 방사능 물질과 관련된 잠재적 위험요소를 제거하기 위해 사용한다. 팩봇이 활동할 때마다 인간은 위험으로부터 안전하게 보호된다.

팩봇의 카메라 헤드

팩봇은 실시간 이미지와 비디오를 캡처하는 여러 대의 고해상도 카메라를 갖추고 있다

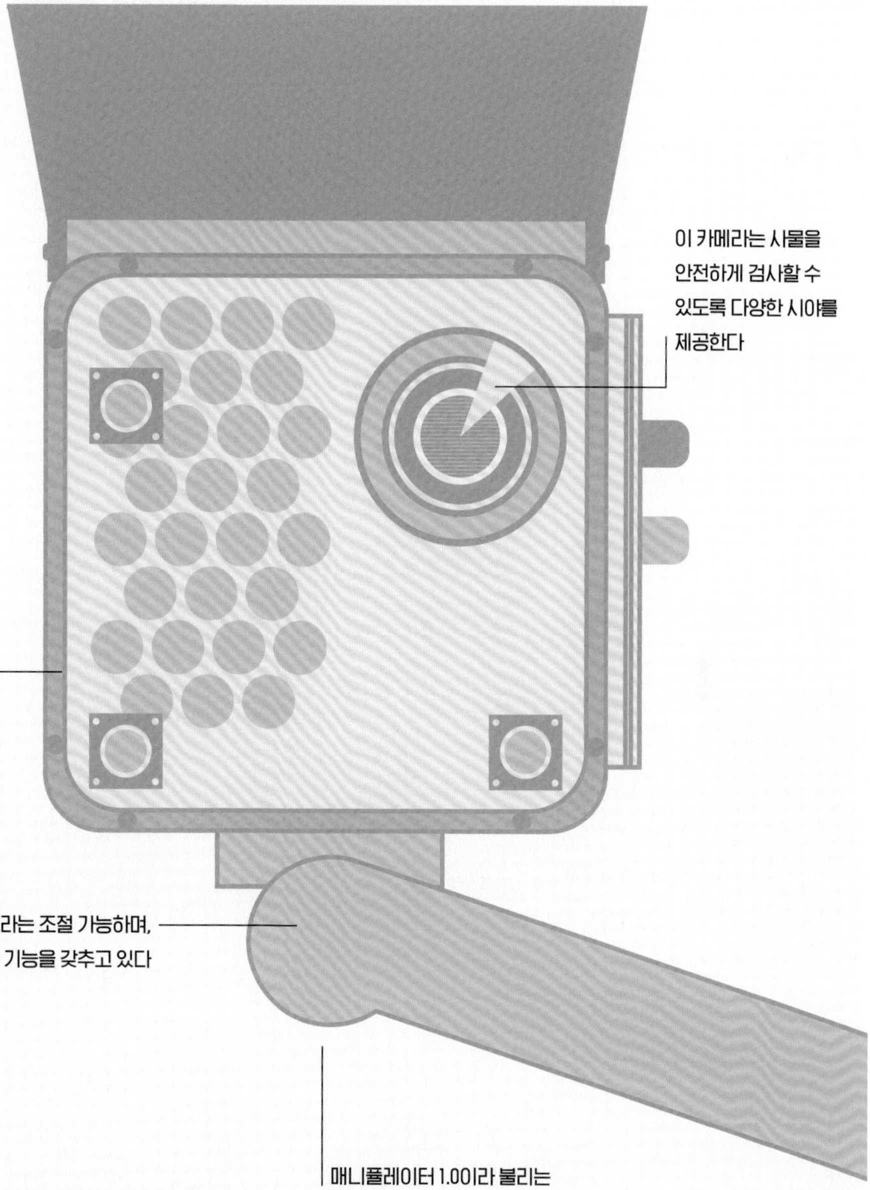

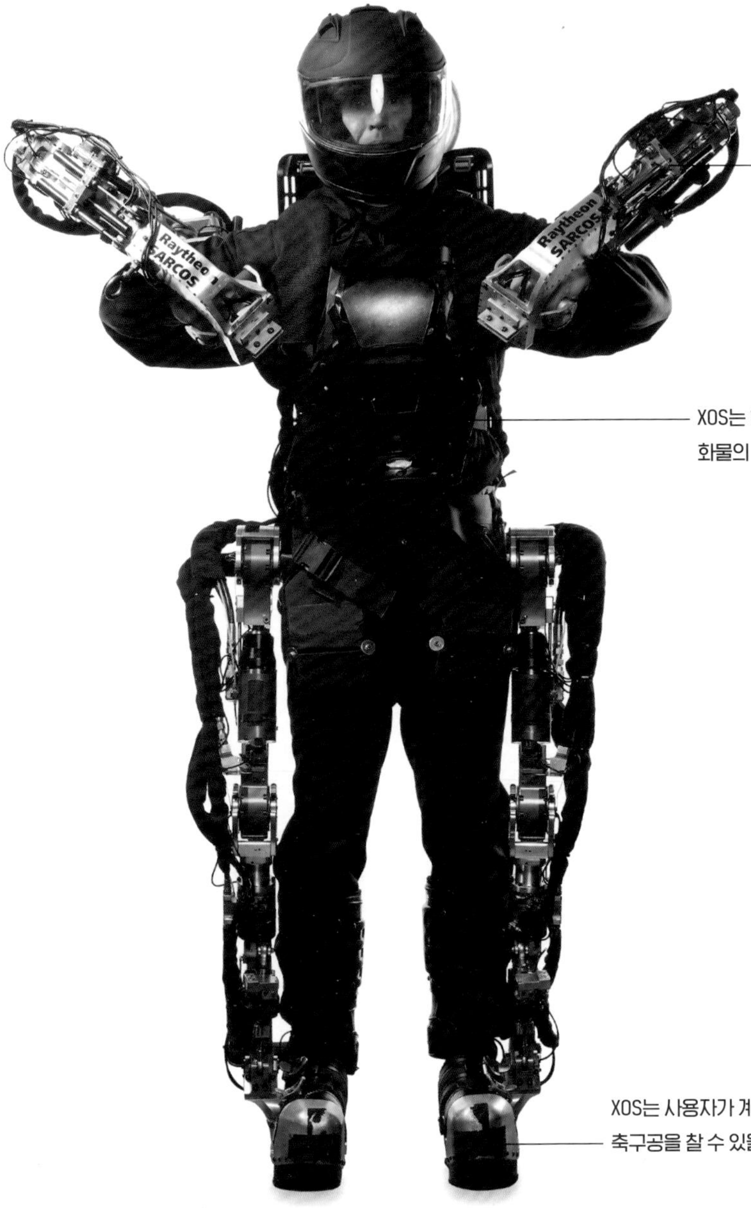
팔에는 펜치 같은
이펙터가
장착되어 있다
XOS는 하루에 사람이 운반하는
화물의 양을 3배로 늘릴 수 있다
XOS는 사용자가 계단을 오르고
축구공을 찰 수 있을 만큼 유연하다
높이: 착용자에 따라 달라진다
95kg

XOS-2 EXOSKELETON

XOS-2 외골격 로봇

높이	약 2m
무게	95kg
출시연도	2010
구성 재료	강철
메인 프로세서	명시하지 않음
전원	외부 동력

1959년 공상과학소설의 거장인 로버트 하인라인Robert Heinlein이 《스타십 트루퍼스Starship Troopers》를 집필한 이후 전동 외골격 로봇은 군대의 꿈이 되었다. 외골격 로봇은 수트 형태의 착용 가능한 로봇이다. 유사한 사례로 기억할 만한 것 중에는 영화 〈에일리언〉에서 시고니 위버가 사용한 '파워 로더'가 있으며, 〈아이언맨〉에는 보다 발전된 버전도 등장한다. 외골격 로봇을 착용하면 평범한 인간이 들 수 없던 무거운 물체를 들거나 벽을 부수고 지나갈 수 있는 슈퍼 히어로가 된다.

사코스로보틱스Sarcos Robotics™가 개발한 XOS-2(eXOSkeleton의 줄임말)는 현재까지 공개된 것들 중 세계에서 가장 발전된 버전이다. 2000년 착용 가능한 에너지 로봇 WEARWearable Energetically Autonomous Robot라는 오리지널 모델 XOS를 출시했으며, 2010년에는 XOS-2를 공개했다. XOS-2는 군대에서 탄약 같은 화물을 싣고 내리는 물류 임무를 위해 특수 설계되었다. 지금까지도 이 작업은 대부분 수작업으로 진행되고 있으며, 군인들은 하루에 7,000kg 정도 옮길 수 있다. XOS-2를 착용하면 작업량을 세 배 늘릴 수 있으므로 한 명이 세 명분의 작업을 소화할 수 있게 된다.

XOS-2의 무게는 95kg이며, 정교한 유압 장치로 착용자의 힘을 증폭시켜 90kg의 물건을 쉽게 들어올릴 수 있다. 착용자는 17kg의 무게를 들기 위해 단지 1kg의 힘만 가하면 된다. 힘을 증폭시키기 때문에 착용자는 지치지 않고 하루 종일 무거운 물건을 운반할 수도 있는 것이다. XOS-2에는 손이 따로 없지만, '이펙터effectors'라 부르는 기계적인 펜치를 이용하여 물체를 잡고 들어올린다. XOS-2는 다리 힘도 증폭시키기 때문에, 작업자는 수트의 무게에도 불구하고 쉽게 걷고, 뛰고, 한 다리로 서 있을 수 있다. 각 관절에 장착된 여러 개의 센서를 통해 XOS-2는 계단을 오르고, 축구공을 찰 수도 있으며, 착용자가 비틀거릴 때 균형을 잡아주기도 한다.

XOS-2는 아직 움직임이 완전히 자유롭지 않다. 내부 동력원에 연료를 공급하면 30분간 작동하지만, 외부 유압 동력원이 필요하며, 유연한 케이블을 통해 강력한 유압 장치에 높은 압력을 제공한다. 가장 인상적인 부분은 직관적인 사용법이다. 지게차를 운전하려면 3~5일의 훈련이 필요한 것에 비해, XOS-2 착용자는 몇 시간 안에 외골격 로봇 사용법을 터득할 수 있다.

2010년 성공적인 시연을 보였지만 XOS-2는 현재 보류 중이다. 사코스는 현재 '가디언 XOGuardian XO'로 알려진 보다 정교한 외골격 로봇을 연구하고 있다. 사양은 공개되지 않았지만, 가장 중요한 것은 가디언 XO가 외골격 로봇으로서 필요한 것을 완전히 갖추고 있고, 배터리 전원으로 6~8시간 동안 작동한다는 것이다. 사코스의 CEO인 벤 울프Ben Wolff에 의하면 더 나은 배터리를 사용하는 것이 아니라 수트를 보다 효율적으로 만들어 개선하는 것이 인상적인 부분이라고 한다. 가디언 XO는 XOS-2가 사용하는 전력의 약 10% 정도를 소비하며, 이는 외부 동력을 사용하지 않고 배터리 교체만으로 장시간 작동할 수 있다는 것을 의미한다. 울프는 레오나르도 다빈치의 로봇에 대한 연구를 통해 가장 효율적인 해결책에 대한 실마리를 본질에서 찾았다고 말한다. 사코스는 의족을 만들던 업체였으며 생체역학은 그들의 핵심 전문 분야 중 하나다.

가디언 XO는 지게차나 크레인이 필요로 하는 것보다 더 좁은 공간에서 작동할 만큼 작고 효율적인 화물 이동수단이 되어야 한다. 작업자들은 줄곧 크레인으로 작업해왔던 곳에서 외골격 로봇을 착용하고 일할 수 있을 것이고 필요에 따라 다른 장소로 이동하여 작업할 수도 있을 것이다. 또한 외골격 로봇은 지게차보다 사용법이 간편하고 직관적이며 더 안전하다. 울프는 가디언 XO가 제조, 건설, 물류, 창고, 조선과 같은 분야에서 매우 경쟁력이 있을 것이라고 말한다.

가디언 XO는 탄약 운반에 대한 군의 요구사항을 충족시킬 수 있을 것이며, 이 기술이 전투용 전동 수트를 개발하는 데 도움을 줄 수도 있겠지만, 그러기에는 출시 시점이 좀 늦은 것일 수도 있다. 전투 로봇 기술 또한 빠르게 발전하고 있으며, 실제 착용할 수 있는 아이언맨 수트가 곧 개발될지도 모르는 일이기 때문이다.

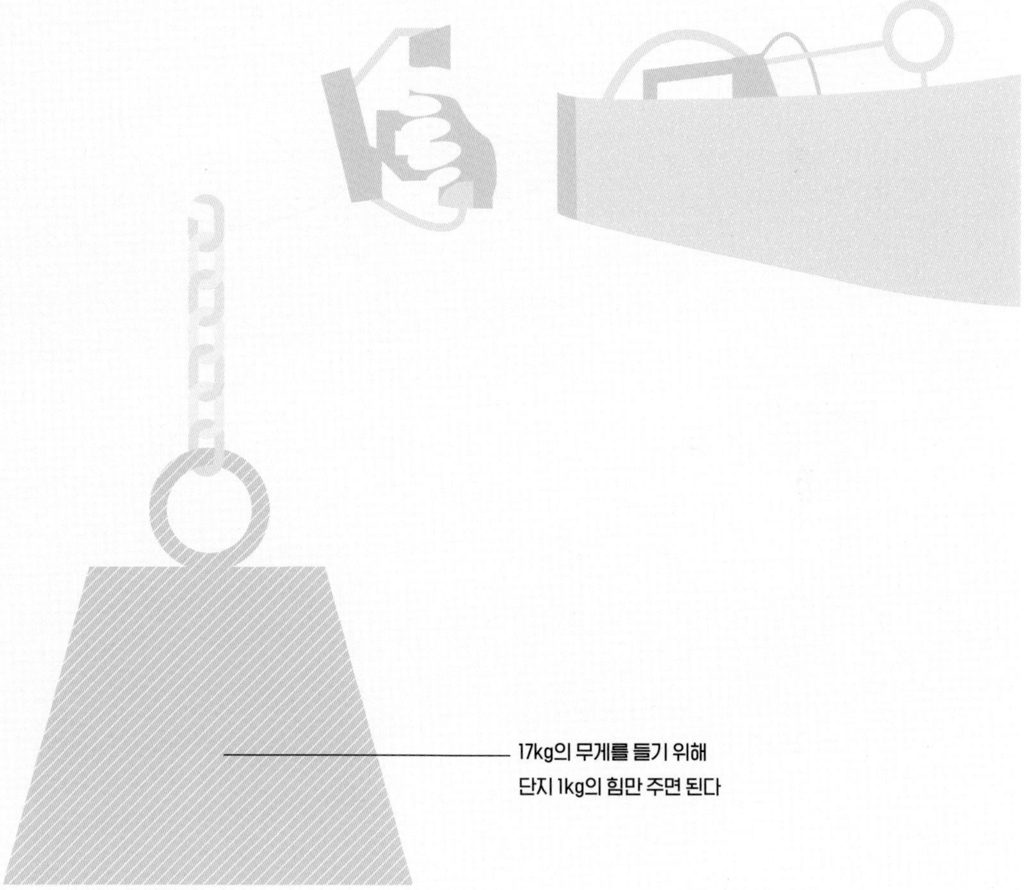
17kg의 무게를 들기 위해
단지 1kg의 힘만 주면 된다

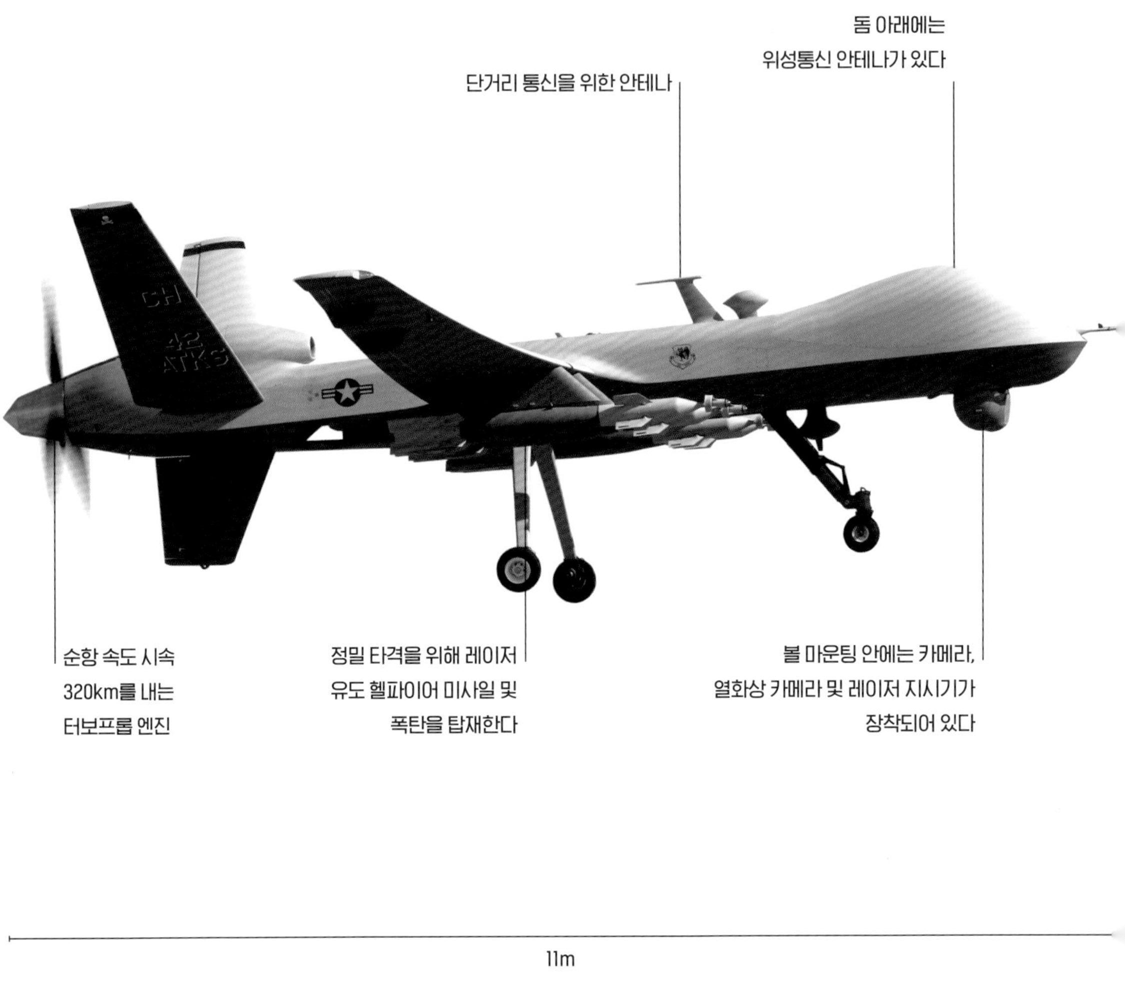
돔 아래에는
위성통신 안테나가 있다
단거리 통신을 위한 안테나
순항 속도 시속
320km를 내는
터보프롭 엔진
정밀 타격을 위해 레이저
유도 헬파이어 미사일 및
폭탄을 탑재한다
볼 마운팅 안에는 카메라,
열화상 카메라 및 레이저 지시기가
장착되어 있다
11m

MQ-9 REAPER®

MQ-9 리퍼

높이	3.81m
무게	5.25t
출시연도	2002
구성 재료	경량 복합재료
메인 프로세서	자체 프로세서
전원	하니웰 TPE331-10 터보프롭, 671kW

제너럴아토믹스General Atomics의 무인항공기 MQ-9 리퍼는 반란군과 테러리스트에 대한 공격을 수행하기 위해 미군과 영국군에서 사용하고 있으며, 드론 전투의 최전방에서 활약하고 있다.

리퍼는 군용기로서는 인상적이지 않아 보일 수 있다. 날개 길이는 20m로 최신 유인전투기 록히드Lockheeds F-35의 두 배에 달하지만, 이륙 중량은 6분의 1 수준이다. 리퍼의 최대 속력은 시속 480km로, 시속 1,930km의 F-35보다 느리기 때문에 F-35가 공중전에서 보여주는 것 같은 민첩성은 갖추지 못했다. 에어쇼에서 리퍼가 곡예 비행을 하는 장면은 보기 힘들 것이고, 현대의 레이더 유도 대공 방어 시스템의 쉬운 먹잇감이 될 수도 있다. 그러나 리퍼는 가벼운 무게와 넓은 날개 덕분에 지구력이라는 큰 장점을 가지고 있다. 글라이더처럼 최소한의 동력으로 하늘에 높이 머무를 수 있는데, 무려 27시간 연속으로 공중에 떠 있을 수 있다. 장시간 상세하게 관찰하여, 지칠 줄 모르는 하늘의 눈 역할을 한다.

제너럴아토믹스의 초기 프레데터Predator에서 발전된 형태인 리퍼는 자율주행이 아닌 원격조종 항공기다. 보통 작업 현장에서 수백 킬로미터 떨어진 항공 기지에서 이륙하며, 지상의 작업자가 원격조종한다. 일단 비행을 시작하면 통제권은 원격 운영 기지로 넘어가는데, 일반적으로 자체 위성통신 안테나를 통해 전 세계 어느 곳에서나 리퍼를 제어할 수 있는 네바다 주의 크리치 공군 기지에서 담당한다. 두 명이 한 팀을 이루어 리퍼를 조종하는데 조종사는 드론 비행을 담당하고, 페이로드 담당 작업자는 센서와 무기를 다룬다. 시간이 오래 걸리는 임무를 수행하기 위해서는 여러 팀이 몇 시간마다 교대하여 무인항공기를 조종한다.

리퍼는 일반적으로 3,000m 높이에서 목표지역을 선회한다. 이는 지상에서 포착되지 않으면서, 선명한 시야를 확보하기에 충분한 높이다.

리퍼의 주요 센서는 볼 마운팅 안에 장착되어 있으며, 리퍼가 어떤 방향을 향하고 있든지 목표물을 항상 시야에 둘 수 있도록 모든 각도로 회전할 수 있다. 35mm 카메라의 12,000mm 망원렌즈와 맞먹는 200배 줌 열화상 및 가시광선 카메라가 장착되어 있어 3,000m 높이의 비행 고도에서 번호판을 읽을 수도 있다고 한다. 리퍼는 자동차나 사람을 추적하거나 건물 또는 마을을 관찰하여, '삶의 패턴'을 연구하고 다양한 거주자의 출입을 지켜볼 수도 있다. 리퍼는 레이더와 센서를 탑재하여 휴대폰을 포함한 지상의 무선 신호를 감지하고 위치를 확인할 수도 있다. 또한 현지 요원이 표적 차량 또는 건물에 심어놓은 원격 추적 장치를 확인하고 공격할 수 있다.

리퍼는 레이저 유도 폭탄과 헬파이어 미사일을 모두 합쳐 225kg 정도 휴대할 수 있다. 레이저 표적지시기가 목표물을 강조 표시하므로, 레이저가 가리키는 곳을 향해 미사일을 발사한다. 리퍼의 '슈퍼 리플Super-ripple' 발사는 헬파이어 미사일 14개를 3분의 1초 만에 발사하는 것이다. 미사일은 매우 높은 정확도를 자랑하므로 조종사는 두 가지 문제에 직면하게 된다. 첫 번째는 목표물이 확실해야 한다는 것이고, 두 번째는 10kg에 달하는 헬파이어의 고폭발성 탄두 때문에 목표물뿐만 아니라 근처에 있는 민간인까지도 사망하거나 부상당할 수 있다는 것이다.

리퍼 같은 무인항공기는 정보기관에 새로운 옵션을 제공한다. 조종사를 잃을 위험이 없기 때문에, 유인항공기가 비행하기에는 너무 위험하거나 정치적으로 논란의 여지가 있는 곳에도 진입할 수 있다. 다시 말해 정치적 위험이 거의 없이 테러리스트 단체를 추적하고 위치를 파악하여 공격할 수 있다.

리퍼 같은 드론이 일반적인 전투에 사용되지는 않겠지만, 새로운 방식의 전쟁에 포문을 연 것만은 분명하다. 그들은 테러리스트 수뇌부를 표적으로 삼는 데 매우 효과적이며, 더 이상 드론으로부터 숨을 곳이 없다는 것을 보여주었다. 그러나 이러한 성과들이 민간인 사상자와 드론 전투에 대한 무책임 문제를 묵과하기에 충분한 것인지는 의문이다.

단거리 안테나는 드론을 운영하는 항공 기지의 현지 팀에서 제어하기 위해 사용된다. 일단 비행을 시작하면, 통제권은 위성통신을 사용하는 네바다의 원격 팀으로 넘어간다

헬파이어 미사일은 리퍼의 주요 공격 무기다. 공격 범위는 8km이며, 목표 지점 1m 이내를 맞출 정도로 정확하다. 높은 아음속으로 비행하며, 피격 대상은 보통 적중하기 전에는 알아차리지 못한다

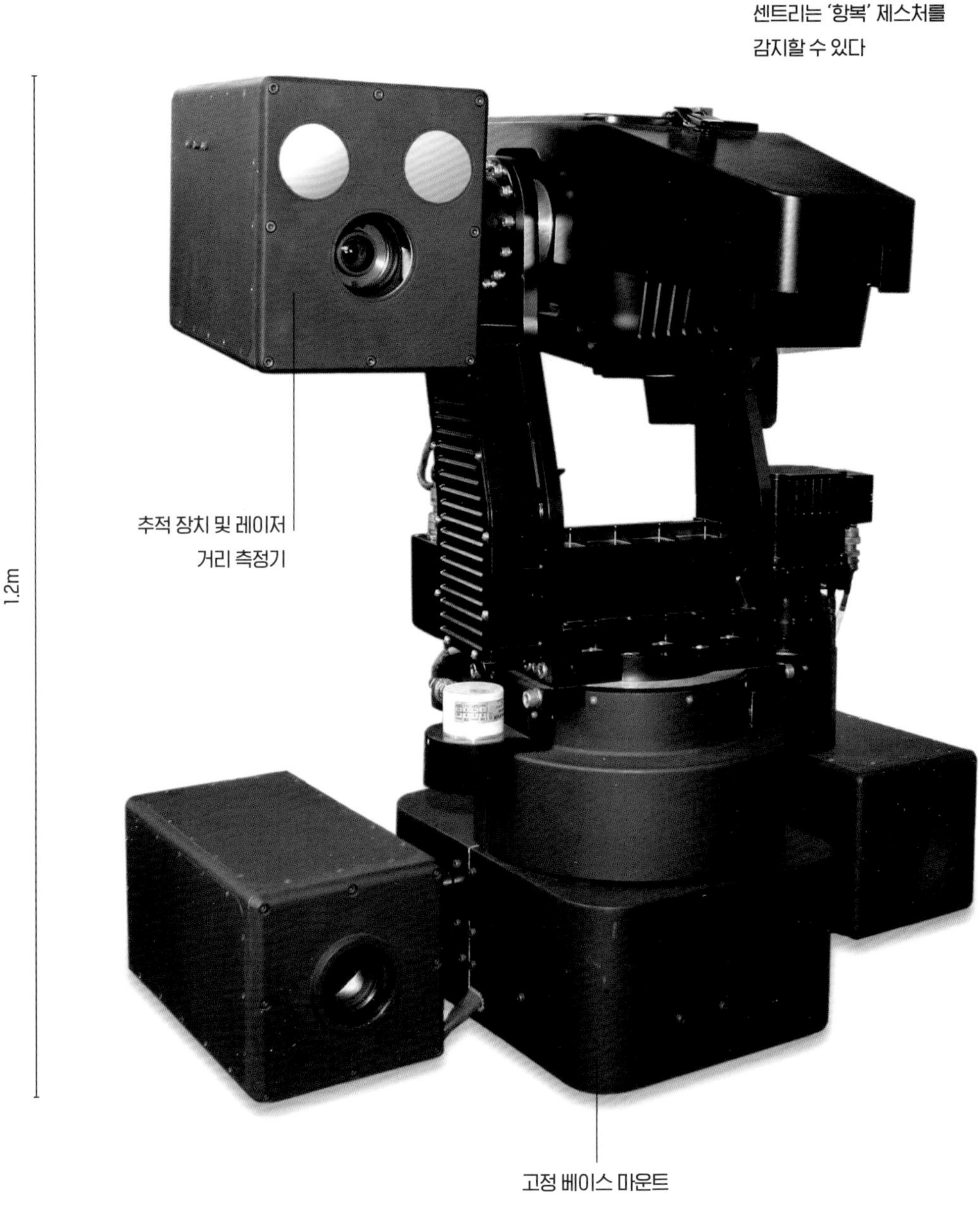
센트리는 '항복' 제스처를
감지할 수 있다
추적 장치 및 레이저
거리 측정기
1.2m
고정 베이스 마운트

SGR-A1 SENTRY

SGR-A1 센트리

높이	1.2m
무게	117kg
출시연도	2006
구성 재료	강철
메인 프로세서	비공개
전원	외부 주전원

'스프링건spring-gun'은 소형 화기가 등장한 초창기부터 존재해왔다. 가장 단순한 형태는 방아쇠가 있는 산탄총에 인계철선tripwire(보통 폭발물에 연결되어 건드리면 폭발하게 하는 가는 철선-역자주)을 장착해 무기로 사용하는 부비트랩인데, 거의 보초병에 버금가게 작동한다.

기본적인 스프링건은 철선에 연결된 무기에 불과했지만, 보다 정교하게 개발된 버전에는 침입자가 있는 방향으로 회전하여 발사할 수 있도록 여러 개의 인계철선이 장착되어 있다. 이 덕분에 스프링건은 이전보다 로봇에 가까워졌다. 스프링건은 18세기와 19세기에 도굴꾼들이 묘지에서 시체를 훔치는 것을 막기 위해 사용하면서 보편화되었다. 때문에 공동묘지 총으로도 알려진 스프링건은 도둑이 침입하여 철선을 건드리면 총격을 가하고 묘지 관리인에게 침입을 알리는 이중 기능을 갖추고 있었다. 공동묘지 총은 시체가 부패하여 부도덕한 의학 연구자들에게 더 이상 가치가 없을 때까지 유가족들에게 일주일간 임대되어, 사랑하는 이들의 몸이 편안히 잠들 수 있도록 지켜주었다.

2006년 처음 시험 배치된 한화테크윈Hanwha Techwin의 SGR-A1은 스프링건의 현대식 버전으로, 하루 24시간 집중력을 잃지 않고 보초를 서는 완전히 자동화된 로봇 보초병이다. SGR-A1은 세계에서 가장 경비가 삼엄한, 남한과 북한 사이의 약 250km에 이르는 'DMZdemilitarized zone(비무장지대)'에 배치하여 그곳의 주민들을 보호하기 위해 만들어졌다고 한다. 남한에는 이 경계를 따라 수많은 경비초소GOP가 있으며, 초소마다 경비병이 교대근무를 하고 있다. 국경을 지키기 위해서는 많은 군인들이 필요하므로 이 임무를 자동화하면 엄청난 인력을 확보할 수 있다.

국경에는 이미 많은 센서와 감시 시스템이 배치되어 있지만, SRG-A1은 표적을 감지하고 교전할 수 있는 포탑이다. 저조명 카메라 세 대와 열화상 카메라 한 대를 갖춘 고정 장치로, 사람이나 차량 같은 움직이는 물체를 인식하고 추적하는 소프트웨어가 포함되어 있다. 개발자들은 SRG-A1이 낮에는 4km, 밤에는 2km까지 움직이는 물체를 추적할 수 있다고 주장한다.

SGR-A1는 이 영역에 들어오는 사람들을 심문하는데, 암호를 대거나 손을 들어 신원을 밝힐 수 있다. 로봇에는 음성인식 기능이 있어 올바른 암호를 감지할 수 있으며, 제스처 인식 기능을 통해 손을 든 '항복' 몸짓을 감지한다. 이 반응들 중 어느 것도 감지되지 않으면 로봇은 발포할 수 있다.

'무력의 단계적인 확대escalation of force' 접근법은 로봇이 위험 요인을 발견했을 때 비살상 발사를 실시하고 표적이 항복하지 않으면 살상 무기 단계로 넘어가는 것이다. SGR-A1은 5.56mm K4 기관총과 40mm 수류탄 발사기로 무장했다. 비살상 발사 시 발사기를 통해 고무 총알이나 기타 비살상 탄환을 발포할 수 있다. 사정거리가 수십 미터밖에 되지 않지만, 표적에 암호를 요청한 상황이라면 로봇 가까이에 있을 것이므로 상관없을 것이다.

SGR-A1를 1천 대 정도 적용할 계획이 있으며, 이때 들어가는 비용은 약 10억 달러라고 보고된 바 있다. 2008년에 진행된 1년간의 시범 사업은 이 시스템이 제대로 작동했는지 의구심을 갖게 하지만, 이후 재개발 기간을 거쳐 2014년 실제 적용하기에 적합한 것으로 판명되었다. 보안상의 이유로 세부 정보는 제한되어 있고 몇 대가 배치되어 있는지는 모르지만 다수의 장치가 현재 작동 중일 것으로 추정하고 있다.

SGR-A1에도 논란의 여지는 있다. 제조사는 사람이 방아쇠를 당기는 '맨인더루프man-in-the-loop' 모드와 작업자가 단지 로봇의 전원을 켜기만 할 뿐 로봇이 직접 이동하게 하는 '맨온더루프man-on-the-loop' 모드가 있다고 말한다. 두 번째의 경우, SGR-A1이 '킬러 로봇'으로 인식될 수 있다.

DMZ는 이미 사람을 죽일 수 있는 지뢰로 가득 차 있지만, SGR-A1에 대한 논란은 계속되고 있다. 이것은 아마도 지금은 자동 살상 시스템이 고정되어 있지만 향후 움직이는 시스템으로 발전할 수도 있기 때문이다. 땅속에 묻힌 지뢰는 그 자리에 있지만 스스로 움직여 표적을 찾고 공격할 수 있는 로봇 군단은 잠재적으로 더 심각한 걱정거리가 될 수 있다.

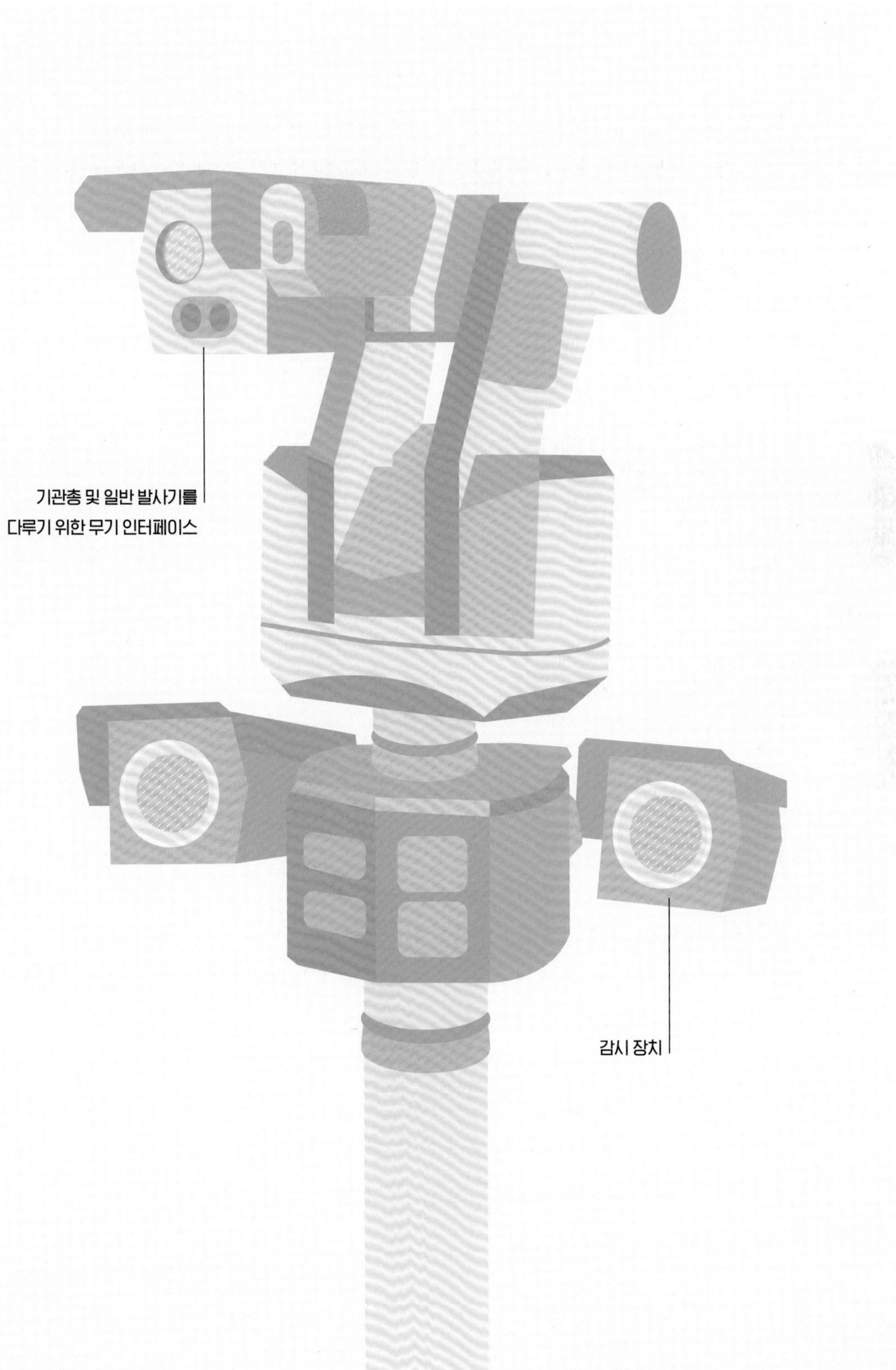
기관총 및 일반 발사기를
다루기 위한 무기 인터페이스
감시 장치

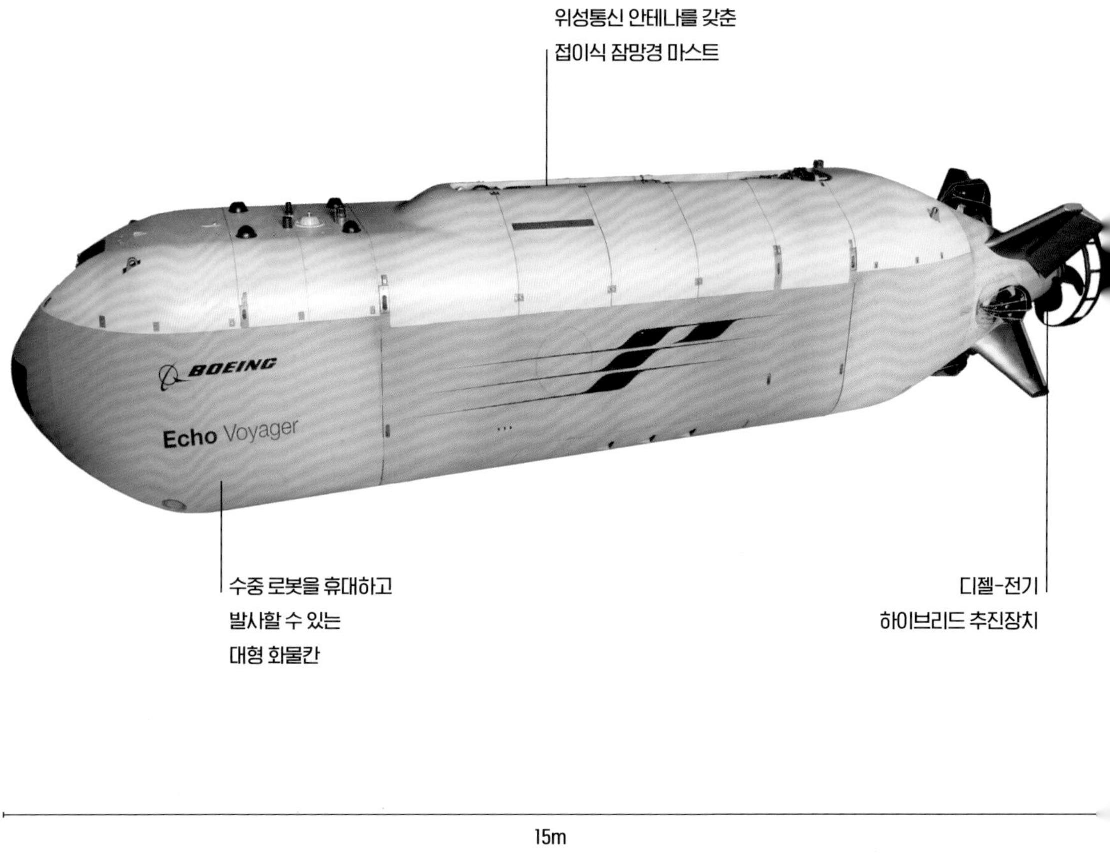
위성통신 안테나를 갖춘
접이식 잠망경 마스트
BOEING
Echo Voyager
수중 로봇을 휴대하고
발사할 수 있는
대형 화물칸
디젤-전기
하이브리드 추진장치
15m

ECHO VOYAGER

에코 보이저

길이	15m
무게	34t
출시연도	2016
구성 재료	강철
메인 프로세서	비공개
전원	배터리 및 디젤

잠수함에는 특별한 유형의 사람이 필요하며, 전시 중에는 특히 그렇다. 익사의 위험이 있고, 오랜 기간 밀폐된 공간에 머무르면 심리적인 부담이 상당하기 때문이다. 역사적으로도 잠수함 승무원들은 여러 가지 부작용을 겪었다. 잠수함은 매우 비정상적인 환경이라고 할 수 있다. 그렇다면 잠수함이 스스로 운항할 수 있게 하면 어떨까?

1957년 워싱턴대학교에서 무인잠수함인 SPURVSelf-Propelled Underwater Research Vehicle(자체 추진 수중 연구선-역자주)을 개발하였다. 3m 길이로 대부분의 유인잠수함보다 훨씬 더 깊이(3,000m) 잠수할 수 있었다. 그 이후 과학자들과 상업적인 회사들이 무인잠수함을 개발하여 석유 굴착 장치와 배관을 검사하고, 난파선 복구 및 좌초 선박 회수를 돕는 데 사용해왔다. 낮은 주파수를 가진 초장파와 초저주파를 통해서만 잠수함과 통신을 주고받을 수 있기 때문에 무인잠수함UUV, unmanned underwater vehicle은 통제함에 연결되어 묶여 있거나 수중 음파 통신을 통해 제어하더라도 통제함과 가까이에 머물 수밖에 없었다.

수중 글라이더와 같은 몇 가지 예외를 제외하면, 무인잠수함은 자율성이 제한된 작은 함정에 불과하며, 출발하고 회수하기 위해서는 수상 선박이 필요했다. 보잉Boeing은 에코 보이저Echo Voyager라는 15m 크기의 무인잠수함을 통해 이 한계를 깨려 하고 있다. 보잉의 무인잠수함은 인간의 지시나 지원 선박 없이 6개월 간 지속되는 임무를 수행할 수 있을 것이다. 지금까지 무인잠수함 운영 비용의 대부분은 지원 선박에서 발생하였으므로, 스스로 작동하는 로봇 잠수함은 업계를 급격히 변화시킬 수 있다. 에코 보이저는 매일 충전을 위해 유인 수상 선박으로 돌아갈 필요 없이 바다에 머무르며 지속적으로 상황을 보고할 수 있다. 예를 들어 기름 유출의 확산 정도를 파악하여 보고하는 작업을 수행할 수 있다.

에코 보이저는 배터리만으로 동력을 공급받기 위해 배터리와 디젤 동력의 하이브리드 시스템으로 작동한다. 수중에서는 배터리 전력을 사용하지만, 수면으로 올라오면 디젤 발전기로 전환하여 배터리를 재충전한다.

에코 보이저의 지속 과제 중 하나는 자율성이다. 무인잠수함 로봇은 길을 잃거나 진행 방향에서 충돌할 수 있는 다른 함정을 감지하는 등 갑작스러운 상황에서도 스스로 의사결정을 내려야 한다. 예를 들어 보잉팬텀워크Boeing Phantom Works의 씨&랜드Sea & Land 이사를 맡고 있는 랜스 타워Lance Towers는 이렇게 말한다. "이 잠수함은 문제가 생기면 무엇을 해야 할지 이해하고, 규칙을 기반으로 의사결정을 내리며, 안전을 유지하여 임무를 완수하는 방향으로 행동해야 한다."

에코 보이저는 장기간 임무를 수행할 수 있고 11,000km 이상 이동할 수 있는 장거리 무인잠수함이기 때문에 다른 무인잠수함보다 더 신뢰성 높은 선내 시스템을 필요로 한다. 임무를 수행하다가 시스템 하나가 고장 나더라도 백업 시스템이 작동하기 때문에 에코 보이저는 수리를 위해 항구로 돌아갈 수 있다. 특히 에코 보이저는 물 밖으로 들어올릴 수 있는 독창적인 접이식 잠망경 마스크를 가지고 있으며, 이 덕분에 선체가 물에 잠겨 있어도 위성과 통신할 수 있다.

에코 보이저의 크기도 주요 특징 중 하나다. 다른 무인잠수함보다 몇 배나 더 크며, 여러 임무에 유연하게 대처할 수 있도록 도구와 기구를 휴대할 수 있는 페이로드 베이(적재공간)를 가지고 있다. 일반적으로 무인잠수함은 해저 조사와 같은 단일 임무를 수행할 수 있지만, 에코 보이저는 다양한 작업을 진행할 수 있다. 또한 수중에서 소형 잠수함을 내보내고 회수하는 등, 소형 무인잠수함의 모함 역할을 할 수도 있다.

에코 보이저는 특정 임무를 위해 설계된 것이 아니며, 보잉에서는 737 여객기의 경우와 마찬가지로 민간과 군수적인 역할을 모두 수행할 수 있기를 기대하고 있다. 이러한 수중 로봇이 가진 잠재력은 무궁무진하다. 수중 지뢰의 위치 파악 및 무력화, 무인항공기 발사, 잠수함 추적, 정찰, 해군에서 센서 투하를 의미하는 '페이로드 배치' 등의 역할을 수행할 수 있으며, 지뢰 부설 작업도 가능하다. 또한 새로운 광물자원을 탐사하여 활용하고, 전례 없이 세부적으로 수중 생태계를 조사하여 어두운 심해에 새로운 빛을 비출 수도 있다. 어느 쪽이든 새로운 무인잠수함의 개발은 기존의 '배'라는 테두리에서 벗어나 독자적으로 나아갈 수 있는 진보된 모델을 이끌 것이 확실하다.

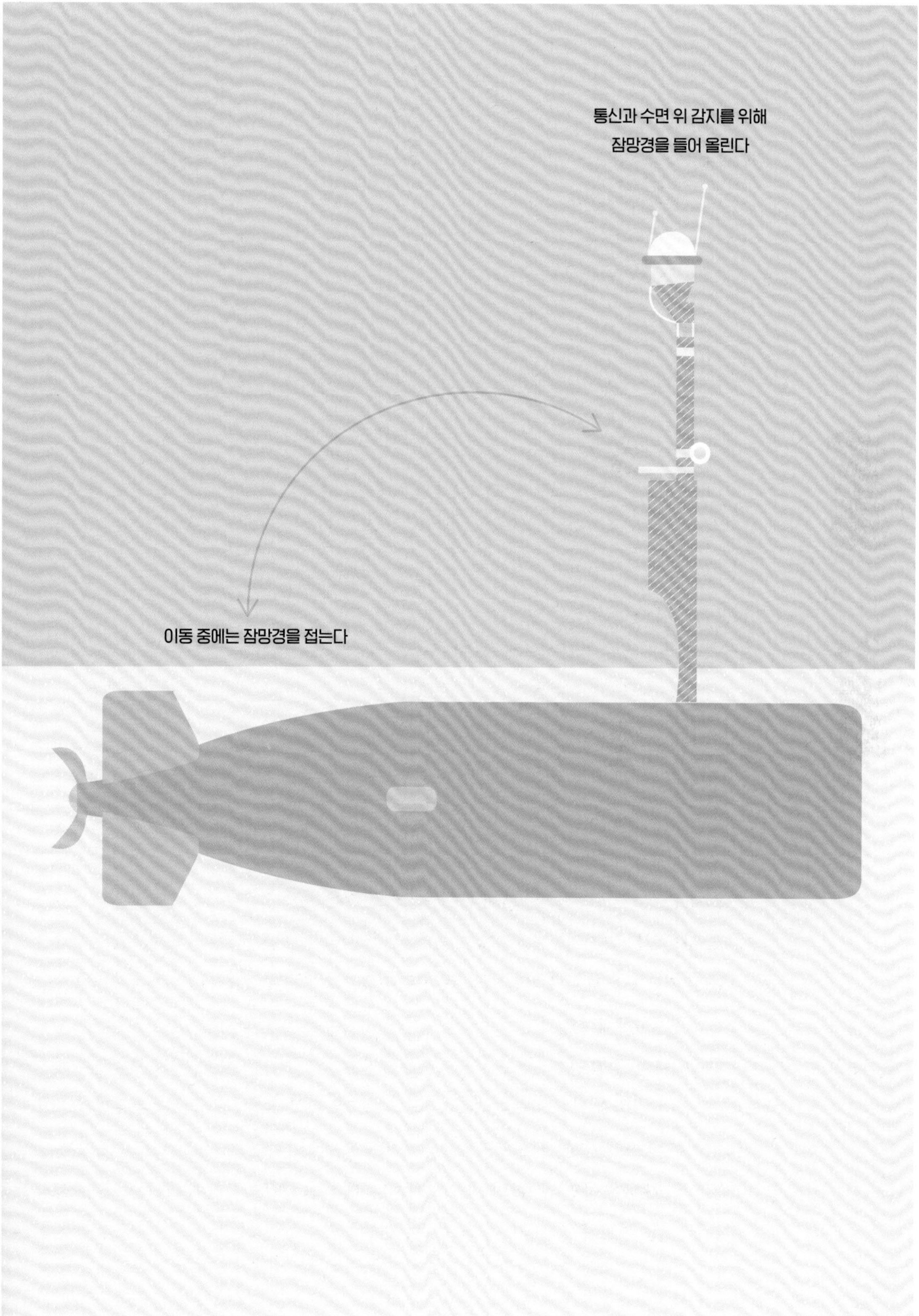
통신과 수면 위 감지를 위해
잠망경을 들어 올린다
이동 중에는 잠망경을 접는다

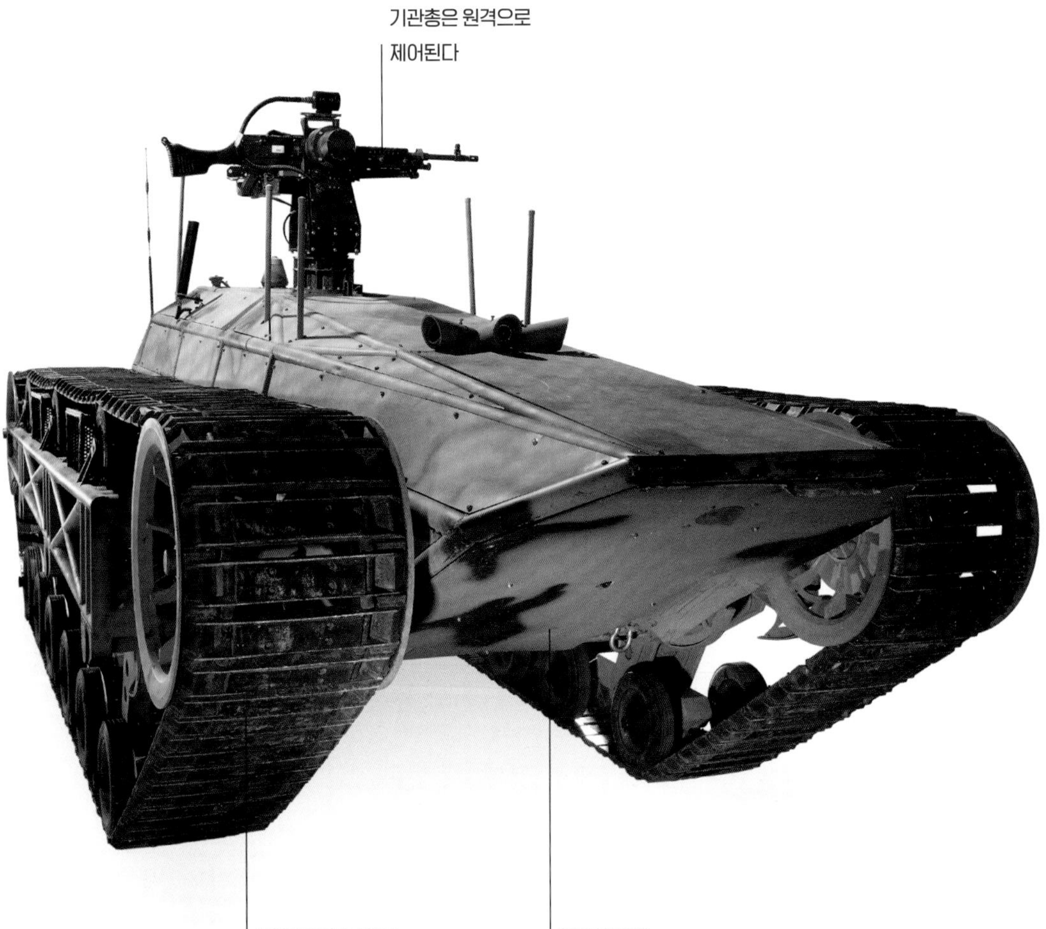
기관총은 원격으로
제어된다
최대한의 이동성을
확보하기 위한 궤도
가벼운 차대

WINGMAN

윙맨

높이	1.78m
무게	4.4t
출시연도	2000
구성 재료	알루미늄
메인 프로세서	자체 프로세서
전원	6.6 듀라맥스 디젤 750HP

2001년 미 공군은 마침내 미사일 발사용 드론을 도입하기로 결정했다. 하지만 미 육군은 보다 신중한 입장을 취하고 있다. 윙맨 프로젝트는 무장한 무인 지상 차량이 병사들 대신 최전방에 설 수 있도록 신뢰성 확보를 목표로 개발하고 있다.

로봇을 무장하는 것은 쉽다. 1980년대 로봇 무기 개발 계획이 몇 가지 진행되었는데, 그 중 하나인 원격조종 차량 TMAP은 대전차 미사일을 발사하여 아군이 적의 포화를 피할 수 있게 하였다. 그러나 1987년 의회는 확실하지 않은 낙관적 프로젝트에 과도한 예산이 투입되고 있다고 판단하여 로봇 무기 개발 계획에 대한 예산편성을 금지했다.

20년 후, 탤론 소드TALON SWORDS가 이라크에 배치되었다. 폭탄 처리 로봇에 무장을 한 형태로, 기관총을 장착한 거대한 팩봇이라 할 수 있다. 원격조종으로 제어되었으며, 스스로 무기를 발사할 수 없었다. 그러나 탤론 소드는 작동상의 문제보다는 정치적인 이유로 사용되지 않았다. 언론에서 '킬러 로봇'에 대한 경각심을 일으킬 것이라는 우려가 있었기 때문이다. 미국의 전술적 무장 로봇은 그 이후로 시험 단계를 벗어나지 못하고 있었다.

가장 최근 개발된 무장 로봇은 전차 유닛용 로봇 '윙맨'이다. M1 에이브람스M1 Abrams 전차 최신 버전에는 윙맨을 위한 자동적재기가 장착되고, 주포를 운반하던 전차 대원은 로봇을 감독하는 새로운 역할을 수행하게 될 것이다. 윙맨은 전차 부대보다 앞서 나아가 지뢰나 매복 공격을 가장 먼저 맞닥뜨릴 것이다. 또한 적의 진지를 정찰하고, 결국에는 인간의 직접적인 통제하에 무기를 발사하게 될 것이다.

이 계획은 이전부터 개발 중이던 하우앤하우Howe & Howe Technologies Inc에서 만든 무인차량 립소Ripsaw를 기반으로 진행될 것이다. 립소는 뒷마당 차고에서 만들기 시작한 소규모 프로젝트인데, 2005년 미군에 인수되기 전에는 DARPA 챌린지에 출품하기도 했다.

립소는 SUVsports utility vehicle(스포츠 유틸리티 자동차) 크기에 무게는 4.4t이나 나가지만, 6리터 디젤 엔진과 NASCAR 레이싱 자동차에서 가져온 경량 튜브형 차대chassi(차체를 받치며 바퀴에 연결되어 있는 차의 테두리 부분-역자주) 덕분에 출발 후 시속 80km까지 가속시간이 5.5초에 불과하는 등 탁월한 민첩성을 자랑한다. 립소는 고속으로 질주해 도로 호송 차량을 따라잡을 수 있으며, 1.5m 높이의 장애물을 넘거나 45도 경사를 오를 수 있다.

미군은 립소와 같은 무인차량이 자율적으로 주행할 수 있도록, SOURCESafe Operations of Unmanned systems for Reconnaissance in Complex Environments(복잡 환경에서의 정찰을 위한 무인시스템 안전 운영-역자주)로 알려진 센서와 소프트웨어를 개발했다. SOURCE를 사용하면, 로봇 차량은 다른 차량이나 사람, 동물을 회피하면서, 도로에서는 시속 48km, 복잡한 도시 내에서는 시속 9.6km의 속도로 주행할 수 있다. SOURCE는 도로 표지판을 읽고 해석할 수 있는 기능도 포함되어 있다.

윙맨의 사용자는 가상현실 헤드셋처럼 생긴 머리에 착용하는 원격 뷰어HARV, Head-Aimed Remote Viewer를 사용하여 로봇의 시야를 확보하고 이를 조종한다. 사용자가 고개를 돌리면 로봇 카메라는 이를 따라 회전한다.

미군은 기존 포탑에 일부 기능을 추가한 ARASAdvanced Remote/Robotic Armament System(고급 원격/로봇 무장 시스템-역자주)를 개발하였다. 예를 들어, 무기가 걸려 움직이지 않게 되면, 원격으로 복구할 수 있다. 그리고 상황에 따라 원하는 대로 다양한 유형의 탄환을 선택할 수 있다. 표준 탄환, 도시에서 작전을 수행할 때 필요한 사정거리가 짧은 탄환, 비살상 폭동 진압용 탄환 등이 포함될 수 있다. ARAS는 높은 정확도를 가진 단발 포격도 가능하다. 이때 마운트mount(관련 통제 기재 등을 장착하기 위한 구조물-역자주)는 고정되어 있어 저격용 소총만큼이나 높은 안정성을 제공한다. 필요에 따라 폭발시키거나 연속으로 발사할 수도 있다.

윙맨 개발은 천천히 진행될 것으로 예상되며, 2035년까지는 차량을 전투에 배치시킬 계획도 없다. 이렇듯 신중히 개발에 매진하여 높은 신뢰도를 확보할 수 있다면, 안전하고 확실하게 로봇을 통제할 수 있을 것이다. 그러나 개발이 완료되었을 때에는 이미 러시아의 칼라시니코프Kalashnikov가 만든 콤래드 인 암스Comrade in Arms와 같은 다른 나라의 로봇들이 전장을 가득 채울 수도 있다.

ARAS(고급 원격/로봇 무장 시스템)는
자동 걸림 복구 기능을 갖추고 있으며,
다양한 유형의 탄환을 선택할 수 있다.
필요에 따라 단발 저격 또는 연속 발사
모두 가능하다

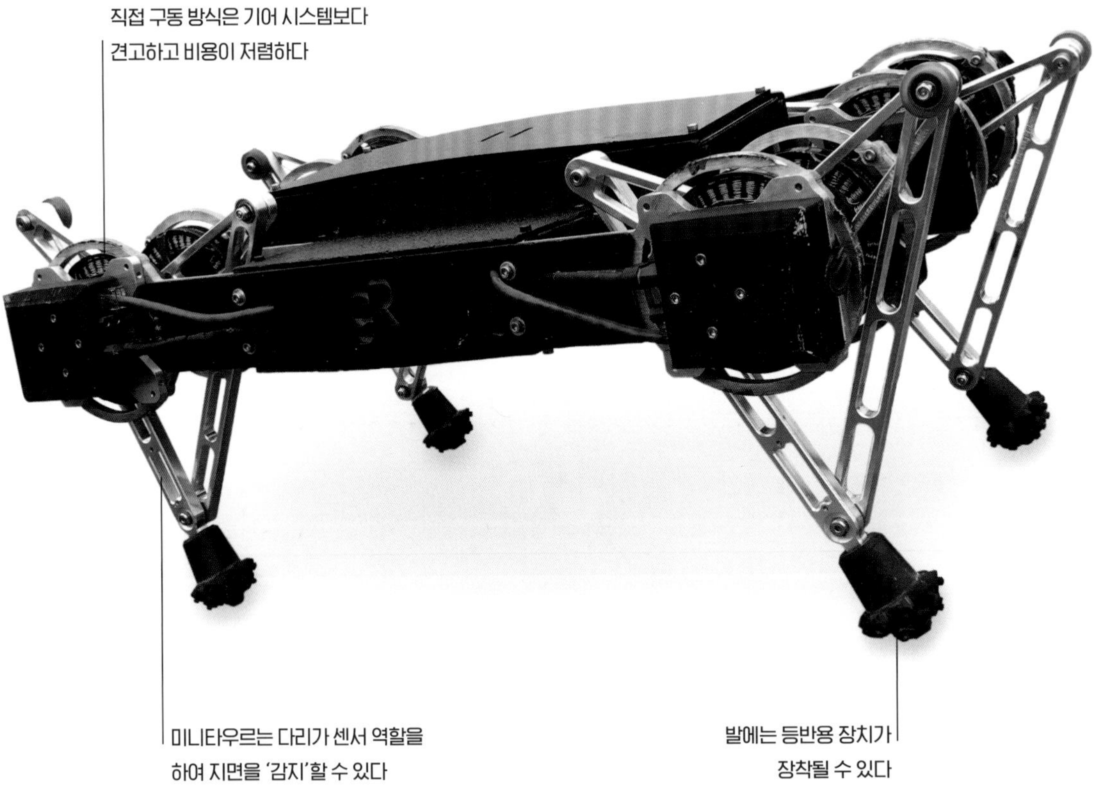
직접 구동 방식은 기어 시스템보다
견고하고 비용이 저렴하다
미니타우르는 다리가 센서 역할을
하여 지면을 '감지'할 수 있다
발에는 등반용 장치가
장착될 수 있다

GHOST MINITAUR™

고스트 미니타우르

높이	40cm
무게	6kg
출시연도	2015
구성 재료	강철
메인 프로세서	NVIDIA
전원	배터리

팩봇 형태의 로봇은 뛰어난 이동성을 자랑하지만, 비슷한 크기의 동물과 비교하면 빠르다고 할 수 없다. 지상을 이동하는 데 다리만큼 뛰어난 것은 없으며, 다리는 가파른 경사, 울퉁불퉁한 지형 그리고 무한궤도식 바퀴도 넘기 힘든 장애물에 효과적으로 대처할 수 있다. 개발자들은 이동형 보행 로봇을 만들기 위해 끊임없이 노력해왔고, 그 노력은 마침내 결실을 맺고 있다.

보스턴다이나믹스Boston Dynamics가 개발한 빅독BigDog은 병사들의 장비를 운반하기 위한 용도로 개발되었으며, 미군에서 진행하는 운반용 로봇 개발 프로그램의 대표작이었다. 이 프로그램은 2005년부터 2015년까지 진행되었으며, 빅독은 '세계에서 가장 진보한 4족 보행 로봇'으로 묘사되었다. 시연은 훌륭했으며, 유튜브YouTube를 통해 수백 만의 조회수를 기록했다. 그러나 빅독에 장착된 혁신적인 유압장치는 소음이 심하고 가격이 비싸기 때문에 바퀴 달린 운반용 로봇에 밀려 설 자리를 잃었다.

반면 고스트로보틱스Ghost Robotics의 미니타우르는 개 크기의 저렴하고 실용적인 로봇이다. 네 다리로 움직이며 빠른 주행 모드의 최고 속도는 시속 8km 정도다. 또한 바퀴나 궤도가 달린 로봇은 지나가기 힘든 자갈 지형을 횡단할 수 있을 뿐만 아니라, 계단을 오르고 철책선을 넘을 수 있다. 심지어 이 로봇은 나무도 오를 수 있다고 한다.

미니타우르는 빅독처럼 유압장치를 사용하지 않고, 더 간단하고 비용이 저렴한 전기 모터를 사용한다. 이 로봇 특유의 통통 튀는 듯한 걸음걸이는 주요 디자인 특징들과 밀접하게 연관되어 있다. 미니타우르는 기어 없이 직접 구동 시스템으로 움직인다. 모터 자체가 센서 역할을 하는데, 모터는 변화하는 힘에 반응하여 스프링-댐퍼 시스템spring-damper system(외부의 충격을 흡수한 스프링의 움직임을 완화하여 본체의 흔들림을 제어하는 시스템-역자주)처럼 작동하도록 프로그래밍되어 있다. 실제 다리는 유연하지 않고 단단하지만, 제어 시스템을 통해 로봇이 점프하듯 가볍게 움직이도록 제어한다.

미니타우르의 직접 구동 시스템은 빙판길이나 비탈길처럼 미끄러지기 쉬운 지형에서도 대처할 수 있을 정도로 민첩하게 반응한다. 다리가 미끄러지면 거의 즉각적으로 반응하고 넘어지는 것을 막기 위해 적절히 움직여 안정적으로 이동한다. 미니타우르는 목표 대상에 도달하기 위해 엎드려 기어가거나, 옆으로 걷거나, 수직면을 타고 올라갈 수 있으며, 다리 끝에 붙어 있는 매니퓰레이터를 이용하여 문을 열거나 울타리를 오를 수도 있다. 탄력이 좋아 계단 위로 뛰어오르고 50cm 폭의 도랑을 건널 수 있다. 미니타우르의 발전된 제어 시스템은 두 다리만으로 균형을 잡을 수 있게 제어하여 약 스무 걸음 정도 두 발로 걸을 수 있게 해준다. 앞으로 개발자들은 인공지능 시스템을 이용하여 다양한 장애물을 넘을 수 있도록 새로운 기술을 배우게 할 계획이다.

미니타우르의 초기 버전은 원격조종 방식이었지만, 양산형 버전은 입체영상 카메라를 장착하여 높은 수준의 자율성을 확보하였다. 목표 지점들 사이를 이동할 수 있으며, 스스로 장애물을 피할 수 있다. 장착된 배터리로 한 시간 동안 작동할 수 있으며, 한 번 충전하여 16km 정도 나아갈 수 있다.

미군은 폭탄 처리나 도시 정찰 등의 임무를 위한 센서 플랫폼 용도로 미니타우르에 관심을 보이고 있다. 미니타우르 부대는 병력을 투입하기 전에 배치되어 건물과 터널 내부를 탐색할 수 있다. 산업 분야에서는 안전성 검사를 위해 광산 등에서 유용하게 사용될 수 있을 것이다. 농업 분야 또한 미니타우르의 가장 큰 시장이 될 수 있다. 농부들은 이미 날마다 논밭을 점검하여 농작물의 상태를 파악하기 위해 드론을 사용하고 있지만 드론은 잡초를 뽑거나 토양 샘플을 채취하고 비료를 주는 등 직접적인 조치를 취하기 힘들다. 미니타우르는 스스로 충전장치로 돌아가 재충전을 하면서 논밭을 다니며 단순 반복 업무를 수행할 수 있다.

미니타우르에 대한 시험은 아직 충분히 이루어지지 않았지만 일단 설계 자체만 보면 가능성이 있어 보인다. 직접 구동 시스템을 통해 무게와 비용을 줄이고, 복잡성을 간소화하였으며, 손상 위험도가 높은 기어박스가 없기 때문에 매우 견고하다. 또한 이미 상용화된 전자 부품을 적용하였기 때문에 다른 보행 로봇에 비해 저렴한 비용으로 구입할 수 있다. 미니타우르를 통해 보행 로봇 개발자들이 추구해오던 희망사항을 이룰 수 있을지도 모르겠다. 미지의 영역에 발을 내디딜 수 있는 실용적이고 비싸지 않은 로봇 말이다.

미니타우르는 탄력이 좋아 계단 위로
뛰어오르거나 50cm 폭의 도랑을 건널 수 있다

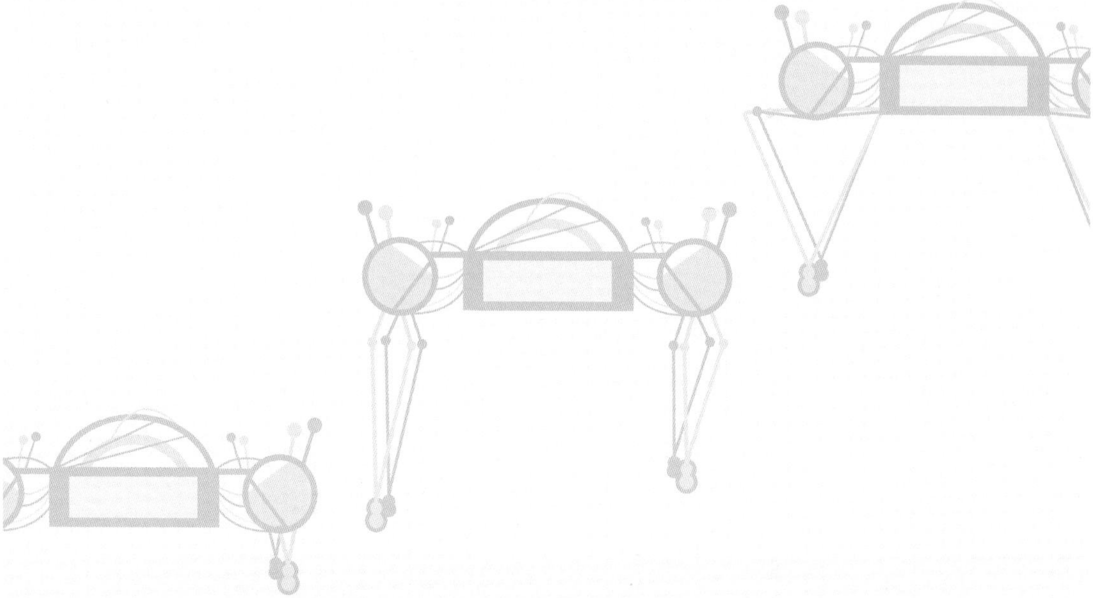

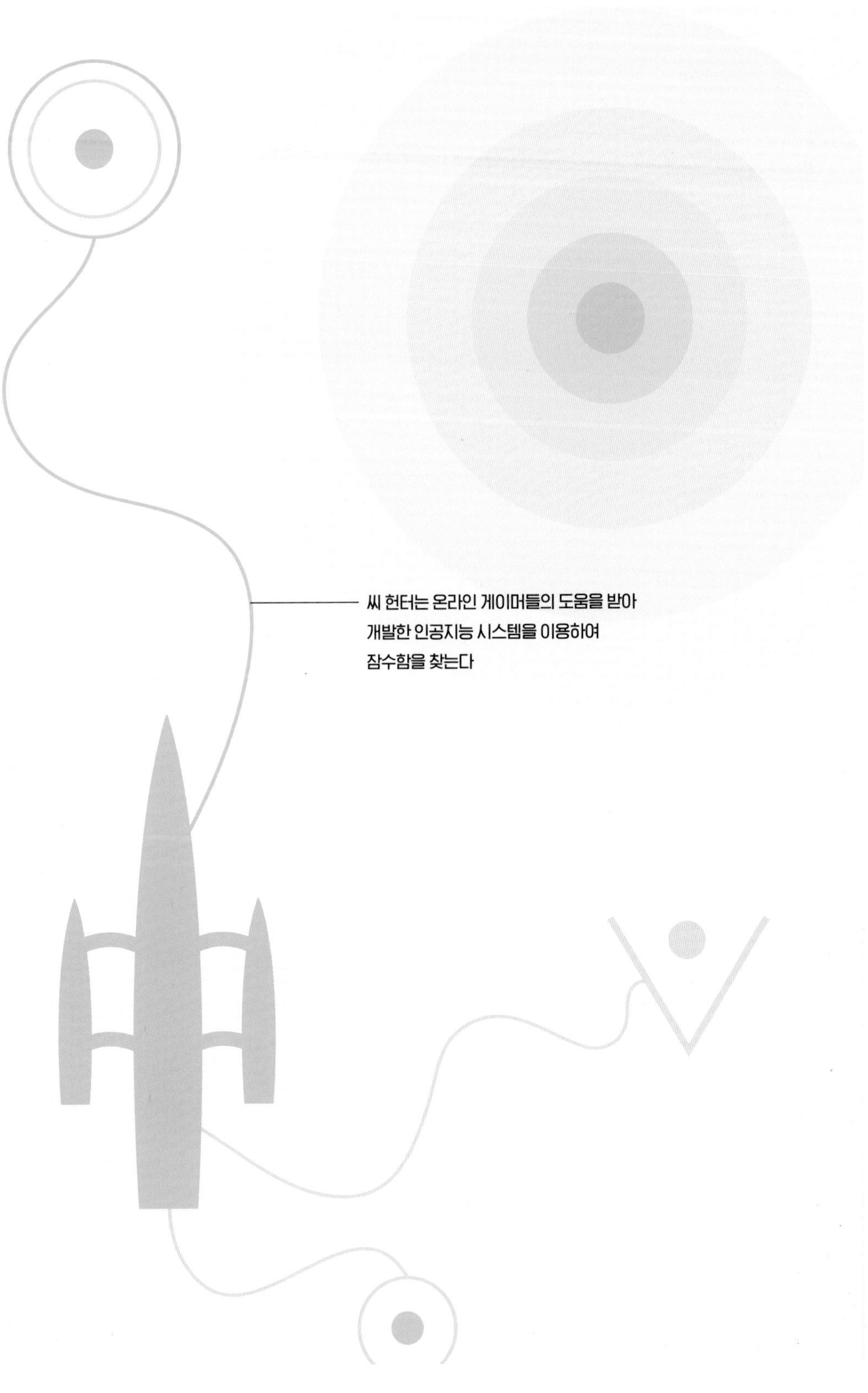

씨 헌터는 온라인 게이머들의 도움을 받아
개발한 인공지능 시스템을 이용하여
잠수함을 찾는다

SEA HUNTER

씨 헌터

길이	40m
무게	149t
출시연도	2014
구성 재료	복합재료
메인 프로세서	비공개
전원	디젤

잠수함은 현대 해전에서 가장 위협적인 존재다. 다수의 미사일과 어뢰로 무장한 잠수함은, 사전 경고 없이 무엇이든 침몰시킬 수 있다. 항공모함은 전방위 공격력을 뽐내지만, 상대적으로 취약한 수중 공격으로부터 안전하게 보호하기 위해 해상 선박, 항공기, 아군 잠수함의 보호막 뒤에서만 운항할 수 있다.

구축함destroyer은 잠수함에 대항하기 위해 만들어진 함정이다. 능동 및 수동형 수중 음파 탐지기와 다른 여러 센서들을 갖추고 있으며, 어뢰와 미사일로 무장하였다. 일반적인 구축함은 길이가 150m에 달하고, 300여 명의 승무원을 태울 수 있다. 그러나 가격이 비싸고 운영 비용도 상당하므로 해군은 소수의 구축함만을 배치하고 있다. 그래서 광대한 대양에서 숨겨진 적군을 찾는 데 어려움을 겪을 수밖에 없다.

대잠수함 작전용 로봇 함정인 씨 헌터Sea Hunter는 사람 없이도 구축함 임무를 수행할 수 있고, 비용도 저렴하다. 매우 은밀하게 움직여 찾기 힘들다는 최신식 잠수함의 위치도 파악할 수 있으며, 잠수함이 가는 곳이면 어디든 따라갈 수 있는 속도와 지구력을 갖추고 있다.

씨 헌터는 폴리네시아의 거대한 전쟁용 카누와 비슷하게 생긴 3동선trimaran(3개의 평행한 선체가 있는 범선-역자주)이며, 얇고 좁은 선체와 안정성을 위한 두 개의 현외장치outriggers를 갖추고 있다. 경량탄소 복합재료로 만들어졌으며, 대잠수함전 지속추적 무인함정Antisubmarine Warfare Continuous Trail Unmanned Vessel 프로그램을 통해 DARPA에서 개발하였다. 승무원이 없으므로, 실내구조 등 모든 것이 놀라울 정도로 간편하다. 선실, 침상, 주방 등 공간을 차지하는 것은 전혀 찾을 수 없다. 씨 헌터에서 유일하게 사람을 위한 공간은 해상 실험을 위해 추가

한 분리형 조종실뿐이다. 공간의 대부분은 44t에 달하는 연료탱크가 차지하고 있으며, 디젤 연료를 가득 채우면 3개월 연속으로 순찰 임무를 수행할 수 있다. 씨 헌터는 해상 상태 6단계에 해당하는, 6m 높이의 '매우 거친' 파도가 몰아치는 바다에서도 운항할 수 있다.

씨 헌터는 위성통신을 사용하여 조종사와 교신하지만 해상에서는 통신 상태가 원활하지 않기 때문에 무인함정을 원격조종하는 것은 무인항공기를 조종하는 것보다 어렵다. 씨 헌터는 레이더와 전자 시스템을 이용하여 다른 선박을 탐지하고 충돌을 회피하는데, 이를 지원하는 광학 인식 소프트웨어가 포함된 카메라 시스템을 갖추고 있으며, 이러한 여러 시스템들을 통해 스스로를 보호한다.

다른 선박과 마찬가지로, 씨 헌터는 해상의 교통 법규라 할 수 있는, '국제해상충돌방지규칙Convention on the International Regulations for Preventing Collisions at Sea'을 준수해야 한다. 이는 어떤 상황에서 배가 길을 양보해야 하는지 규정한다. 여러 규칙이 있지만 그 중 하나는 한 선박의 항해사가 다른 선박의 움직임을 확인할 수 있어야 한다는 것이다. 그래서 씨 헌터는 일반적인 항해 컴퓨터 프로그램이 채택할 법한 감지하기 힘든 미묘한 회전보다는 눈에 띄도록 크게 코스 수정을 하도록 프로그래밍되어 있다.

씨 헌터는 무장하지 않았지만, 잠수함을 감지하기 위해 여러 가지 센서를 탑재하고 있다. DARPA에서는 세부사항을 밝히지 않았지만, 씨 헌터의 '고유한 특징'으로 인해 '기존과 다른 센서 기술'을 적용할 수 있다고 말한다. 간단히 말하면, 유인함정과 달리 자체에서 전혀 소리를 내지 않으므로 음파 탐지기는 아주 작은 소리도 효과적으로 감지할 수 있다. DARPA는 "가장 조용한 잠수함에 대해서도 견실한 지속추적을 해낼 수 있을 것이다"라고 말한다. 씨 헌터는 인공지능을 갖추고 있어, 별도의 지원 없이도 잠수함을 사냥하는, '술래잡기 게임cat-and-mouse game'을 수행할 수 있다. DARPA는 일부 알고리즘 개발 과정에서 인터넷을 통해 여러 사람들의 도움을 받았는데, 참가자들이 획기적인 아이디어를 시도할 수 있도록 온라인 잠수함 헌팅 게임을 만들어 여러 아이디어를 얻었다.

씨 헌터의 시운전은 거의 완료되었으며, 개발자들은 로봇 함정이 잠수함 사냥 외에도 수많은 임무를 어떻게 수행하는지 이미 확인했다. 프로그램 담당자인 스콧 리틀필드Scott Littlefield는 "우리가 이 프로그램을 진행하면서 깨달은 것은 씨 헌터가 트럭이라는 것이다. 씨 헌터는 다양한 임무를 수행하기 위한 대규모 페이로드(적재) 용량을 갖추고 있다"라고 전했다.

1898년 니콜라스 테슬라Nikola Tesla가 무선 조종을 시연한 이후 여러 발명가들이 원격조종 함선들을 개발했지만 대부분은 성공하지 못했다. 긴 작동시간, 뛰어난 자율성, 낮은 비용을 결합한 씨 헌터는 원격조종 무인함정의 흐름을 바꾸게 될지도 모른다.

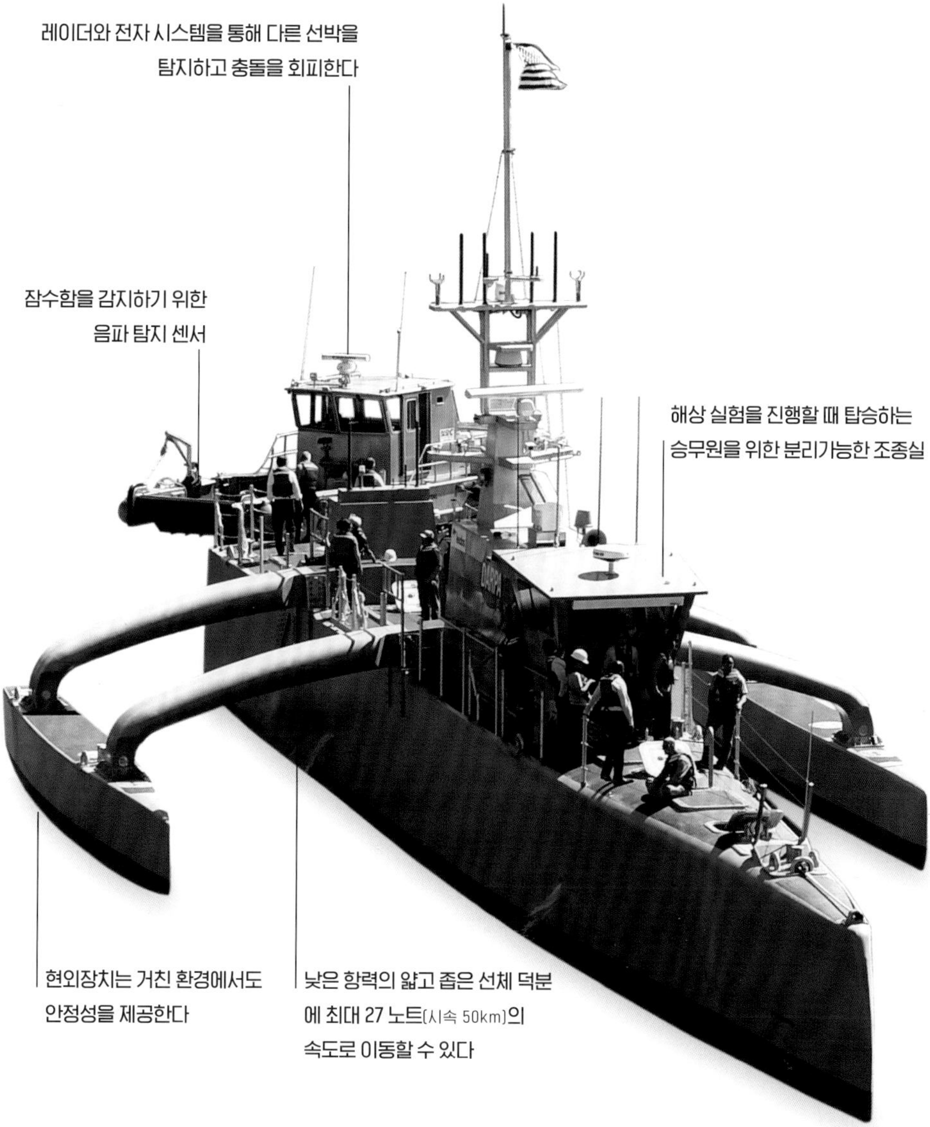

레이더와 전자 시스템을 통해 다른 선박을
탐지하고 충돌을 회피한다
잠수함을 감지하기 위한
음파 탐지 센서
해상 실험을 진행할 때 탑승하는
승무원을 위한 분리가능한 조종실
현외장치는 거친 환경에서도
안정성을 제공한다
낮은 항력의 얇고 좁은 선체 덕분
에 최대 27 노트(시속 50km)의
속도로 이동할 수 있다

원격조종 안테나
장갑 차체는 소형 무기 포격으로부터
전차를 보호한다
산야를 횡단하는
이동성을 위한 궤도
카메라 및 기타 센서

COMRADE IN ARMS

콤래드 인 암스

높이	3.5m
무게	7.7t
출시연도	2016
구성 재료	강철
메인 프로세서	비공개
전원	디젤

군대에 지원하는 인력이 부족해져 신병모집에 어려움을 겪고 있는 나라들이 많을 것이다. 이러한 상황에서 로봇이 군사력 증강에 도움이 될 수 있을 것이라는 데는 의심의 여지가 없다. 로봇을 사용하여 얻을 수 있는 분명한 장점 중 하나는 사상자가 많은 최전방에 로봇을 배치하여 인명피해를 줄일 수 있다는 점이다. '아군의 포격'에 당할 수도 있다는 우려 때문에 많은 사람들이 자율형 무장 로봇에 대해 조심스럽게 접근하는 반면, 러시아는 보다 적극적인 자세를 취하고 있다. 그들은 무장 로봇의 개발은 불가피한 일일 뿐 아니라, 로봇이 전장에 배치되는 것이 오히려 좋은 일이라고 주장한다.

러시아는 냉전 기간 동안 나토NATO의 정교한 전자장비에 제대로 대응하지 못했다. 그 대신 그들은 간단하지만 효과적인 무기를 대량생산했다. 칼라시니코프 공격용 소총과 RPG-7 로켓 발사기가 바로 대표적인 것들이다. 러시아는 제2차 세계대전 중 수적 우위를 바탕으로 기술적으로 우수한 군대를 물리칠 수 있었지만, 많은 생명을 잃는 희생을 감수해야 했다. 아마도 이러한 역사 때문에 러시아 국민들이 군대 사상자에 대해 민감하고, 정부는 로봇으로 해답을 찾으려 하는지도 모르겠다.

러시아는 1939년 무장 로봇을 처음으로 전장에 내보냈다. 핀란드와의 전쟁에서 '텔레전차Teletanks'라는 원격조종 무인전차를 사용한 것이다. 그 이후로는 개발이 미미했으나 2013년, 많은 회사들이 자신들이 개발한 전투용 로봇을 러시아 군대에 선보이면서 업계가 움직이기 시작했다. 스트렐록Strelok의 명사수Sharpshooter, 플랫폼-MPlatform-M, 보어Boar 같은 일부 로봇들은 총을 장착한 폭탄 처리 로봇과 유사하며, 건물 내부에서 이동할 수 있는 크기다. 또한 러시아 군대의 주요 병력 수송기인 BMP-3 전투 차량의 로봇 버전이라 할 수 있는 전차 크기의 휠윈드Whirlwind도 있다.

2016년, 칼라시니코프콘체른Kalashnikov Concern에서 개발한 소라트니크Soratnik, 다른 이름으로는 전우라는 뜻의 '콤래드 인 암스Comrade in Arms'가 공개되었는데, 대형차 크기에 무게가 7.7t 정도 나가는 중형 로봇이다. 거친 지형에서도 문제없이 이동할 수 있을 만큼 충분한 크기지만, 대량으로 생산되고 광범위하게 공급될 수 있을 정도로 충분히 작다. 궤도 바퀴로 작동하며, 주행속도는 시속 40km다. 전우를 뜻하는 이름에서 알 수 있듯이, 콤래드는 전투 시 보병 부대를 지원하기 위해 설계되었고, 터릿에는 당연히 칼라시니코프 기관총이 장착되어 있다.

콤래드는 또한 수류탄 발사기 같은 무거운 무기를 운반할 수 있다. 또 다른 대전차 기종은 여덟 대의 유도 미사일을 탑재하고 있다. 콤래드는 장갑차량으로 소형 무기 포격과 포탄 파편에도 견딜 수 있으며, 대구경large caliber 무기와 대전차 미사일에만 취약할 뿐이다.

콤래드는 최대 9.5km 떨어진 곳에서도 안정적으로 제어할 수 있는 보안 통신시스템을 갖추고 있다. 또한 표적을 정찰하기 위해 칼라니시코프에서 만든 두 개의 소형 드론 잘라Zala를 휴대하고 발사할 수 있다. 다른 나라의 유사한 로봇과 확실하게 다른 점은 소프트웨어다. 이러한 무장 로봇은 인간의 제어하에 철저히 통제될 것이라고 예상할지 모르겠지만, 콤래드는 다양한 수준의 자율성을 부여받았으며 주행 및 무기를 스스로 제어할 수 있다. 러시아는 앞으로 전장에서 무선통신 방해가 점점 보편화될 것이라는 전망하에 자율형 무장 로봇을 개발하였다. 통신은 원격조종 로봇의 약점이기 때문에 대부분의 드론 대항 시스템counter-drone system이 드론과 조종사 사이의 연결을 교란시키는 방식으로 작동한다. 조종사와의 연결이 끊어지더라도 로봇은 스스로 행동할 수 있어야 한다. 러시아가 이러한 무선통신 교란 문제를 고려한다면, 무장 로봇이 제어 없이 스스로 전투하는 기능은 포함될 수밖에 없을 것이다.

극단적인 경우, 콤래드는 독립적으로 작동할 수 있다. 제조사는 적으로부터 2.5km 떨어진 곳에서도 목표물을 발견하고 식별한 다음 교전을 시작할 수 있다고 주장한다. 전력을 절약하기 위해 '절전' 모드로 전환하고 최대 10일 동안 적군이 나타나길 기다리는 기능이 장착되어 있어 콤래드는 더 오랜 기간 방어 진영을 유지할 수 있다.

만약 칼라니시코프의 지상 로봇이 공격용 소총만큼 튼튼하고 저렴하다는 것만 입증된다면, 앞으로는 그들이 전쟁에서 전방을 채우게 될 것이다.

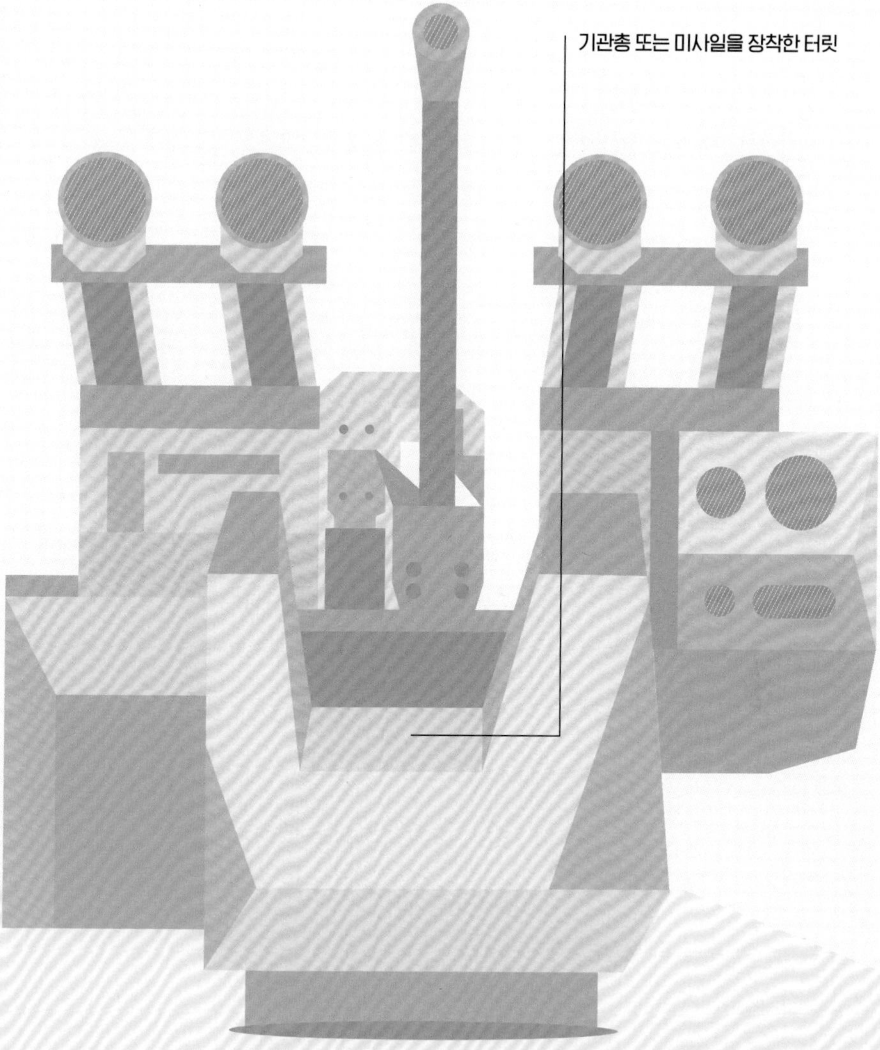
기관총 또는 미사일을 장착한 터릿

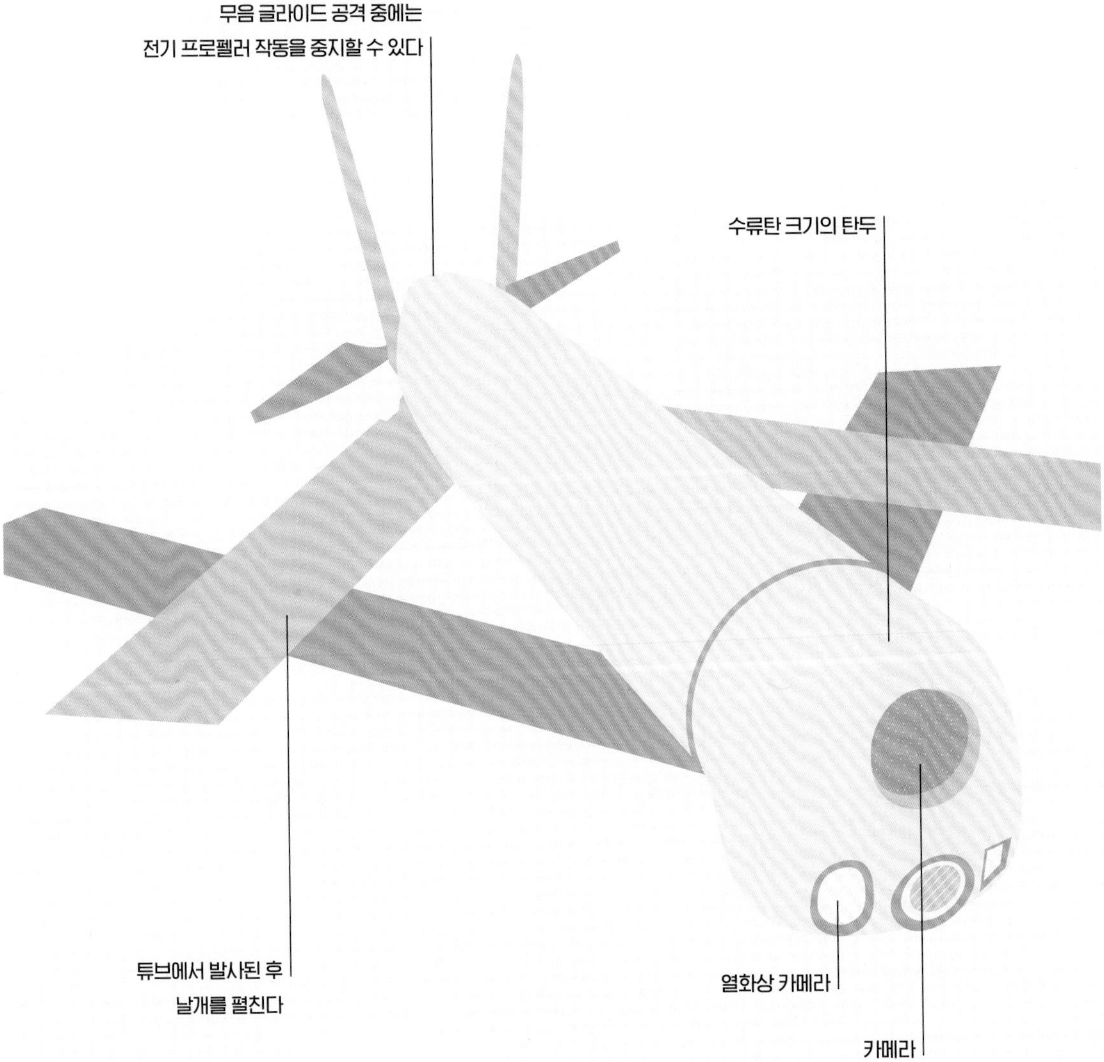
무음 글라이드 공격 중에는
전기 프로펠러 작동을 중지할 수 있다
수류탄 크기의 탄두
튜브에서 발사된 후
날개를 펼친다
열화상 카메라
카메라

SWITCHBLADE

스위치블레이드

날개 길이	70cm
무게	최대 2kg
출시연도	2011
구성 재료	복합재료
메인 프로세서	비공개
전원	리튬 배터리

스위치블레이드는 공식적으로 '전술적 배회폭탄loitering munition'으로 알려져 있다. 이 로봇은 드론처럼 생겼고, 드론처럼 비행하며, 제어 방식에 있어서도 드론과 동일한 조종장치를 사용한다. 다른 점이 있다면 스위치블레이드는 오직 일회성 임무를 위해 설계되었다는 점이다. 폭탄을 탑재하고 목표물에 뛰어들어 표적을 파괴하는 스위치블레이드는 전쟁을 바꿀 수도 있는 새로운 종류의 살상 로봇 중 하나다.

스위치블레이드의 시작은 2000년대 초반으로 거슬러 올라간다. 이라크와 아프가니스탄의 특수 부대는 캘리포니아 회사인 에어로바이런먼트AeroVironment™에서 개발한 소형 수동 발사 드론 레이븐Ravens을 사용하기 시작했다. 이 드론은 산 너머 또는 마을 앞까지 볼 수 있는 기능을 제공하여 매우 인기가 있었다. 공군이 조종했던 대형 드론 프레데터Predator와 달리, 레이븐은 보병이 운반하며, 경계를 확인하자마자 출격하거나 수송대 앞으로 날아가 복병이 있는지 탐지할 수 있다.

레이븐의 유일한 문제는 적을 확인할 수 있지만, 그것 외에 할 수 있는 것이 없다는 것이었다. 레이븐 조종사들은 반란군이 박격포를 설치하거나 아군을 공격하는 상황에서도 무기력하게 지켜봐야만 했다.

미 공군이 육군을 위해 진행한 프로젝트 아누비스Project Anubis는 소형 드론 개발을 목표로 했다. 그 결과물이 에어로바이런먼트의 스위치블레이드이며, 2011년 공개되었다. 이 드론은 소형 바주카처럼 생긴 발사대에 넣어 운반하며 압축 가스를 사용하여 공중에 발사한다. 발사된 후 날개를 펼쳐 비행하여 스위치블레이드라는 이름이 붙었다. 스위치블레이드는 전기 프로펠러로 15분 동안 약 시속 80km의 속도로 비행한다. 끊김 없는 안정적인 데이터 연결을 통해 가시광선 및 열화상 카메라의 영상을 전송한다. 목표물이 빠른 회피 전술을 펼치더라도, 일단 그 위치를 파악하면 조종사가 표적을 고정하고 스위치블레이드는 표적을 추적하여 파괴한다.

후방에서 스위치블레이드를 발사하면 조종사는 멀리 떨어진 곳의 목표물을 발견하고 공격을 시작할 수 있다. 스위치블레이드에 실린 폭탄은 반란군들이 선호하는 픽업 트럭 같은 차량을 파괴할 정도로 강력하며 '날아다니는 산탄총'으로 불릴 만큼 방향성이 뛰어나 사람을 피해 표적을 명중시킬 수 있다. 스위치블레이드는 수직 하강을 포함하여 모든 방향으로 공격할 수 있다. 즉, 참호를 포함한 대부분의 엄폐물은 무용지물이 되며 창문이나 열린 문을 통해 건물 안으로 진입할 수도 있다.

스위치블레이드의 주요 특징 중 하나는 '웨이브 오프' 기능이다. 드론이 목표물에 접근하는 중간에 표적이 잘못된 것을 확인하면 조종사는 공격을 취소할 수 있다. 예를 들어 표적으로 삼았던 대상이 적군이 아니라 비무장 민간인으로 밝혀지는 경우가 여기 해당된다. 그러면 드론은 공격을 중지하고 다른 목표물 탐색을 준비하기 위해 선회한다. 어떤 무기도 이러한 기능을 수행할 수 없으므로, 스위치블레이드는 다른 무기들을 금지하는 상황에서도 활용될 수 있다.

수천 대의 스위치블레이드가 도입되었으며, 자세한 내용은 공개되지 않았지만 매우 효과적인 것으로 전해지고 있다. 무기에 관련된 많은 부분들은 여전히 기밀에 부치고 있다.

스위치블레이드는 미국이나 다른 나라에 많은 경쟁자를 보유하고 있는데, 여기에는 분명한 이유가 있다. 스위치블레이드를 보유한 진영에서는 공격하거나 방어할 때 상대 진영에 발각되지 않고 적군을 찾아 공격할 수 있는 것이다. 앞으로 수백 미터 떨어진 곳에서 소총을 들고 싸우는 행위는 총검을 들고 돌격하는 것처럼 드문 일이 될 수 있다.

보병이 휴대가능한 정밀 공격 로봇

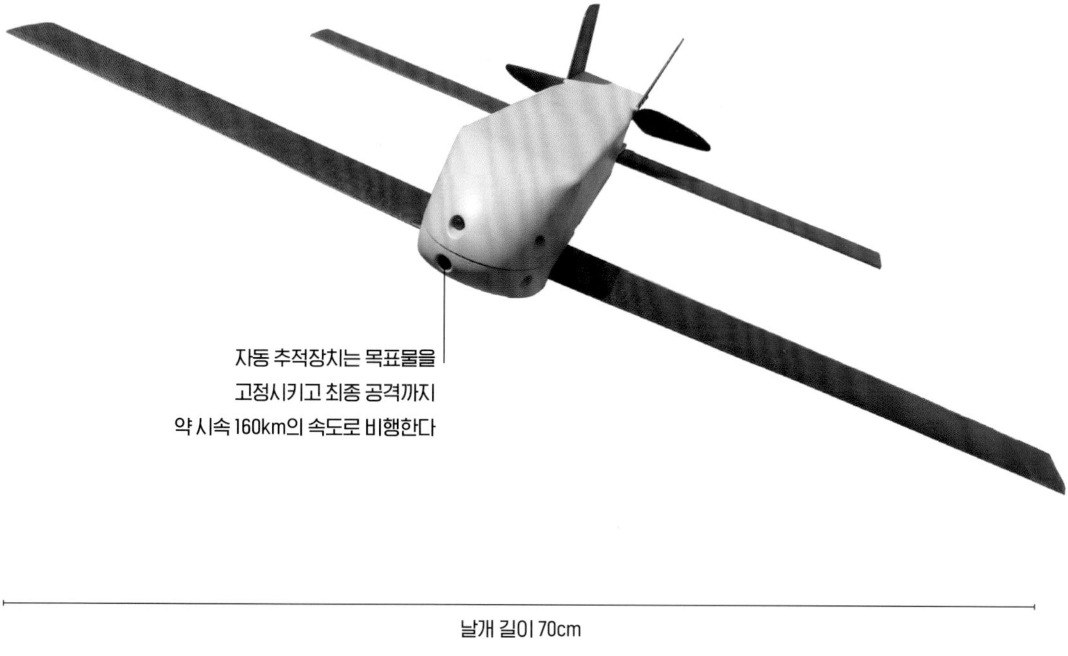

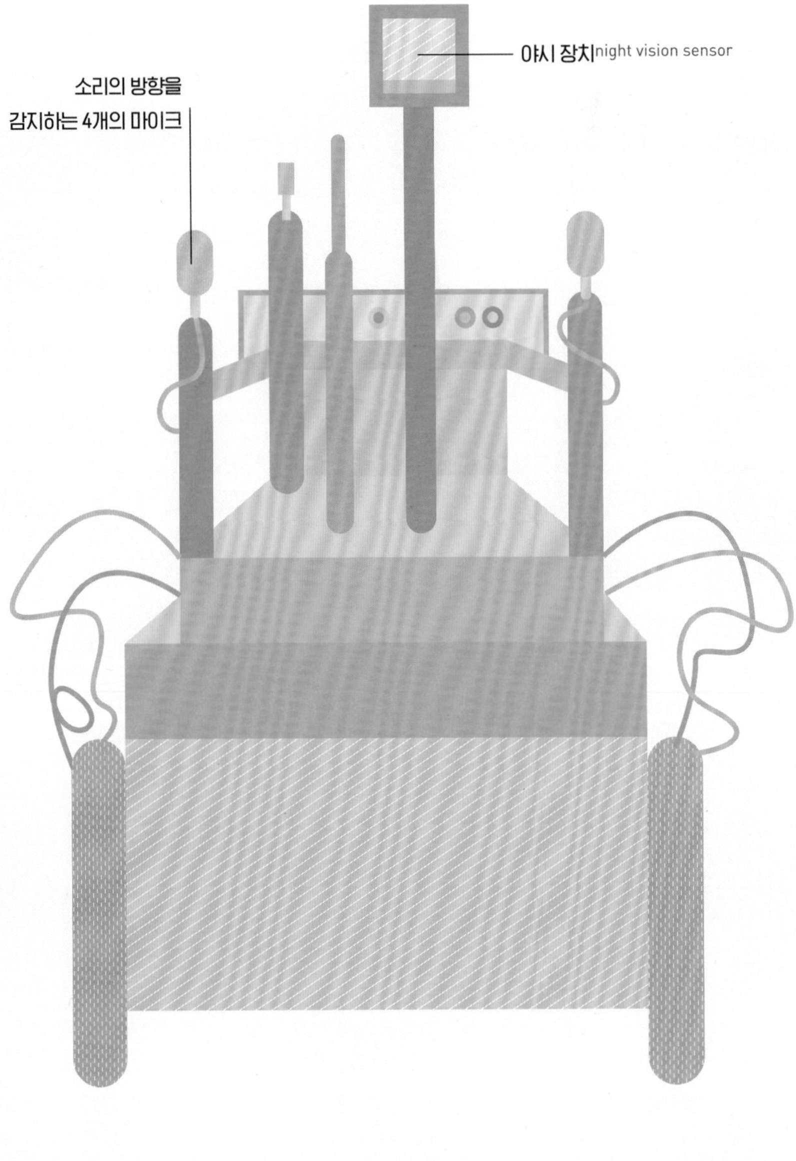
소리의 방향을
감지하는 4개의 마이크
야시 장치night vision sensor

COVERT ROBOT

코버트 로봇

높이	약 60cm
무게	약 20kg
출시연도	2008
구성 재료	복합재료
메인 프로세서	상용 프로세서
전원	리튬 배터리

군사용 지상 로봇은 강하지만 인간의 기준에서 볼 때 그들은 다소 어색한 움직임 때문에 눈에 띄기 쉽다. 전장에서는 때로 은밀하게 움직여야 할 필요가 있었고, 이러한 요구사항을 반영하여 세계 최초의 스파이 로봇이 개발되었다.

2011년, 뉴저지 주 체리힐에 위치한 록히드마틴Lockheed Martin의 고등 기술 연구소에서는 인간 보초병의 감시를 피할 수 있는 코버트 로봇의 세부사항을 공개했다. 이 로봇은 4개의 고무 바퀴로 조용하게 이동하며, 주변 환경에 대해 3D 모델을 구성하고 지도를 생성하여 즉각적으로 조준선을 읽을 수 있다. 그러나 코버트 로봇의 진정한 비밀 무기는 어느 위치에서 노출될 수 있을지 파악하는 능력이며, 사실상 잘 작동하는 스파이라고 할 수 있다.

코버트 로봇에는 적군의 탐지를 회피하는 방법이 4가지 있다. 가장 단순한 방법은 밤에는 빛이 있는 지역에서 멀리 떨어지고 그림자를 찾아다니는 것이다. 또한 보초의 위치를 알고 있는 지역에서는 보초들의 시야를 피해 이동하며, 장착된 4개의 마이크를 이용하여 다가오는 발자국 소리를 인식하고 다가오는 방향을 판단한 후 기존의 경로에서 벗어나 눈에 띄지 않게 이동한다. 또한 여러 탈출 경로를 확인하여 막다른 골목에 몰리는 것을 방지한다.

개발자들은 이 로봇이 '다층 월드 모델multi layered world model'을 가지고 있다고 말한다. 즉 장애물, 열린 경로, 위협 및 모든 종류의 광원을 바탕으로 주변 상황에 대한 이미지를 생성한다. 로봇은 모든 경로에 대해 목격될 가능성이 있는지 평가하며, 목적에 따라 가중치를 부여한다. 또한 반드시 필요한 경우에만 위험한 경로를 택하고, 대부분의 경우에는 이동거리가 길어지더라도 위험이 적은 경로에 따라 이동한다. 이 월드 모델은 열린 문 또는 경비원을 포함한 신규 위협과 같은 새로운 가능성을 반영하면서 매초 단위로 변경된다.

최초의 코버트 로봇은 저렴한 상업용 로봇 부품으로 제작된 단순한 기계였으며, 본질적으로는 은닉 행동 관련 소프트웨어를 실제 환경에서 시도해보기 위한 시험 플랫폼이다. 보다 발전된 버전에서는 더 정교한 하드웨어를 갖추어 더 조용하고 눈에 덜 띄며 이동성은 더 뛰어날 것이다. 또한 최소한 계단을 오르는 기능까지 포함될 것으로 기대된다. 가장 뛰어난 하드웨어는 보스턴다이나믹스Boston Dynamics의 아틀라스Atlas처럼 먼 거리에서는 눈에 띄더라도 주의를 끌 가능성이 훨씬 적은 휴머노이드 형태의 로봇일 것이다.

미군은 '지속적인 감시'를 위한 지상 로봇 개발을 포함하여, 이 분야에 점점 더 많은 연구 자금을 지원하고 있는 것으로 보인다. 로봇은 자리를 잡고 장기간 특정 지점을 관찰하며, 자신을 위장할 수 있다. 예를 들어 로봇 팔로 나뭇잎이나 나뭇가지 등을 이용해 몸을 가려 발각되기 어렵게 만든다.

미 해군은 동물이 주의를 흩뜨리고 속이는 기술을 모방한 소프트웨어에 대한 연구를 진행해왔다. 이는 큰 포식자에 대항하여 약한 작은 새들이 떼를 지어 포식자를 공격하는 행동과 다람쥐가 존재하지 않는 은닉처를 확인하는 척하면서 도토리를 감추어 둔 곳을 속이는 행동 등을 말한다. 이 연구에 따르면 코버트 로봇은 보초병을 본래 위치에서 멀리 떨어진 곳으로 유인하거나, 위협을 하고, 도망가거나 항복하라고 엄포를 놓는 등 동물들과 유사한 속임수 기술을 사용할 수 있다.

이것은 로봇이 상대방에게 자신이 어떻게 보이는지 고려할 수 있는 자기 인식 기능을 갖추고 있음을 보여준다. 이처럼 인간과 비슷한 특성은 대단히 인상적인 반면, 전투에서 로봇의 사용에 관해 의문을 제기한다.

전쟁법에 따르면 군인들은 민간인과 구별되기 위해 군복을 입어야 한다. 그러므로 신원을 알 수 없는 사람은 누구든 '불법적인 전투원'일 수 있다. 그러나 로봇에 대해서는 그러한 법이 없으며, 로봇이 포획되고 총에 맞을 것이라는 가능성에 대해서는 크게 문제삼지 않는다.

〈터미네이터〉는 영화 속에서 사람들을 속이기 위해 목소리를 흉내내는 등 '침투 장비'로 사용할 수 있는 로봇의 기능을 보여주었다. 실제로도 은닉형 로봇은 임무를 완수하기 위해 인간을 피하고 속이기 위한 온갖 종류의 속임수 관련 기능을 갖추고 있다. 그들은 리퍼 드론보다 더 효과적인 암살자가 될 수 있지만, 윤리적으로는 훨씬 더 문제가 될 수 있다.

야간 임무를 위한
어두운 색상
조용한 고무 바퀴

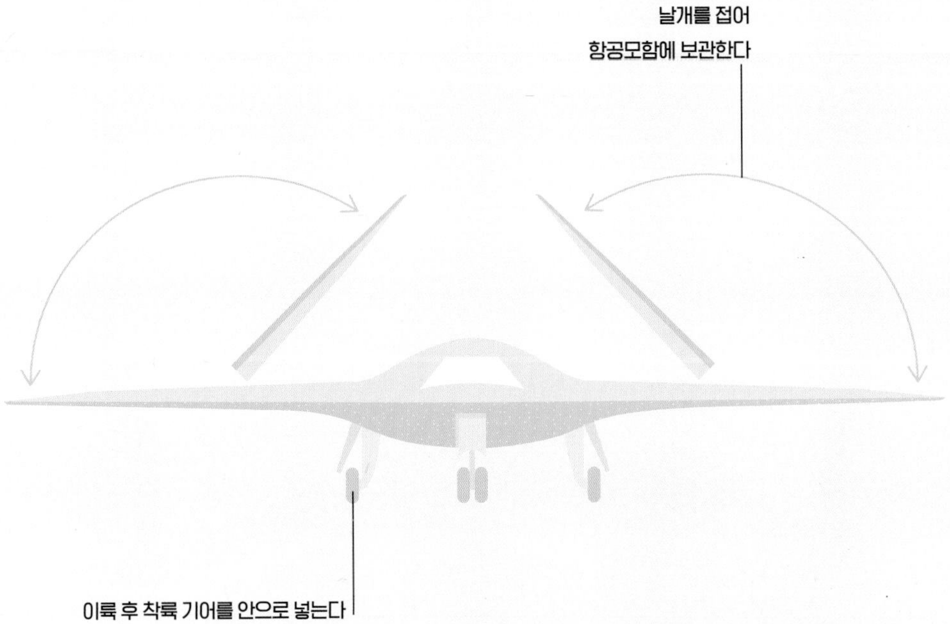
날개를 접어
항공모함에 보관한다
이륙 후 착륙 기어를 안으로 넣는다

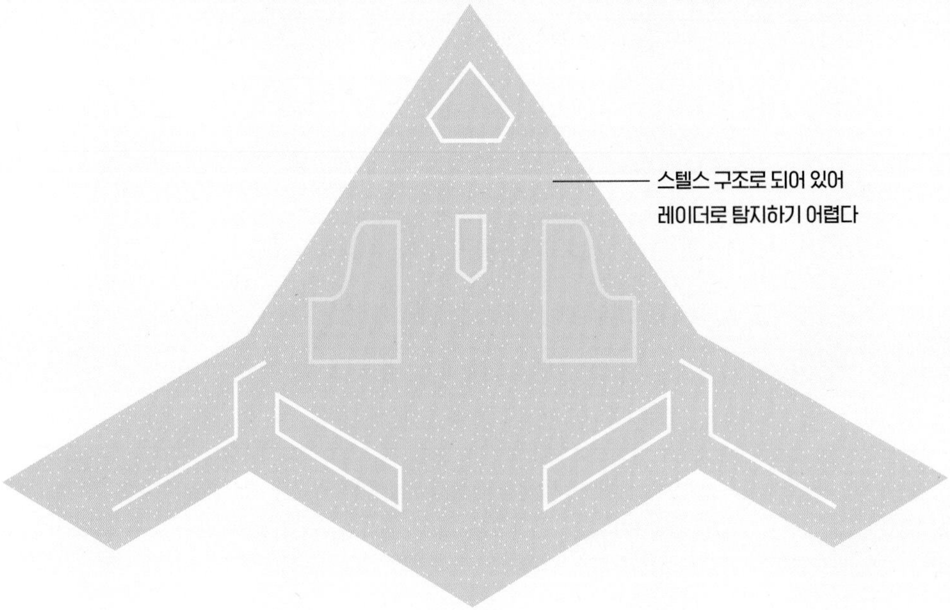
스텔스 구조로 되어 있어
레이더로 탐지하기 어렵다

GRUMMAN X-47B

그러먼 X-47B

높이	3.1m
무게	약 6.9t
출시연도	2011
구성 재료	복합재료
메인 프로세서	상용 프로세서
전원	프랫 앤 휘트니 F100-220U 터보팬

교전의 시작 단계에서 전투기가 표적을 격추시킬 수 있도록 지상의 대공 미사일을 무력화하는 것은 가장 중요한 임무이며 가장 어려운 과제 중 하나다. '대공 제압suppression of enemy air defences(적의 지대공 방공체제를 무력화 또는 파괴하는 작전-역자주)' 과정은 예상할 수 있듯이 위험하다. 전투기는 적기를 파괴하기 위해 준비하고 기다리고 있는 미사일 방어선 옆을 통과해 비행하여 임무를 수행해야 한다.

이 대공 제압 작전은 로봇이 수행하기에 적절한 임무로 보인다. 표적을 선택하는 것은 비교적 쉬운 작업이다. 조종사에 따라 레이더 기지 및 미사일 설비에 대한 요구사항이 달라지지도 않으며, 실수로 민간 건물을 공격할 위험도 적다. 조종실이 없는 축소형 전투기 형태의 매끈한 제트기인, 노스롭그러먼Northrop Grumman의 X-47B는 대공 제압 작전을 위해 설계된 무인 모델이다. X-47B는 뾰족한 삼각형 모양으로 유인전투기인 F-22 및 F-35와 겉모습이 유사하다. 물론 그들과 마찬가지로 속도가 빠르고 스텔스 기능도 갖추고 있어 일반 레이더로 탐지하기 어렵다. 기체의 형상이 구조적으로 레이더파의 반사를 방지하며, 특수한 레이더 흡수 물질로 코팅되어 있기 때문에 항공기가 레이더에 전혀 보이지 않는 것은 아니지만 레이더에 포착되기 전에 방어 시스템을 지나칠 수 있다.

X-47는 최대 12,000m 높이의 상공에서 시속 965km의 속도로 이동할 수 있다. 스스로 목표물을 찾을 수도 있지만, 무기를 발사하기 위해서는 인간 조종사가 임무 지침 및 허가를 명령해야 한다. 무기는 2,000kg이 넘는 스마트 폭탄과 미사일로 구성되어 있으며, 날개 위에 장착하면 스텔스 기능에 영향을 주기 때문에 내부 무기 적재실에 보관한다.

미 해군이 개발한 X-47B는 항공모함용 무인전투기로 항공모함에 보관하기 쉬운 접이식 날개 구조로 설계되었다. 시험 비행은 2014년과 2015년에 항공모함 USS 시어도어 루스벨트USS Theodore Roosevelt에서 진행되었다. 항공모함 비행 갑판에서의 조종은 비행장에서의 작업과 매우 다르다. 이륙 시에는 증기 추진식 사출기로 항공기를 공중에 발사하고, 좌우로 흔들리며 움직이는 항공모함에 항공기를 착륙시켜야 한다. 모든 작업이 빠른 속도로 이루어지는 항공모함에서는 무인항공기인 드론과 유인항공기가 동시에 이륙하고 착륙하므로, 안전하게 영공을 공유해야 한다.

X-47B는 항공모함 시험 비행을 통과하였지만, 정치적인 문제가 있었다. 모든 가용 자금이 미 해군의 우선순위인 유인항공기 F-35 및 F-18에 집중되어 있으며, 그들과 경쟁하는 것은 무엇이든 곤란에 처할 가능성이 높은 것이다. 그리하여 프로그램은 2000년 시작된 이래로 명칭과 목적을 여러 차례 변경하였다. 정찰 능력을 갖춘 무인 타격항공기로 시작하여 전투 능력을 갖추고 급유기 역할도 수행할 수 있는 정찰기가 되었다. 2016년에는 부차적인 공격 능력을 갖춘 공중 급유기로 요구사항을 하향 조정했다. 당분간은 항공모함 주변을 선회하며, 실질적으로 임무를 계속 수행하게 될 F-35 및 F-18 항공기들을 위한 공중 주유소 역할을 할 것으로 보인다.

최근의 역할 변화로 스텔스 기능 또한 요구사항에서 삭제되었다. 이렇게 하면 비용이 절감될 뿐만 아니라, 방어 체계를 갖춘 목표물에 대한 전투 임무에 사용될 가능성도 줄어들게 된다. 그리고 양산형은 초기 X-47B보다 느리고 저렴하게 설계될 것이다.

미 해군은 드론 급유기를 보유함으로써 항공모함에서 무인항공기와 유인항공기가 함께 운용되는 경험을 얻게 될 것이며, 언젠가는 또 다른 세대의 드론이 더 중요한 역할을 할 수 있을 것이라고 주장한다. 그러나 그 시기가 언제 올지는 알 수 없으며, 전투기 조종사들은 아직 자신의 자리를 기계에게 넘겨줄 준비가 되어 있지 않은 것 같다.

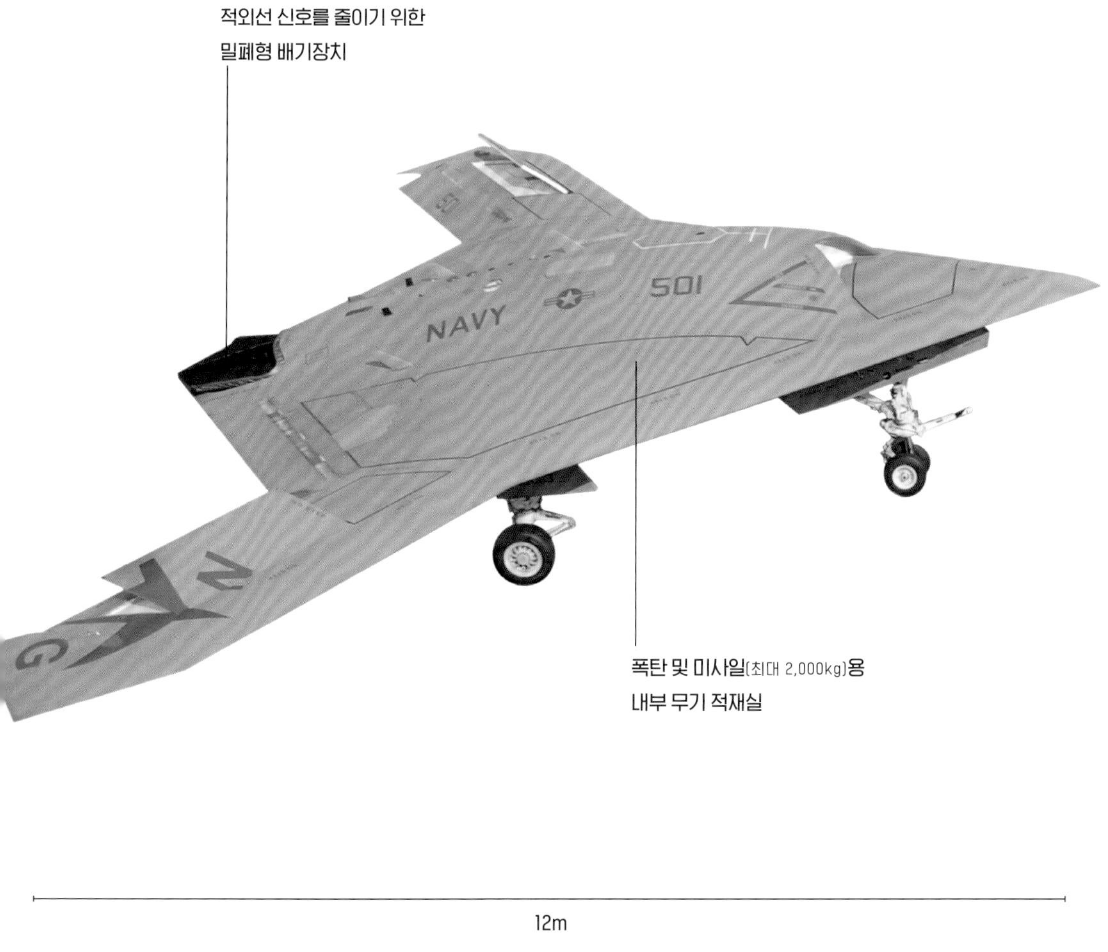
적외선 신호를 줄이기 위한
밀폐형 배기장치
NAVY
501
폭탄 및 미사일(최대 2,000kg)용
내부 무기 적재실
12m

ROBOTS

BEYOND

미래의 로봇

ROBOTS BEYOND

미래의 로봇

이미 개발되어 사용되고 있는 로봇들도 훌륭하지만, 커맨더 데이터Commander Data(스타트랙 시리즈의 등장하는 안드로이드 로봇-역자주), 터미네이터, 웨스트월드Westworld(웨스트월드 시리즈에 등장하는 미래 가상현실 테마파크-역자주)의 거주민들 등 공상과학에서 꿈꾸는 로봇을 따라가려면 아직 멀었다. 하지만 개발자들은 그 차이를 메우기 위해 열심히 일하고 있다.

로봇은 사람과 비슷하게 보일 필요가 없기 때문에 대부분은 산업용 로봇 팔처럼 기능에 초점을 맞춘 모양을 가지고 있다. 그러나 문을 열고 계단을 오르는 등 기계가 인간이 활동하는 환경에서 작업할 경우에는 휴머노이드 형태가 적절할 것이다. 인간형 이동성을 갖춘 보스턴다이나믹스Boston Dynamics의 아틀라스Atlas, 인간과 함께 우주 임무를 수행하는 나사NASA의 로보넛Robonaut, 미 해군의 선박용 소방 로봇 사피르SAFFiR가 그 예다. 올림픽 선수와 비교하면 아직 멀었지만, 이 로봇들은 지난 몇 년간 눈부신 발전을 이루었다. 인간의 몸을 따라 만든 복제본이지만 로봇의 몸 또한 멈추어 있지만은 않을 것이다.

로봇은 타고난 탐험가다. 무인시스템은 가장 먼저 우주로 나아갔으며, 나사의 큐리오시티 로버Curiosity Rover는 인간이 그 붉은 행성에 도달하기 전부터 화성 표면을 탐구하고 있다. 플라잉 씨 글라이더Flying Sea Glider는 몇 달 동안 지속적으로 바다를 탐험할 수 있으며, 심해 잠수부를 위한 원격조종 로봇 손인 비슈와 익스텐서Vishwa Extensor는 인간이 도달할 수 있는 것보다 더 깊은 곳에서 작동한다.

로봇 개발자들이 모방하고 싶어하는 것은 인간형만이 아니다. 돌고래는 잠수함보다 더 빨리 헤엄칠 수 있고, 심지어 수면 위로 점프할 수도 있다. 돌고래 로봇Dolphin은 새로운 유형의 효율적인 수영 로봇이다. 옥토봇Ocotobot은 문어 형태로 실용적이기보다는 기발하다고 할 수 있으며, '소프트 로봇공학' 기술을 사용한 인상적인 로봇이다. 뼈 없는 문어가 척추동물보다 기동성이 우수하고 기민한 움직임을 보이는 것처럼, 소프트 로봇공학은 단단한 부품이 없는 기계의 가능성을 탐구한다.

우주는 사람보다 기계에게 더 적절한 서식지다. 무인 시스템은 우주 비행사들보다 먼저 우주에 진출하였고, 달에도 먼저 착륙하였다. 나사의 큐리오시티 같은 기계들은 생명체를 찾기 위해 화성의 표면을 탐구하고 있으며, 인간이 그 붉은 행성에 발을 내디딜 때까지 화성에서 계속 임무를 수행할 것이다.

킬로봇Kilobot은 태엽 장치가 달린 장난감보다 기능이 적으며, 인상적인 부분도 없어 보인다. 이것은 협력 로봇에 대한 군집 제어 시험 소프트웨어의 연구 플랫폼이다. 이 기술의 궁극적인 목표는 창문을 닦거나 수술을 하거나, 농장이나 공장에서 일하는 등 모든 형태의 로봇 기술을 제어하는 것이다.

나노봇Nanobots은 아직 공상과학에만 존재하는 기술이다. 수백만 개의 개체로 팀을 이루어 임무를 수행하는 마이크로 단위의 로봇 말이다. 나노봇은 언젠가 혈관을 통해 우리의 몸에 들어가 종양을 발견하고 제거할 수도 있다. 또는 오래된 건물을 해체하고 새로운 집으로 다시 조립하면서 금속, 돌, 플라스틱 등 모든 파편들을 효율적으로 재활용할 수도 있을 것이다. 이 분야의 기술 개발은 예상보다 느리게 진행되고 있지만, 그들이 오지 않는다는 것은 아니다.

이 책에서는 이미 공공 영역에 존재하는 것을 바탕으로, 로봇이 무엇을 할 수 있는지 그리고 가까운 미래에 무엇을 할 수 있을지에 대해 몇 가지 아이디어를 제공할 것이다. 정부 기관의 연구소들과 구글 같은 거대 기업들은 이미 더 발전된 기계들을 보유하고 있을지도 모른다. 로봇이 다음에 어떻게 발전할지에 대해 정해진 것은 아무것도 없다.

우리가 말할 수 있는 것은 앞으로 매니퓰레이터, 모빌리티, 군집 제어 또는 소셜 상호작용 소프트웨어 등 개별적인 프로그램에 의해 개발된 기술이 결합되어 더 효과적인 로봇을 창조할 것이라는 점이다. 비슈와 익스텐서 같은 로봇 손을 장착한 돌고래 형태의 기계나, 큰 저택을 효율적으로 청소하기 위해 군집 제어 소프트웨어를 적용한 여러 대의 룸바를 볼 수도 있을 것으로 기대된다. 소피아Sophia처럼 현실적이지만 본질적으로는 정적인 휴머노이드 로봇이 아틀라스 같은 기동성 있는 몸체를 만나 진정한 안드로이드 로봇이 될 수도 있을 것이다.

또 다른 위대한 미지의 분야는 인공지능이다. 구글의 엔지니어링 이사 레이 커즈웨일Ray Kurzweil은 2040년대에는 컴퓨터가 인간의 지능을 넘어설 것으로 예상했다. 그렇게 된다면, 현재의 기계들은 레오나르도 다빈치의 기계 기사처럼 원시적으로 보일 것이다.

로봇이 지금 세상을 바꾸고 있지만, 이것은 겨우 시작에 불과하다.

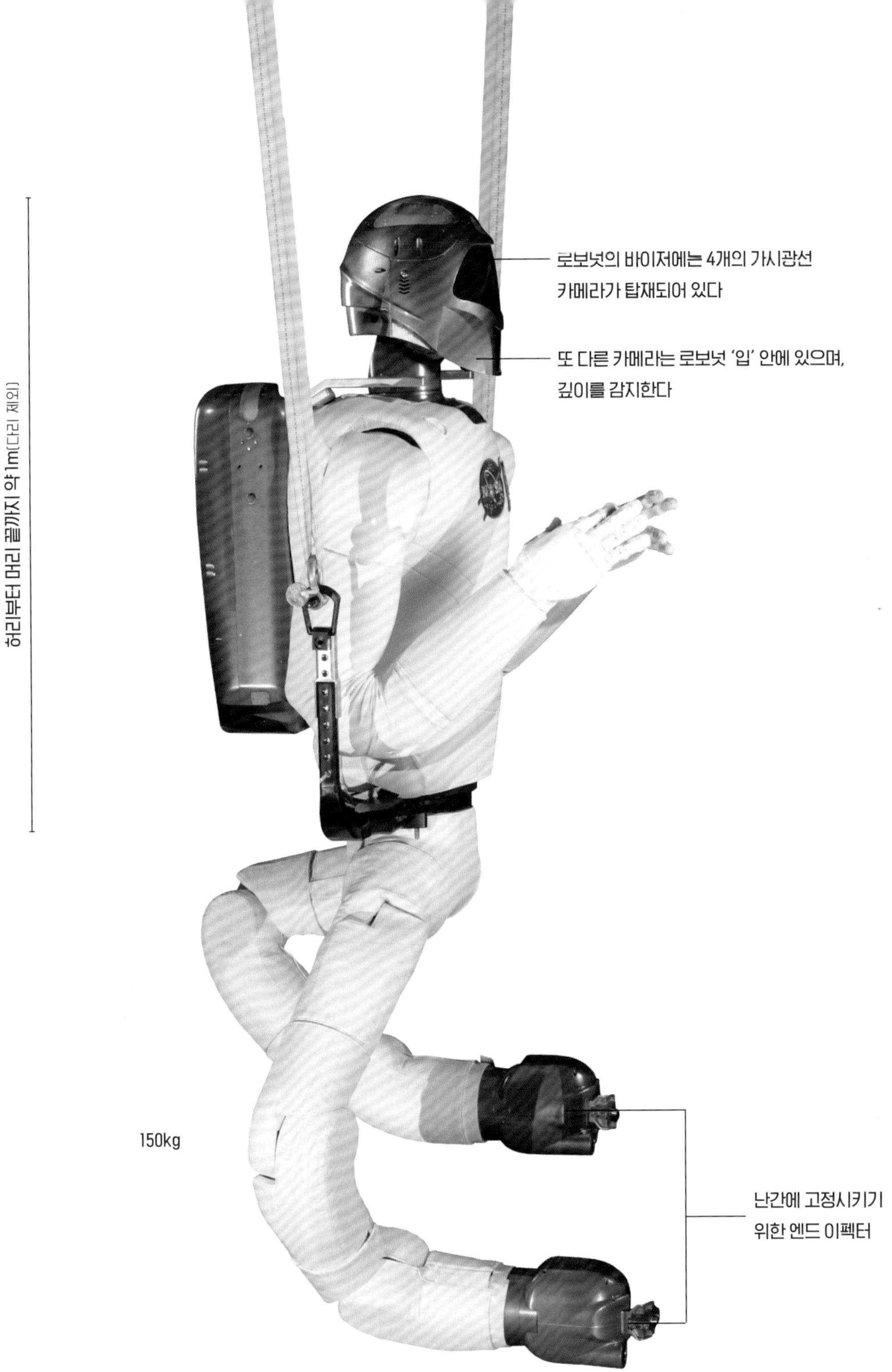

총 42 자유도의 로보넛은 사람만큼이나 손재주가 좋다

ROBONAUT 2

로보넛 2

높이	2.4m
무게	150kg
출시연도	2011
구성 재료	복합재료
메인 프로세서	PowerPC 프로세서
전원	배터리 팩 / 외부 동력

로보넛은 로봇 우주비행사다. 우주에서 인간을 대신하지는 않지만 지칠 줄 모르는 도우미 역할을 한다. 상상력은 부족하지만 스스로 움직일 수 있는 이 로봇 조수는 단순 반복 업무를 수행함으로써 인간 우주비행사들이 잡무 대신 더 중요한 일에 집중할 수 있게 한다.

우주비행사가 커다란 우주복을 입고 ISSInternational Space Station(국제 우주 정거장)를 떠나 밖으로 나가야 하는 EVAExtra-Vehicular Activity(우주유영 또는 선외 활동-역자주)는 힘들고 지치는 일이다. 우주비행사들은 한번 나가면 몇 시간 동안 EVA를 수행한다. 우주복에 아주 작은 구멍만 나더라도 우주의 진공 속으로 모든 공기가 빠져나가 아주 위태로운 상황에 처할 수 있기 때문에 이 작업은 매우 위험하다. 우주비행사가 조심하더라도 우주에 돌아다니는 아주 미세한 파편들은 언제든 위협이 될 수 있다. 또한 태양폭풍이 일어나면 높은 방사선 수치 때문에 EVA를 수행하는 것이 아예 불가능하다.

이와는 대조적으로 로보넛은 진공 상태에 아무런 영향을 받지 않는다. 인간과 동일한 크기와 형태로 만들어졌으므로 우주비행사들을 위해 개발된 모든 도구를 사용할 수 있으며, 아무도 원하지 않은 작업을 수행하기에 이상적인 후보다. 로보넛 프로젝트는 1997년에 시작되었지만 2011년이 되어서야 비로소 현재 버전인 로보넛2가 개발되어 ISS에 인도되었다.

로보넛의 주요 장점은 인간과 동등한 수준의 능숙한 손재주다. 로보넛의 팔은 7자유도, 다섯 손가락을 가진 손은 12자유도를 가지고 있으며, 파지력은 2kg이 넘는다. 로보넛의 목은 3자유도를 가지고 있어, 머리를 회전하거나 고개를 기울여 4대의 가시광선 카메라와 적외선 카메라로 주위를 둘러볼 수 있다. 로보넛의 백팩에는 ISS의 전기 공급 장치에 연결되는 전력 변환 시스템이 들어 있다.

38개의 PowerPC 프로세서를 장착한 로보넛의 뇌는 몸통에 위치하고 있으며, 300개가 넘는 센서에서 들어오는 입력 신호를 다룬다. 대부분의 센서는 손에 장착되어 있다. 모든 관절 부위에는 두 개의 위치 센서와 촉각을 제공하는 압력 센서 그리고 4개의 온도 센서를 갖추고 있다.

눈은 완전한 3D 비전을 제공한다. 현재는 좋은 조명 조건에서만 잘 작동하며, 조명 조건이 좋지 않은 상황에서는 문제가 발생할 수 있다. 개발자들은 더 나은 객체 인식 알고리즘을 사용하여 이를 개선하려고 한다. 지구에서 활동하는 로봇은 예상하기 어려운 상황에서도 작동하지만, 로보넛은 주변환경에 존재하는 모든 것의 크기와 형태를 알고 있어야 하며, 이를 바탕으로 제작되었다. 그 덕분에 작업을 수행하기 위해 인식해야 하는 물체를 쉽게 분류할 수 있게 된다.

로보넛은 한 쌍의 손을 필요로 하는 작업을 위해 개발되었기 때문에 약 1m 높이의 상체로만 구성되어 있었다. 무게는 150kg이지만, 무중력 상태에서는 다리가 없어도 문제가 되지 않았다. 그리고 2014년에 등반용 매니퓰레이터로 알려진 한 쌍의 다리가 ISS에 도착하여 로보넛은 완전한 휴머노이드 로봇이 되었다. 각 다리는 7개의 관절을 가지고 있고, 발 대신 ISS의 난간을 붙잡을 수 있는 펜치 같은 '엔드 이펙터end effector'를 가지고 있다. 다리에는 비전 시스템이 추가되어 붙잡아야 하는 곳을 볼 수 있다. 개발자들은 바퀴 달린 몸체에 휴머노이드 몸통을 장착한 행성 탐험용 로보넛 등 다른 구성도 실험하였다. 이 조합은 켄타우르Centaur라고 알려져 있다.

로보넛은 ISS에서 난간을 청소하고 휴대용 측정기를 사용하여 우주정거장 내 공기 순환을 측정하는 것과 같은 가장 사소하고 일상적인 임무를 담당했다.

로보넛은 스스로 작업을 수행할 수 있게 제어할 수 있는 자체 '작업판taskboard'을 연습용 장치로 가지고 있다. 버튼을 누르고 뒤집을 수 있는 아동용 놀이 세트처럼 생겼으며, 아직은 로봇이 스스로 버튼을 눌러 작업을 제어하는 것이 허용되지 않고 있다.

우주비행사들은 음식과 물 그리고 숨쉴 수 있는 공기를 제공받기 위해 많은 생명 유지 장치를 필요로 한다. 화성 유인 탐사와 같은 장기 임무에서는 보다 적은 수의 우주비행사를 보내고 생명 유지 장치가 필요 없는 로봇에 크게 의존하게 될 것이다. 그래서 우주비행사보다 더 많은 수의 로보넛이 탑승할 수도 있다. 로봇이 항상 반란을 일으키는 공상과학 이야기와 달리, 그들은 팀에서 가장 믿을 만한 멤버가 될지도 모른다.

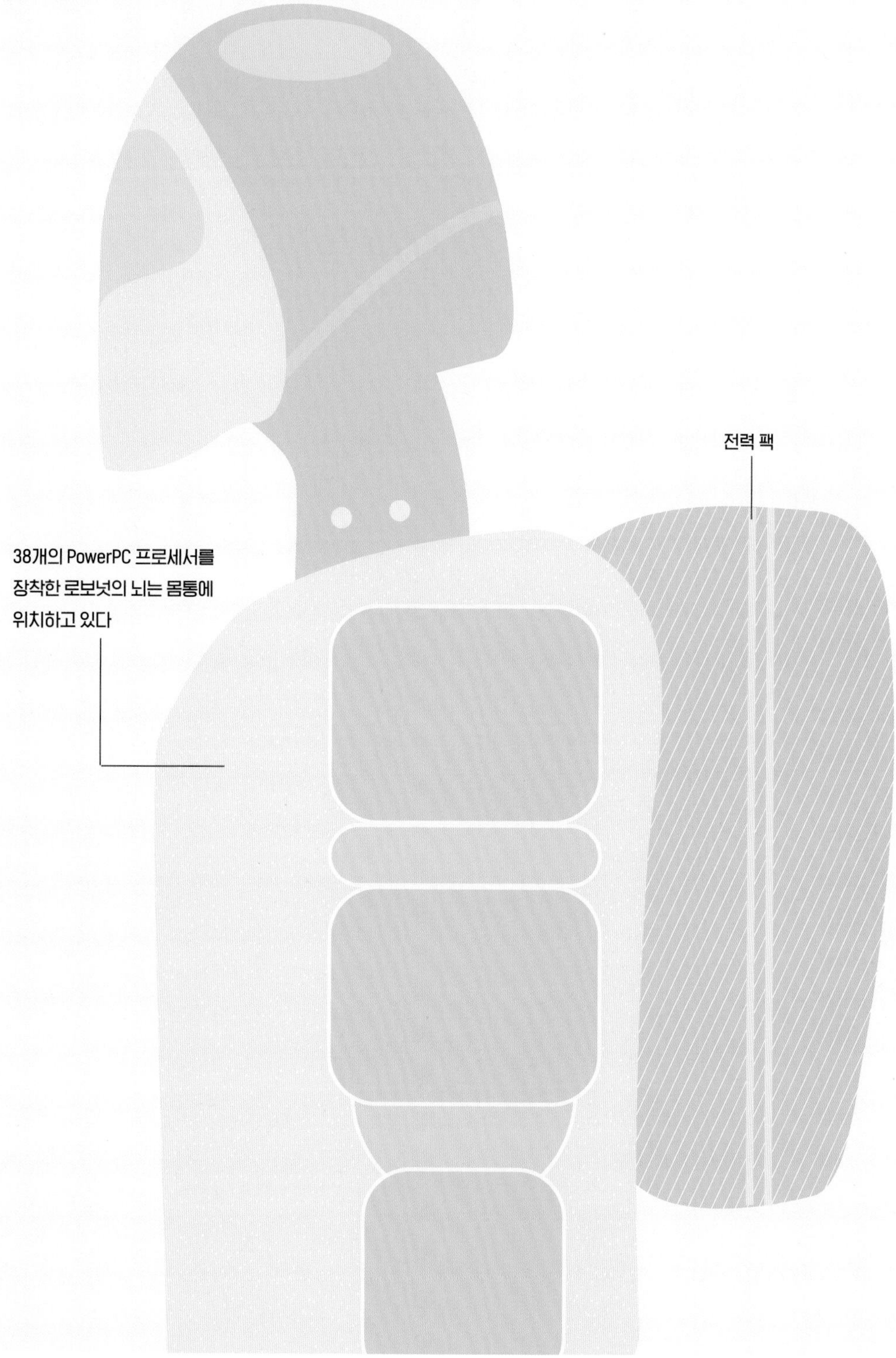
전력 팩
38개의 PowerPC 프로세서를
장착한 로보넛의 뇌는 몸통에
위치하고 있다

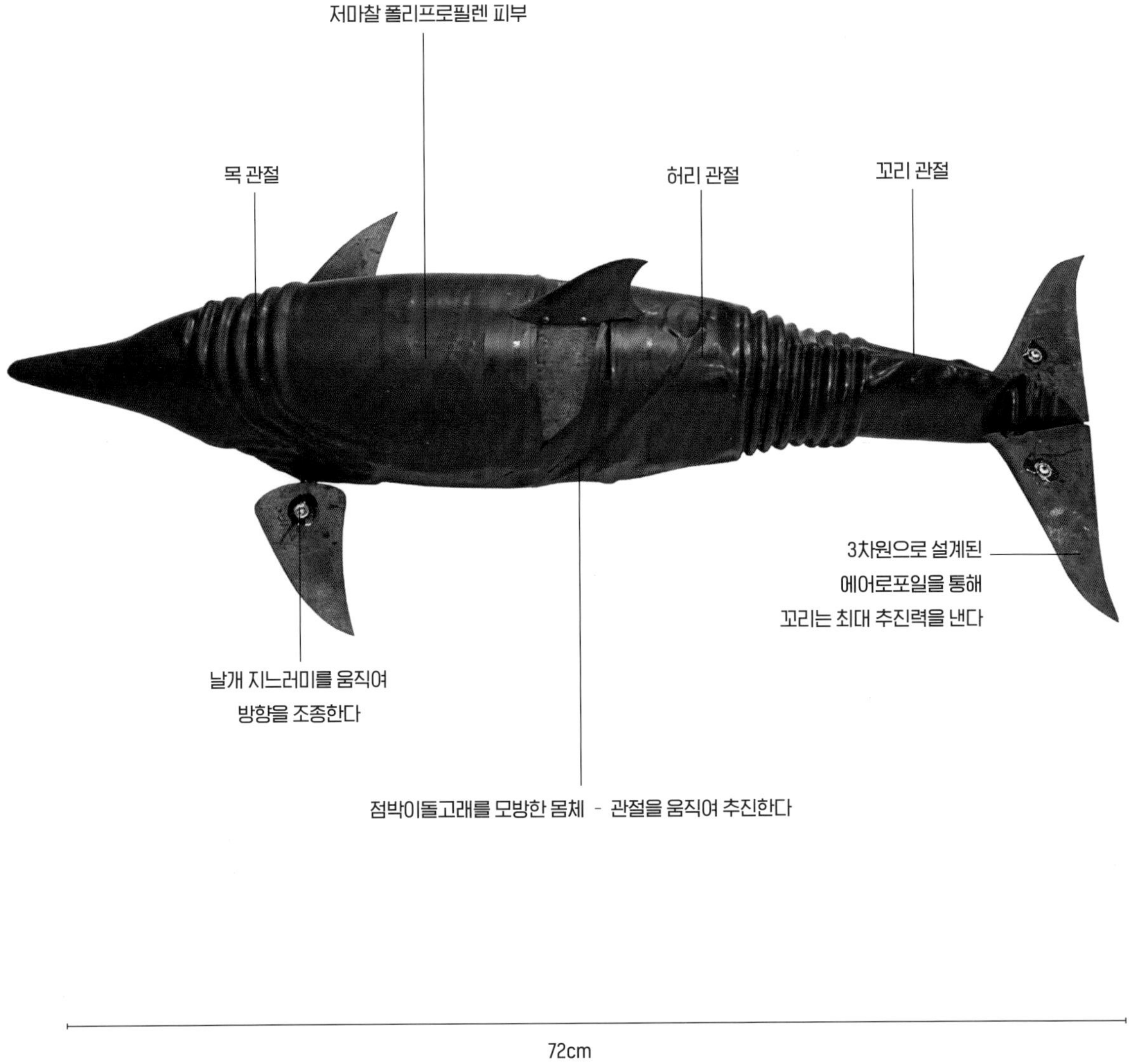
저마찰 폴리프로필렌 피부
목 관절
허리 관절
꼬리 관절
3차원으로 설계된
에어로포일을 통해
꼬리는 최대 추진력을 낸다
날개 지느러미를 움직여
방향을 조종한다
점박이돌고래를 모방한 몸체 - 관절을 움직여 추진한다
72cm

DOLPHIN

돌고래 로봇

길이	72cm
무게	4.7kg
출시연도	2016
구성 재료	티타늄 및 폴리프로필렌
메인 프로세서	ARM Cortex M3
전원	배터리 팩 / 외부 동력

돌고래 모양의 중국 수중 로봇은 몸과 꼬리를 구부려 움직이며 프로펠러가 달린 기존의 강체 디자인보다 훨씬 빠르다. 이 로봇은 실제 돌고래처럼 생겼으며, 심지어 물 밖으로 도약할 수도 있다. 돌고래 로봇은 미래 세대의 민첩한 물고기형 로봇이 나아갈 길을 제시한다.

물은 공기보다 천 배 더 밀도가 높아 저항력이 세기 때문에 잠수함은 수상 선박보다 훨씬 속도가 느리다. 그래서 보트를 설계할 때 선체와 물의 접촉을 최소화함으로써 속도를 향상시키며, 항해용 요트는 파도를 피하기 위해 수중익으로 선체를 들어올리고 '파도 타기'를 하기도 한다. 그러나 이 방식은 수중에서는 무용지물이므로, 무인잠수함의 속도는 제한적이다. 또한 그 정도 속도라도 내기 위해서는 많은 동력이 필요하다.

자연은 우리보다 훨씬 앞서 있다. 물고기들은 물 속에서 힘들이지 않고 가볍게 움직이며, 돌고래는 고속 도약하여 물 속에서도 뛰어다니듯 헤엄칠 수 있다. 1936년 생물학자 제임스 그레이James Gray는 수중 항력이 너무 크기 때문에 돌고래가 시속 30km 이상의 속도로 헤엄치는 것은 불가능한 일이라고 계산했다. 그러나 실제로 돌고래는 시속 60km 이상 속도를 낼 수 있다. 이 수수께끼는 2008년까지 풀리지 않다가 생물학자 프랭크 피쉬Frank Fish가 돌고래의 꼬리가 추진력을 만들어내는 데 있어 이제껏 알려진 무엇보다 효율적이라는 것을 밝혀내면서 해결되었다.

로봇 공학자들은 레오나르도 다빈치 이후로 자연에서 많은 아이디어를 얻어오곤 했는데, 베이징 중국과학원Chinese Academy of Science의 준지 유Junzhi Yu 교수가 이끄는 팀은 점박이 돌고래를 모방한 로봇을 개발하였다. 이 로봇은 길이 72cm, 무게 5kg 미만의 축소형 모델로 유선형 형태를 적용하여 전기모터로 작동하는 꼬리가 최대 추진력을 낼 수 있도록 만들었다. 돌고래 로봇의 꼬리와 날개 지느러미는 3차원 에어로포일aerofoil(날개형 단면-역자 주)로 설계되었다.

돌고래 로봇의 몸은 세 가지 유연한 동력 관절을 갖추고 있다. 목 관절, 허리 관절 그리고 몸체와 꼬리 사이의 꼬리 관절이 그것이다. 이 관절들을 움직여 추진력을 얻으며 옆에 달린 작은 날개 지느러미를 움직여 방향을 조종한다. 내구력이 필요한 돌고래의 뼈대 부분은 티타늄으로 만들었고, 나머지는 알루미늄, 나일론, 폴리프로필렌 피부로 구성되었다. 리튬 이온 배터리를 사용하여 3시간 동안 작동할 수 있는 전력을 공급한다.

돌고래 로봇은 시속 7.2km 속도로 헤엄치는데, 이는 초당 몸 길이 3배를 이동하는 놀라운 속도다. 설계 면에서 볼 때는 로봇 꼬리의 각 스트로크당 이동거리를 따지는 '수영 숫자swimming number'가 중요하다. 돌고래 로봇의 수영 숫자는 실제 돌고래와 큰 차이가 없으며, 유 교수 팀이 돌고래 수영 기술을 성공적으로 역설계했다는 것을 잘 보여주고 있다. 돌고래 로봇은 수면 위로 도약하는 돌고래의 묘기를 따라할 수 있는데, 이것은 이전의 수중형 로봇은 한번도 해내지 못했던 성과다. 돌고래의 유체역학에 대한 철저한 이해를 바탕으로 기존 재료를 이용하여 기계로 만들어내는 기술이 만나, 보다 발전된 돌고래 로봇을 설계할 수 있었다.

현재 돌고래 로봇은 초기 버전이지만, 장난기 많은 돌고래들이 수영하는 사람 주변에서 헤엄치는 것처럼 잠수함 주변을 맴돌 수 있다. 유 교수 팀은 에너지 소모 그리고 힘과 속도와의 관계를 검토하고 있다. 이 연구는 돌고래 로봇의 속도와 효율성을 더욱 향상시키고, 더 길고 더 높은 도약으로 이어질 것이다. 어쩌면 이 로봇은 조만간 돌고래쇼의 스타가 될지도 모른다.

보다 진지하게 접근하자면 돌고래 로봇에 적용된 꼬리를 이용한 추진력은 프로펠러로 물을 비효율적으로 회전시켜 전진하지 않고, 물고기처럼 빠르고 부드럽게 헤엄치는 수중형 로봇 개발로 이어져야 한다. 그들은 좀더 멀리 헤엄치고, 조종이 더 쉬우며, 현재 로봇에서는 불가능한 폭발적인 속도를 낼 수 있을 것이다.

돌고래 로봇은 과학 연구를 수행할 뿐만 아니라, 배관 점검, 물고기 위치 파악, 오염 감시 등의 산업용 작업도 수행할 수 있다. 꼬리 형태의 추진방식은 프로펠러보다 훨씬 더 조용하기 때문에 군대에서도 유용하게 쓰일 가능성이 있다. 미래의 잠수함은 물고기처럼 은밀한 수중 로봇 무리가 몰래 접근하는 것을 목격하게 될지도 모른다.

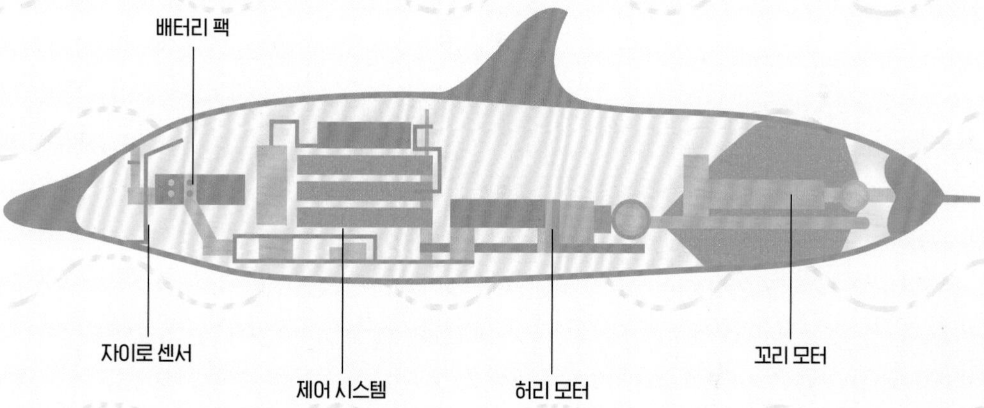
배터리 팩
자이로 센서
제어 시스템
허리 모터
꼬리 모터

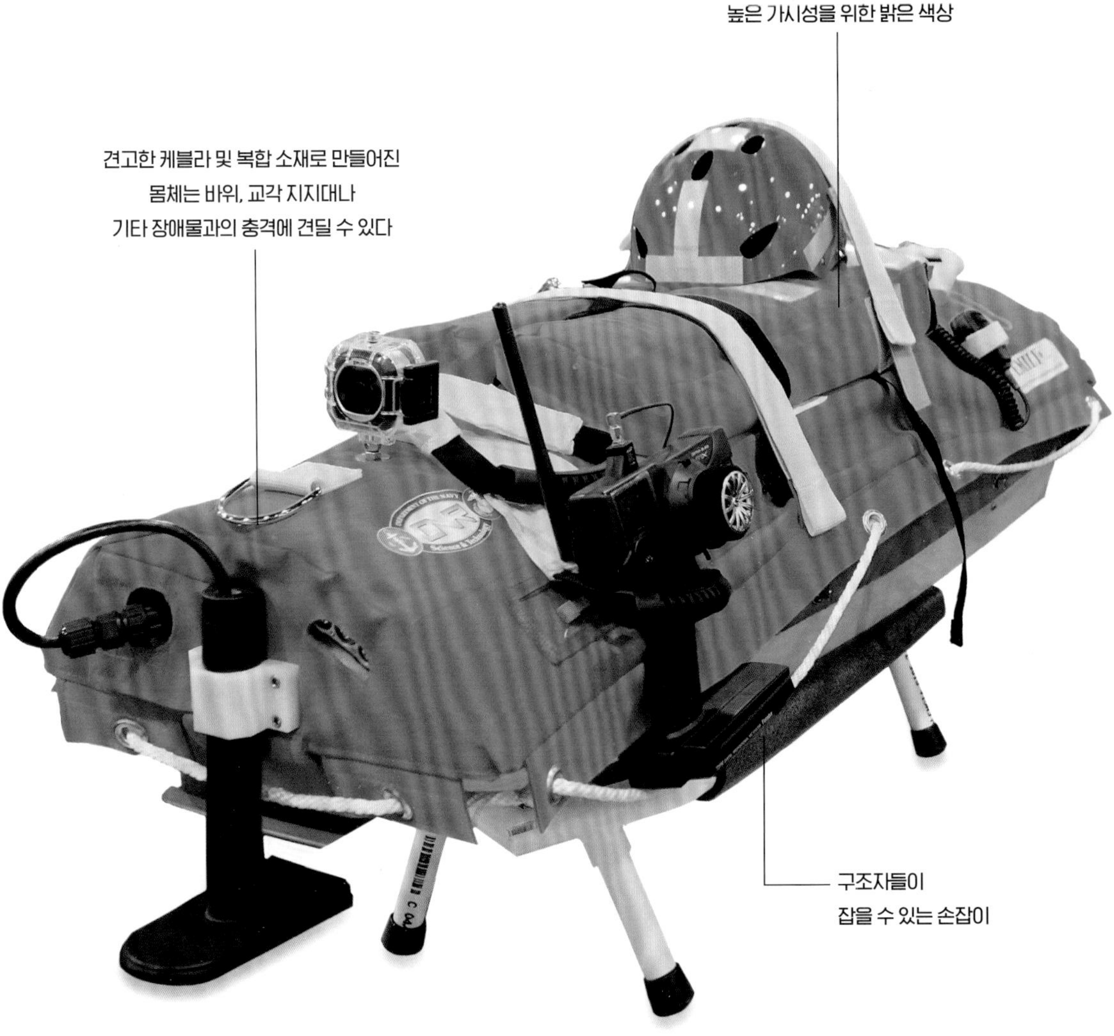
높은 가시성을 위한 밝은 색상
견고한 케블라 및 복합 소재로 만들어진
몸체는 바위, 교각 지지대나
기타 장애물과의 충격에 견딜 수 있다
구조자들이
잡을 수 있는 손잡이

EMILY

에밀리

길이	1.2m
무게	11kg
출시연도	2011
구성 재료	케블라 및 복합재료
메인 프로세서	상용 프로세서
전원	배터리 팩

에밀리는 수백 명의 생명을 구한 원격조종 구조 로봇이다. 에밀리의 이름은 '긴급통합인명구조로프Emergency Integrated Lifesaving Lanyard'의 약자이며, 1.2m 길이에 무게는 11kg에 불과하지만 매우 강력한 힘을 발휘한다. 에밀리는 제트스키와 같은 엔진을 장착하였으며, 올림픽 수영선수보다 4배 빠른 속도(시속 35km)로 물 위를 날아다닌다. 구조자의 머리카락이 엉키거나 부딪혀 부상당하지 않도록 외부 프로펠러를 적용하지 않았다.

해양로봇 전문기업 하이드로날릭스Hydronalix Inc.의 부사장이자 에밀리의 공동 개발자인 밥 라우트럽Bob Lautrup에 따르면, 케블라 및 항공기 등급의 복합 소재로 만들어진 에밀리는 '사실상 파괴할 수 없다'고 한다. 에밀리는 매우 견고한 구조로 만들어져 거의 모든 상황에서도 파괴되지 않고 견딜 수 있다. 예를 들어, 최고속도로 이동하다가 바위나 암초와 충돌하더라도 피해를 입지 않는다. 10m 높이의 파도처럼 인명구조원에게는 문제가 될 수 있는 상황에서도 에밀리는 문제없다.

에밀리는 부두나 배에서 출발하거나 심지어 헬리콥터에서 투하될 수 있으며, 원격조종으로 물에 빠진 사람을 향해 이동한다. 부력이 매우 강하고, 붙잡을 수 있는 손잡이가 달려 있기 때문에 최대 6명까지 매달릴 수 있어 비상부유장치 역할을 수행할 수 있다. 대규모 조난이 발생할 경우 추가 구명조끼를 운반할 수도 있다.

선명한 주황색, 붉은 색, 노란 색의 배합으로 꾸며져 있고, 파도 위에서도 눈에 띌 수 있는 깃발이 달려 있으며, 야간구조작업을 위한 조명도 갖추고 있다. 양방향 무선 신호를 통해 구조대원과 대화할 수 있는데, 이 기능은 구조자들이 공황상태에 빠졌을 때 유용하다.

그뿐 아니라 비디오 카메라를 통해 상황을 볼 수도 있다. 열화상 카메라를 추가로 장착하여 밤이나 악천후에도 물 속에서 사람 찾는 작업을 도와줄 수 있다. 에밀리는 구조 선박에 구조용 줄로 연결된 상태에서 조난당한 보트나 사람을 향해 700m까지 이동할 수 있고, 심지어 보트를 견인할 수도 있다. 이 기능은 2015년 시리아의 난민 300명을 구조할 때 큰 역할을 하였다.

라우트럽은 캘리포니아 말리부Malibu 해변에서 이동성이 뛰어난 수상 운송 로봇 실험을 한 이후, 2009년에 에밀리가 개발되었다고 말한다. 그들은 로스앤젤레스 카운티 캘리포니아 소방서 구조요원의 구조 작업을 보았고, 수영을 하다가 문제가 생긴 사람들에게 부표를 전달하는 데 로봇이 적격이라는 것을 깨닫게 되었다. 그리고 그 다음해에 에밀리의 첫 번째 버전을 선보였다.

이미 전 세계적으로 300대 이상의 에밀리 로봇들이 해안경비대 및 해군에서 사용되고 있다. 이제는 더 정교한 버전이 개발 진행 중이다. 업그레이드 사항 중 하나는 수면 아래에서 무슨 일이 일어나는지 감지할 수 있는 수중 음파 탐지 센서로, 수면에서는 물에 빠진 사람이 잘 보이지 않기 때문에 이 센서를 장착한다. 당면 과제는 에밀리를 조종하는 구조대원이 물 속에서 무슨 일이 일어나고 있는지 명확히 볼 수 있도록 인터페이스를 단순하게 만드는 것이다. 또한 하이드로날릭스는 구조대가 배나 부두에서도 물에 빠진 조난자를 신속하게 찾을 수 있도록 돕는 센서들을 개발하기 위해 검토하고 있다.

'스마트 에밀리smartEMILY' 프로젝트는 인공지능 인명구조 로봇을 개발하는 것을 목표로 하고 있다. 이 기능은 물에 빠졌으나 의식이 있고 움직일 수 있어서 로봇을 붙잡을 수 있는 사람들과 의식이 없어 구조대원의 도움이 필요한 사람들을 구별하는 데 도움이 될 것이다. 더 나아가 의식이 없거나 부상당해 스스로 구조 장비를 붙잡을 수 없는 사람들을 구조할 수 있도록 로봇 팔 또는 공기 주입식 장치를 장착할 수도 있다.

에밀리는 구조 로봇 팀의 여러 구성요소 중 하나가 될 수도 있다. 일부 구조대원은 드론을 이용해 해변을 순찰하거나 부양장치를 투하하는 실험을 하고 있다. 이것은 수영을 하는 사람들의 위치를 파악하는 데 도움을 주고, 조난자가 발생할 경우 에밀리가 그들에게 다가가 안전하게 끌어올 수 있을 때까지 그들이 물에 떠 있도록 도와줄 수 있다.

에밀리는 베이워치Baywatch 팀의 구릿빛 몸짱 멤버처럼 매력적이지 않고, 로봇에게 구조받는 것이 그다지 낭만적이지 않아 보일 수 있다. 그러나 생명을 구하는 일에서만큼은 에밀리도 누구에게도 밀리지 않는 스타가 될 수 있다.

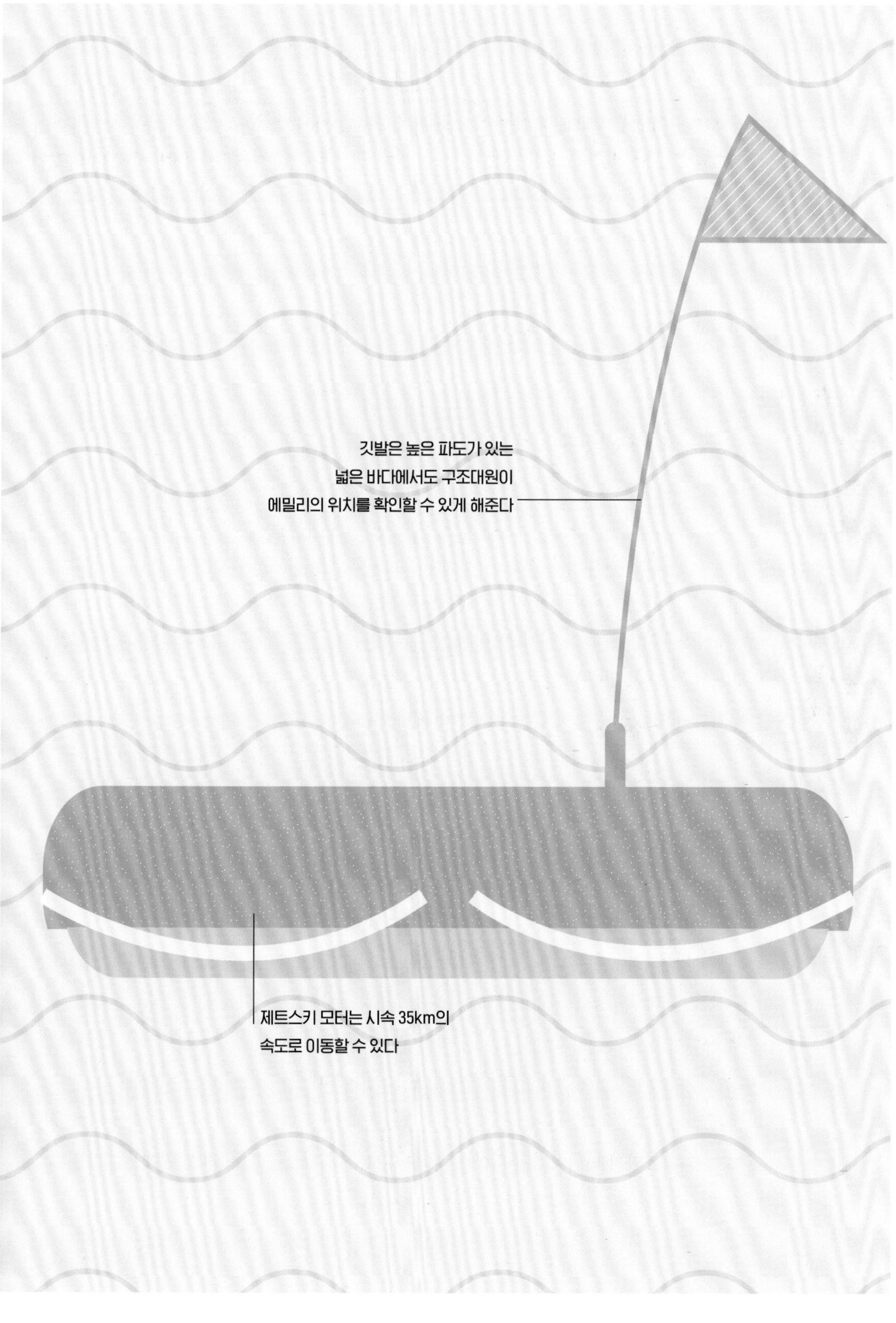
깃발은 높은 파도가 있는
넓은 바다에서도 구조대원이
에밀리의 위치를 확인할 수 있게 해준다
제트스키 모터는 시속 35km의
속도로 이동할 수 있다

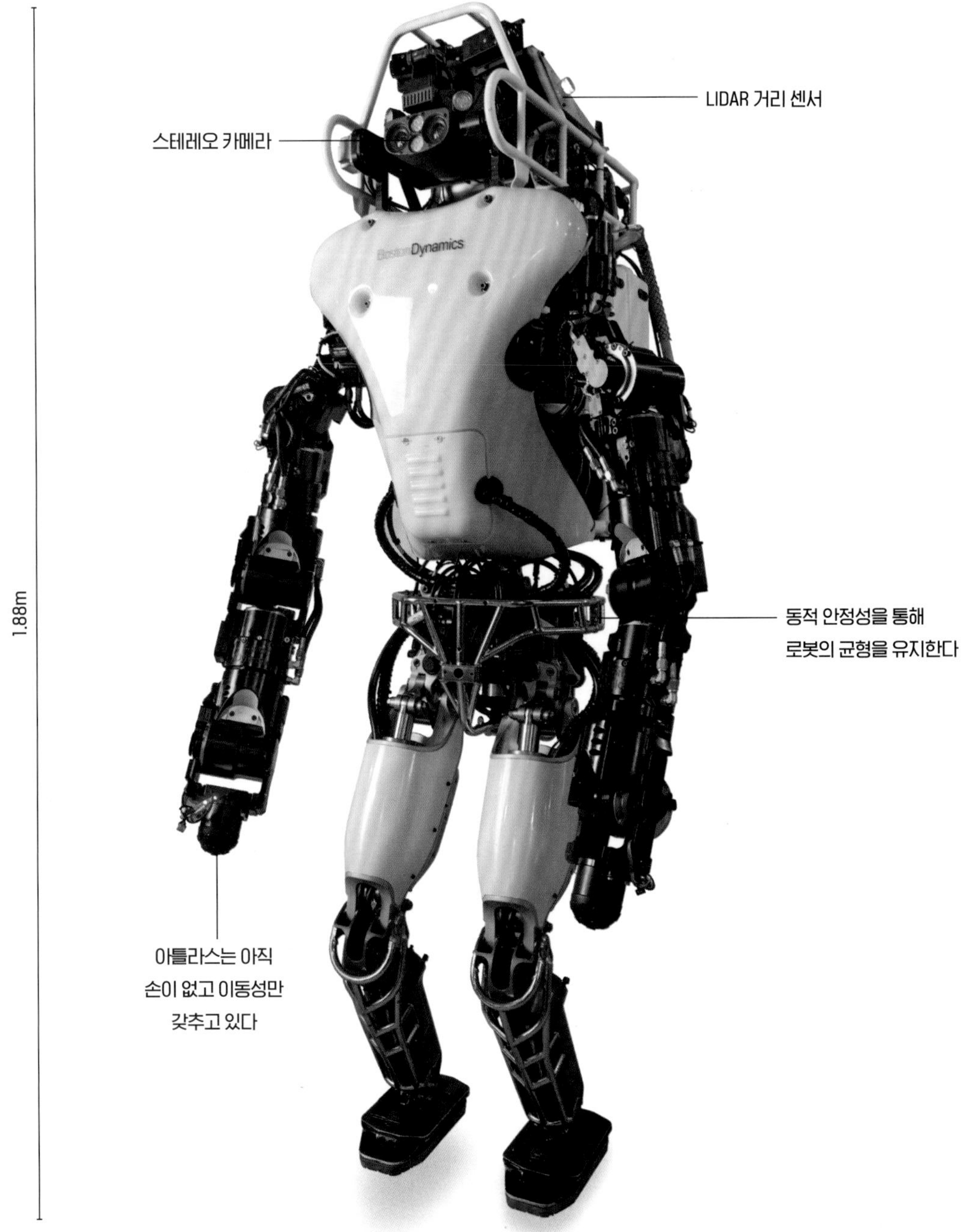

LIDAR 거리 센서
스테레오 카메라
BostonDynamics
1.88m
동적 안정성을 통해
로봇의 균형을 유지한다
아틀라스는 아직
손이 없고 이동성만
갖추고 있다

ATLAS

아틀라스

높이	1.88m
무게	75kg
출시연도	2013
구성 재료	알루미늄 및 티타늄
메인 프로세서	상용 프로세서
전원	배터리

보스턴다이나믹스Boston Dynamics는 마치 살아있는 생명체처럼 주변 환경에 반응하고 움직이는 로봇으로 유명한 회사이며, 아틀라스는 그들이 개발한 것들 중 가장 발전된 형태의 휴머노이드 로봇이다. 레오나르도 다빈치의 기계 기사를 계승하는 아틀라스는 범용 휴머노이드 로봇을 향한 발걸음을 내디뎠으며, 레오나르도 다빈치 시대에는 꿈에서만 가능하던 수준의 민첩성을 지니고 있다.

대중들에게 잘 알려진 빅독BigDog 등 이 회사가 만든 이전의 로봇들은 4족보행 로봇이었다. 똑바로 서기 위해서는 4족이 2족보다 훨씬 쉽기 때문이다. 아틀라스는 사람의 관절과 동일한 위치에 28개의 관절이 장착된 휴머노이드 로봇이며, 유압장치 및 전기모터에 의해 구동된다.

이 회사의 CEO인 마크 레이버트Marc Raibert는 자연을 있는 그대로 따라하지 않고, 그들이 하는 행동을 복제하였다고 한다. 그가 참조한 이러한 방식은 '바이오다이노틱스biodynotics'라고 부른다. 대부분의 로봇은 지지대 역할을 하는 발 위에 질량의 중심을 유지함으로써 직립 상태를 가능하게 하는 정적 안정성static stability을 가지고 있다. 그러나 빨리 움직이기 위해서는 전진 동작을 예측하여 다음 발이 어디에 놓여야 하는지 파악하고 그 위치에 발을 올려야 한다.

레이버트는 "경주를 시작할 때 가속을 위해 한 발을 한참 뒤에 놓는 주자를 생각해보라. 또는 경주가 끝날 때 발을 앞쪽에 놓고 상체를 뒤로 젖히며 속도를 늦추는 주자를 생각해보라. 그것이 동적 안정성dynamic stability이다"라고 말한다.

아틀라스는 일정한 간격으로 짧고 빠른 걸음을 내딛는 독특한 걸음걸이를 가지고 있다. 가만히 서있는 법이 없고 어딘가 이동하지 않을 때에도 발판을 조절하며 제자리걸음을 하는 것처럼 보인다. 점프, 달리기, 높이뛰기는 무용수나 체조선수처럼 모두 동적 안정성에 의존한다. 완벽하다고는 할 수 없지만 아틀라스는 훌륭한 균형 감각을 가지고 있으며 미끄러지거나 밀리는 경우에도 스스로 균형을 잡아 똑바로 설 수 있다. 아틀라스는 인간과 마찬가지로 무게중심을 조절하여 불안정한 지면이나 울퉁불퉁한 바닥에 대처할 수 있으며, 넘어지더라도 외부의 도움 없이 다시 일어설 수 있다. 또한 무거운 박스를 들고 높은 선반에 올려놓는 등 균형 감각을 요하는 업무를 수행할 수 있다.

아틀라스는 스테레오 및 LIDAR 거리 센서를 통해 주변 환경을 측정하고 장애물을 회피할 수 있다. 또한 장애물 위로 넘어가거나 아래로 기어가는 등, 네 발이 모두 필요한 곳에서는 손을 사용하여 거친 지형에 대처할 수 있다. 이 로봇을 작동시키려면 조종사가 필요하며, 보스턴다이나믹스는 아틀라스가 현재 어느 정도의 자율성을 갖추고 있는지는 명시하지 않았다. 개발자들은 아틀라스가 한 손잡이에서 다른 손잡이로 매달려 움직일 수 있게 되기를 바라며, 궁극적으로는 인간보다 암벽 등반을 잘하거나 장애물 코스를 더 잘 빠져나갈 수 있기를 바란다. 아틀라스는 아직 그 정도 단계에 도달하지 못하였다.

후쿠시마 원전 사고 이후 새로운 도전과제가 생겼다. 방사선에 오염된 지역에 로봇을 들여보내 원자로를 안정화하고 밸브를 열고 닫으며 잔해를 치우도록 조종해야 했다. 이를 위해서는 로봇이 차량을 운전하고, 사다리를 오르며, 도구를 사용하여 콘크리트 패널을 부수고, 문을 열 수 있어야 했다. 이 모든 작업이 사람에게는 간단한 일이지만 로봇에게는 아직 어려운 일이다. 결과적으로 로봇은 아직 제대로 준비가 되지 않았다. 예를 들어 로봇들은 난간을 사용할 수 없었기 때문에 몇몇 장애물을 넘어가지 못해 어려움을 겪었다.

2016년 더욱 성능이 뛰어난 신형 아틀라스 버전이 공개되었다. 보스턴다이나믹스의 많은 로봇들처럼, 아틀라스도 완제품이라기보다 테스트베드로 아직은 계속해서 개발이 진행 중이다. 아틀라스 그 자체로는 아직 상업성이 없지만 기술에 대해서는 의심의 여지가 없다. 동적 안정성, 민첩성 그리고 인간의 작업을 수행하는 능력까지, 미래 로봇의 특징을 잘 갖추고 있다.

레이버트는 "우리의 장기적인 목표는 인간에 견줄 수 있는 이동성, 기민함, 지각 및 지능을 갖춘 로봇을 만드는 것이다"라고 말했다. 이 모든 것들을 갖춘 로봇이라면 응급처치 로봇, 다재다능한 공장 노동자, 가정 도우미 또는 그 밖에 거의 모든 것이 될 수 있을 것이다.

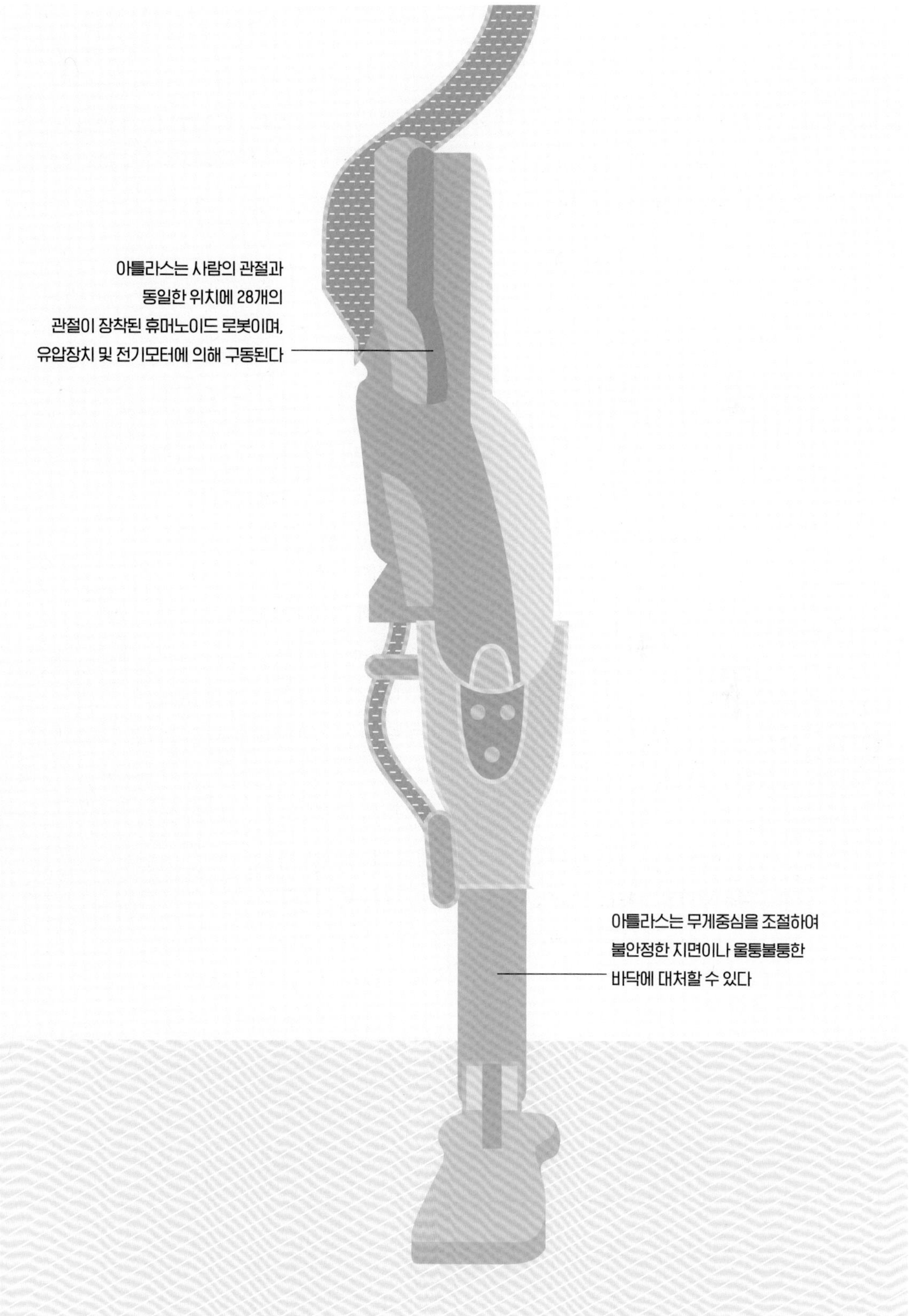
아틀라스는 사람의 관절과
동일한 위치에 28개의
관절이 장착된 휴머노이드 로봇이며,
유압장치 및 전기모터에 의해 구동된다
아틀라스는 무게중심을 조절하여
불안정한 지면이나 울퉁불퉁한
바닥에 대처할 수 있다

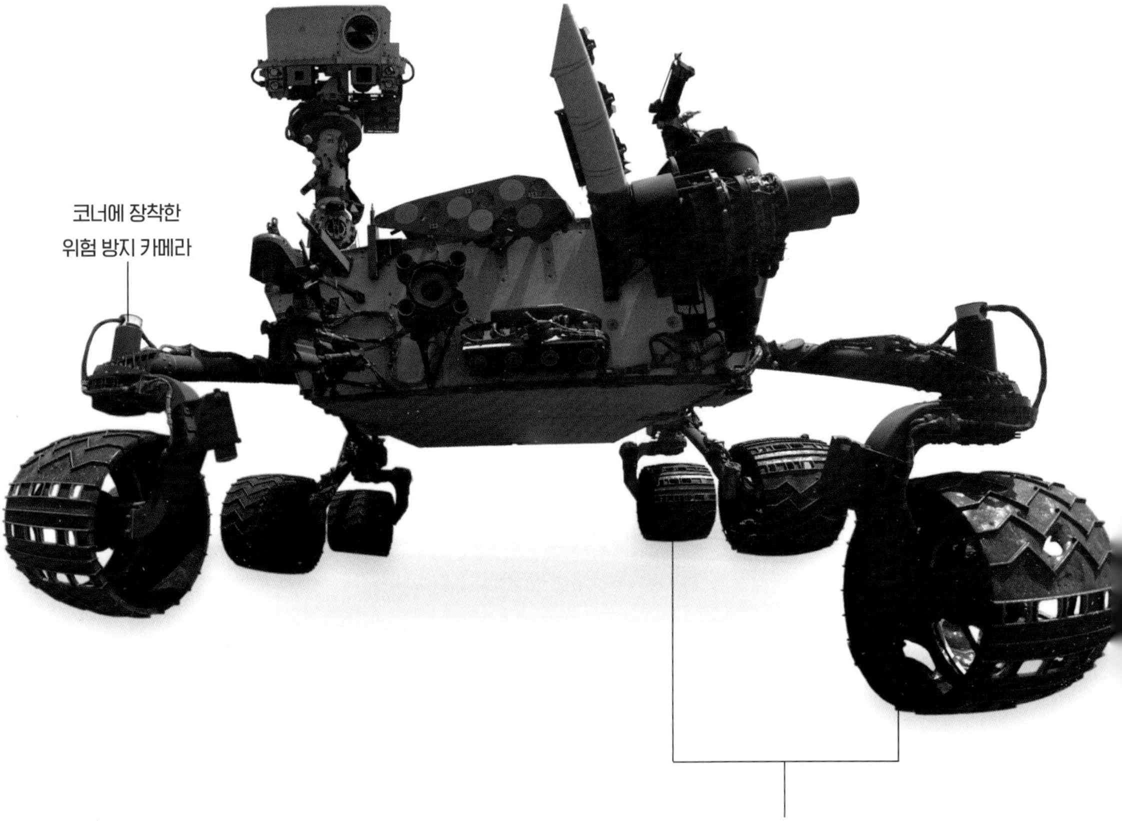
코너에 장착한
위험 방지 카메라
전륜과 후륜에 장착된
독립적인 동력 및 조향 장치

CURIOSITY

큐리오시티

높이	2.2m
무게	899kg
출시연도	2012
구성 재료	티타늄
메인 프로세서	BAE RAD750
전원	방사성 동위 원소

로봇이 '더럽고dirty, 위험하고dangerous, 지루한dull' 3D 업종에 적합하다면, 화성 탐사야말로 그들의 임무에 적격이다. 해로운 방사선에 지속적으로 노출되어 오염된다는 면에서 더럽고, 26번이나 실패로 끝났던 우주여행의 위험도를 고려할 때 위험하며, 우주여행이 보통 7개월 정도 소요된다는 점에서 지루하다고 할 수 있다. 우주비행사가 임무를 마치고 돌아오기 위해서는 많은 비용이 필요하고 복잡성이 터무니없이 증가하지만, 로봇들은 지구로 돌아올 필요가 없다. 이러한 이유로 화성 탐사는 항상 로봇의 몫이었다.

큐리오시티Curiosity는 2012년 8월 화성에 착륙한 후 여전히 활동 중이며, 지금까지 화성 생명체의 흔적을 찾기 위해 개발된 다양한 과학 기구 중 가장 발전된 형태의 행성 탐사 로봇이다. 1997년 나사NASA의 소저너Sojourner와 2003년 쌍둥이 탐사 로봇 스피릿Spirit과 오퍼튜니티Opportunity의 뒤를 잇는다. 소저너는 무게가 11kg, 스피릿과 오퍼튜니티는 180kg인 반면, 소형 자동차 크기의 큐리오시티는 길이 3m에 무게는 900kg에 달한다. 크기뿐만 아니라 기능 또한 이전의 탐사 로봇과 비교하여 훨씬 뛰어나다.

큐리오시티는 6개의 큰 바퀴를 가지고 있는데, 전륜과 후륜은 독립적인 동력 및 조향장치를 갖추고 있다. 특이하게 방사성 동위원소 배터리로 작동하는데 이것은 지구에서는 너무 비싸고 환경적으로도 위험하지만, 배터리의 수명이 매우 길기 때문에 화성 탐사에 적합하다. 원자력 에너지원을 갖고 있음에도 불구하고, 큐리오시티는 매우 느리게 움직인다. 최고 속도는 초당 4cm 정도이며, 거북이 속도의 절반에도 못 미친다.

큐리오시티를 화성에 보내기 위해 수년의 시간이 걸렸고 수백만 달러의 비용이 발생하였다. 한번 부주의하게 움직이면 로봇이 뒤집어지거나 움직일 수 없게 될 수도 있고, 손상될 수도 있다. 지구와 화성 사이에서 무선 신호가 서로 이동하는 데는 짧게는 4분에서 길게는 24분 정도의 시간이 걸리기 때문에 큐리오시티의 실시간 제어는 불가능하다. 그래서 큐리오시티의 움직임은 사전에 잘 계획되어 있으며, 느리지만 신중한 속도로 임무를 수행한다.

큐리오시티는 예기치 못한 장애물을 자동으로 피하기 위해 각 코너마다 장착한 위험 기피 카메라hazcams, hazard-avoidance cameras를 포함하여 11세트 이상의 카메라를 갖추고 있다. 마스트에 달린 두 쌍의 탐색 카메라navcams, navigation cameras는 경로를 계획하기 위해 보다 긴 시야를 제공한다. 광각 파노라마 카메라를 포함하여 다양한 과학 카메라도 있다.

큐리오시티는 80kg 상당의 과학 기구를 휴대한다. 한 장치는 7m 떨어진 곳에 있는 바위를 기화시킬 수 있는 소형 레이저 빔을 발사한다. 놀랍게도 그 결과로 발생하는 연기가 내뿜는 빛의 스펙트럼을 분석하여 물질의 구성을 규명할 수 있다. 어깨, 팔꿈치, 손목 관절을 갖추고 있는 큐리오시티의 로봇 팔은 광물 표본을 채취하여 검사할 수 있다. 로봇 팔의 끝 부분에는 일련의 도구를 장착한 회전식 터릿이 달려 있다. 그 중 하나는 큐리오시티 버전의 확대경인 화성 로봇 팔 렌즈 영상장비Mars Hand Lens Imager로, 사람 머리카락의 두께보다 작은 특징을 구별할 수 있을 정도로 상세한 광물 이미지를 제공한다. 또한 암석 파괴용 드릴, 브러시, 암석 및 토양 표본을 채취하는 장치 등의 도구를 포함한다. 탐사선에는 생명체의 필수 성분인 물의 탐지를 돕는 중성자원 등의 도구가 있다. 심지어 광물 시료를 분석하고, 화성 대기의 표본을 추출하는 소형 실험실도 갖추고 있다.

큐리오시티의 모든 기능은 백업이 가능하도록 안전하게 설계되었다. 예를 들어 두 개의 중앙 제어 시스템을 갖추고 있어서 만약 하나가 고장나면 다른 하나가 자동으로 로봇을 제어한다.

화성에서의 모든 발견은 새로운 질문으로 이어진다. 큐리오시티는 화성의 표면에 5cm 깊이의 구멍을 뚫었으며, 그것은 문자 그대로 생채기 하나 남겼을 뿐이다. 과학자들은 이제 고대 화성 생명체의 흔적을 찾기 위해 훨씬 더 아래로 내려가야 한다고 믿고 있다. 보다 정교한 탐사 로봇은 이미 기획 단계에 있고 개발 중에 있다.

우주비행사들도 언젠가 화성에 도달할 것이다. 그리고 그들이 도착했을 때, 화성은 이미 큐리오시티 같은 로봇에 의해 탐사되고, 지도가 생성되고, 분석되었을 것이다.

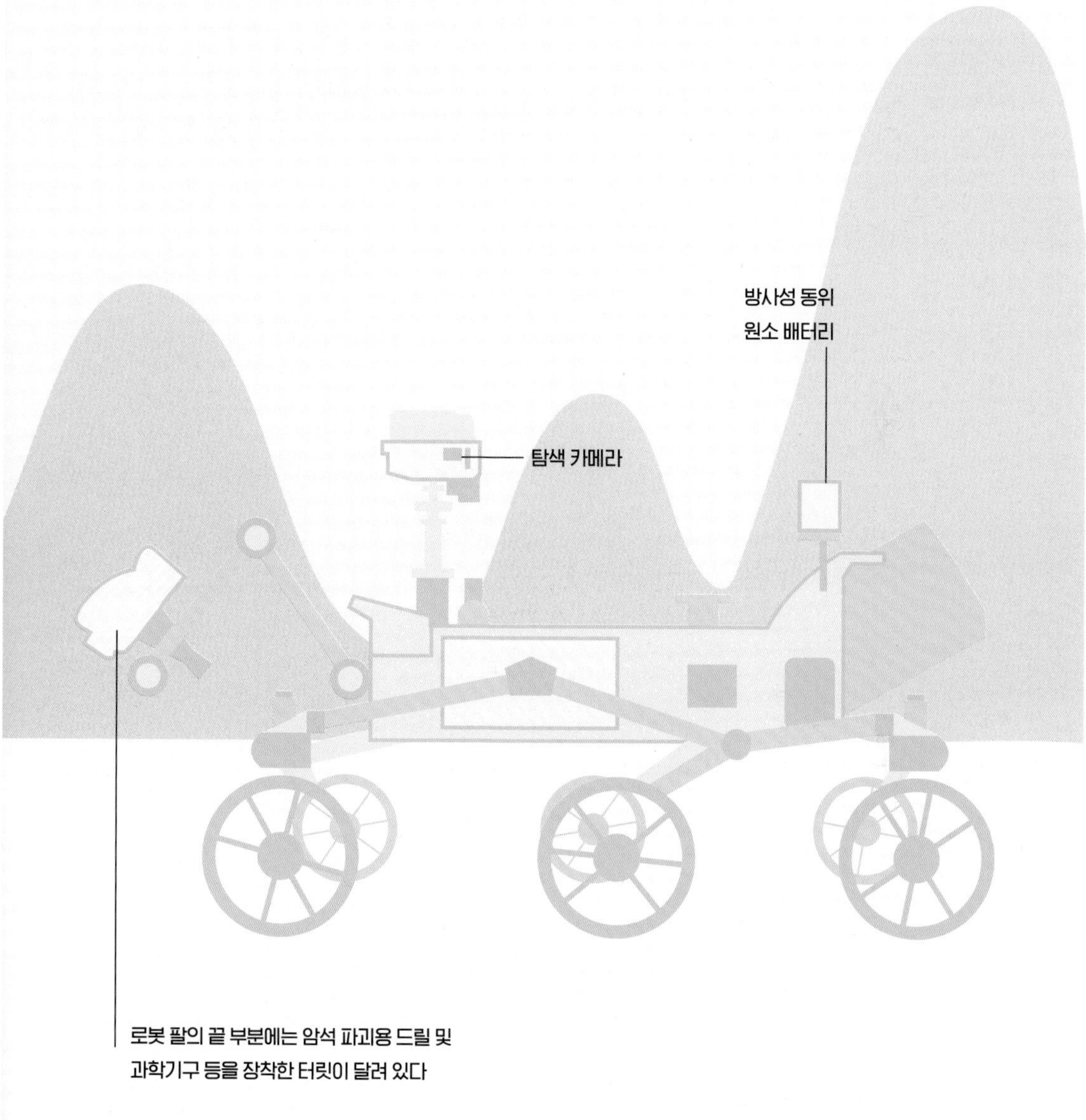
방사성 동위
원소 배터리
탐색 카메라
로봇 팔의 끝 부분에는 암석 파괴용 드릴 및
과학기구 등을 장착한 터릿이 달려 있다

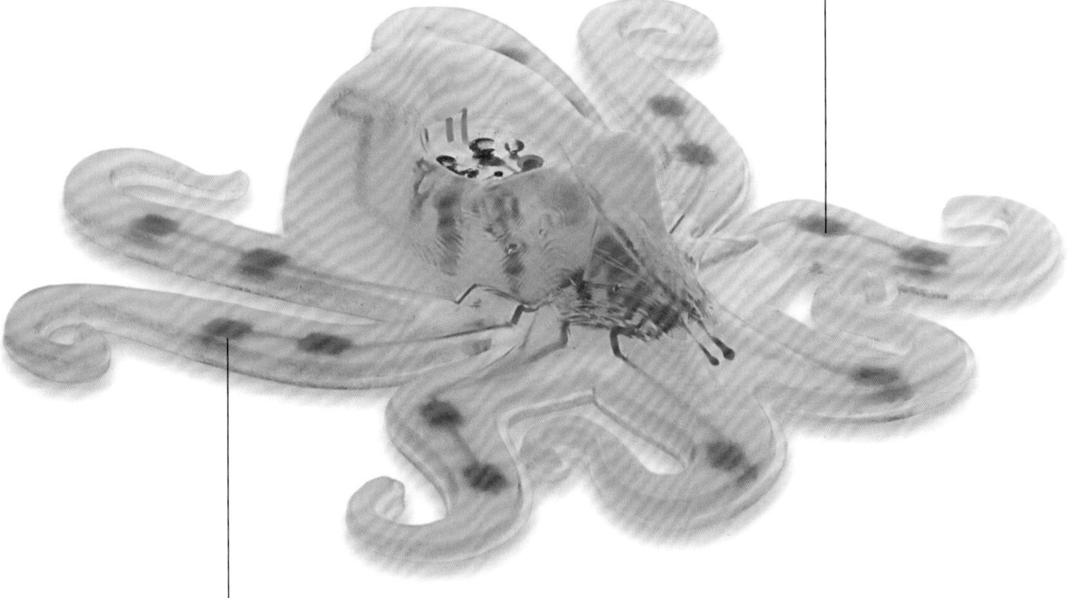

발전기는 과산화수소가 백금 촉매와
반응하는 화학 작용에 의해 작동한다

촉수에는 밸브가 포함된
채널이 있다

OCTOBOT

옥토봇

높이	약 2cm
무게	6g
출시연도	2016
구성 재료	실리콘 고무
메인 프로세서	없음(소프트 컴퓨터)
전원	화학 반응

로봇은 금속이나 플라스틱처럼 단단한 물질로 제작되는 경우가 많다. 유일하게 유연한 부분은 관절이기 때문에, 관절의 작동 방식과 관절 제어 방법에 많은 노력을 기울인다. 하지만 자연에 있는 모든 것이 단단하지는 않으며, 낙지 촉수에서 코끼리 코, 심지어 곤충을 잡아먹고 식물을 찢는 데 사용하는 긴 혀까지 수많은 소프트 매니퓰레이터가 있다.

소프트 매니퓰레이터는 단단한 기계보다 훨씬 단순하고 쉽게 제어할 수 있다. 로봇 손이 문의 손잡이를 잡도록 프로그래밍하는 것은 까다로운 작업이다. 모든 손가락이 올바른 위치에 있고 특정 경로에 따라 위치를 잡아야 하기 때문이다. 그러나 촉수 형태의 소프트 매니퓰레이터는 그저 둥근 손잡이를 감싸면 된다. 또한 소프트 로봇은 과일 같은 농산물이나 병원의 환자처럼 연약한 대상을 다루는 데 효과적이다.

지금까지 개발된 것 중 가장 정교한 소프트 로봇은 하버드대학교의 로버트 우드Robert Wood와 그의 동료들이 개발한 옥토봇이다. 언뜻 보기에는 손에 쥘 수 있을 정도로 작아 장난감 문어처럼 보이며, 3D 프린팅 실리콘 고무 성분으로 만들어졌다. 반투명한 옥토봇 내부에 있는 형광 염료는 다리를 따라 흐르며 작은 통로를 보여주는데, 이는 마치 팝 아트 조각품처럼 생겼다. 옥토봇은 팔다리만 부드러운 것이 아니라, 단단한 전자 부품이 전혀 없는 완전한 소프트 로봇이다. 배터리나 모터, 컴퓨터 칩이 전혀 없으며, 옥토봇의 '두뇌'는 압력 구동 밸브와 스위치로 구성된 유연한 미세 유체 논리회로Microfluidic Logic Circuit다. 전기회로를 따라 흐르는 전자 대신에 관을 통해 유체가 이동한다.

이전의 소프트 로봇들이 유압 또는 공압 튜브에 묶여 있던 반면, 옥토봇은 자유롭게 이동할 수 있다. 옥토봇은 과산화수소가 백금 촉매와 반응하여 분해되면서 물과 산소를 생산하는 화학 작용에 의해 구동된다. 과산화수소가 분해하면서 발생한 산소 기체의 압력은, 마치 감겨 있는 호스가 수압에 의해 팽창되는 것처럼, 다리를 팽창시키고 확장시킨다. 옥토봇의 두뇌 내부에 있는 밸브와 스위치는 두 개의 그룹을 지어 번갈아가며 산소 기체를 흘려보내 다리를 움직인다. 압력이 특정값에 도달하면 밸브를 닫고 다른 밸브를 열어 한번에 한 방향으로 흐르도록 유도하는 작업을 반복한다.

옥토봇은 50% 농도의 과산화수소 1ml로 최대 12분 30초까지 작동하며, 사전에 프로그래밍된 행동을 수행할 수 있다. 아직은 다리를 움직이는 것 외에는 어떤 응용기능도 없지만, 다른 연구자들에게 소프트 로봇공학의 잠재력에 대한 영감을 주고, 자체 추진력 문제를 어떻게 극복했는지 등 여러 가지 가능성을 보여준다. 이것은 머지않아 나오게 될 보다 정교한 옥토봇의 선구자가 될지도 모른다. 프로젝트 리더인 로버트 우드는 "향후 버전에서는 센서를 추가하여 보다 복잡한 행동을 하고, 다리에 더 많은 관절을 도입하여 단순한 이동 모드를 목표로 삼을 것이다"라고 말했다.

옥토봇의 주목할 만한 또 다른 특징은, 단순성 덕분에 생산비용이 매우 저렴하다는 것이다. 재료비는 2파운드 미만이며, 비용의 대부분은 백금 촉매를 위한 것이다. 개발자인 마이클 웨너Michael Wehner는 옥토봇의 개발로 많은 수의 로봇이 필요한 상황에 대처할 수 있게 될 것이라고 말한다. 소프트 로봇 떼가 잔해를 긁어 모아 치우고 구조대원은 생존자를 구하는 협업 수색 및 구조 작업이 그 예가 될 수 있다.

소프트 로봇을 개발한 동기 중 하나는 그것이 가진 순응성이다. 그들은 좁은 통로를 통과할 수 있으며, 공간에 따라 형태를 변형시킬 수 있다. DARPA는 우체통이나 문 밑으로 미끄러지듯 들어가거나 환기배관을 통해 이동할 수 있는 소프트 로봇을 연구해왔다. 매우 작은 소프트 로봇은 단단한 하드 로봇보다 안전하고 쉽게 몸속을 이동할 수 있으므로 의료용으로 사용될 수도 있을 것이다.

모든 부품이 부드러운 완전한 소프트 로봇은 실용적이지 않을 수도 있지만, 소프트 매니퓰레이터는 하드 로봇 관절의 대안이 될 수 있다. 튼튼하고 견고한 로봇 팔보다 부드러운 로봇 팔이 인간 주변에서 일하기에 더 안전할 것이며, 노인들을 위한 간병 로봇에 유용할 수 있다. 로봇이 인간과 어깨를 자주 부딪힐 가능성이 있는 미래에는 그 로봇의 어깨가 부드러울수록 더 좋을 것이다.

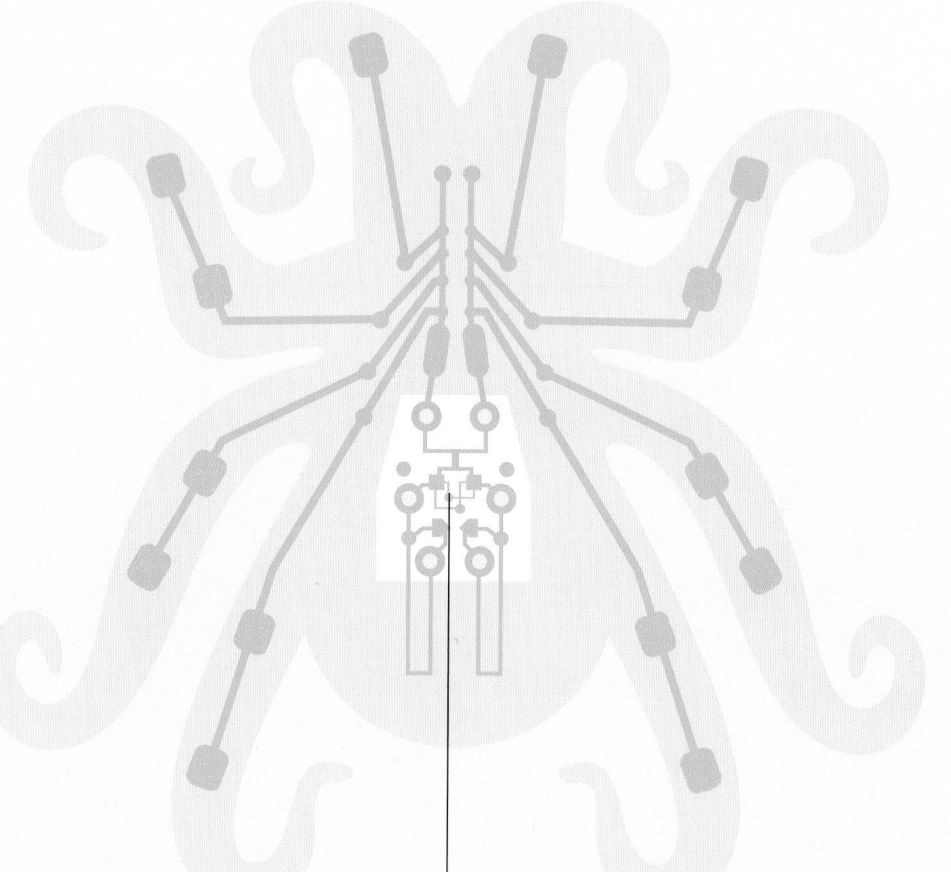

미세 유체 논리회로로 구성된 '두뇌'

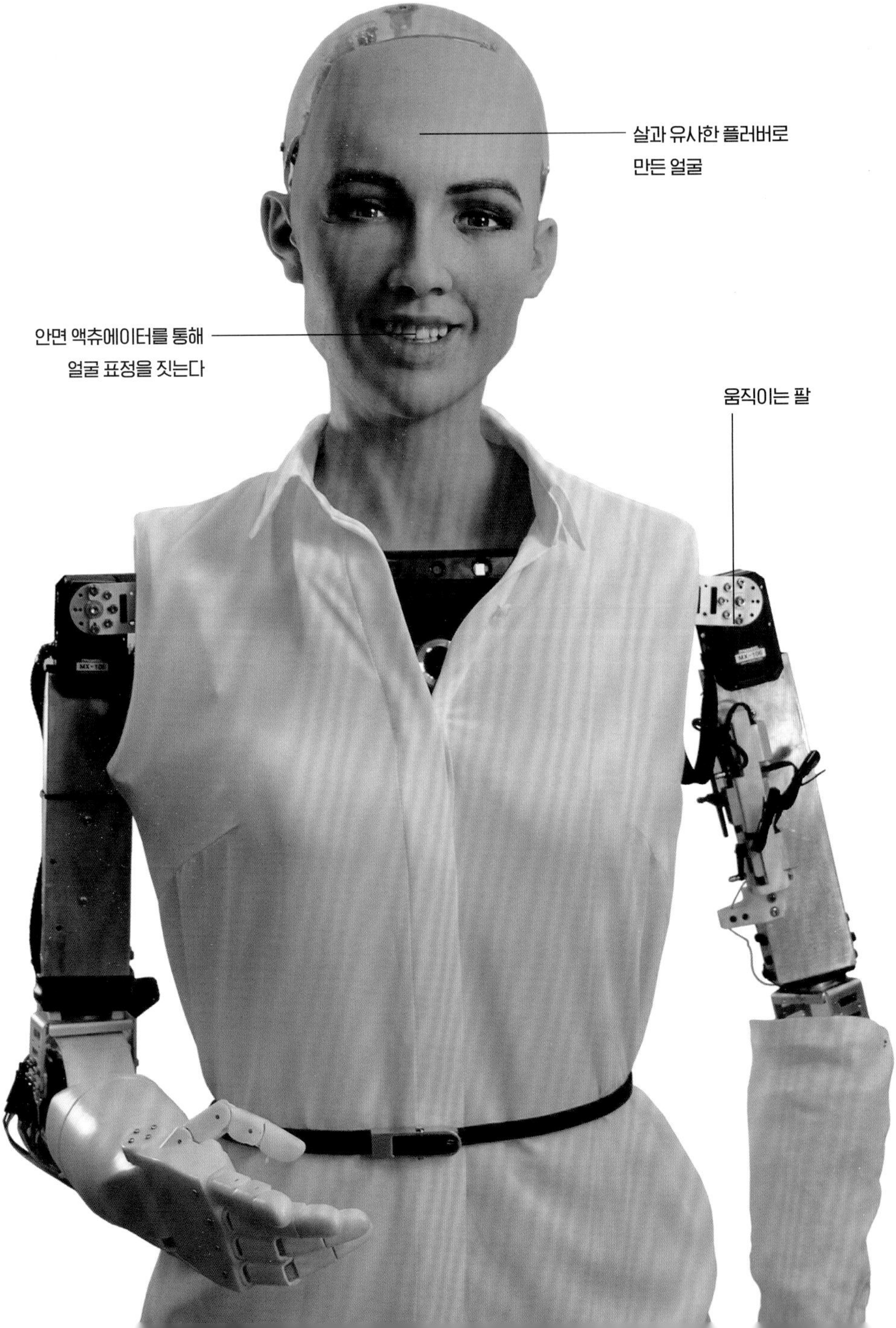
살과 유사한 플러버로
만든 얼굴
안면 액츄에이터를 통해
얼굴 표정을 짓는다
움직이는 팔

SOPHIA

소피아

높이	1.75m
무게	20kg
출시연도	2015
구성 재료	플러버F'rubber
메인 프로세서	상용 프로세서
전원	배터리

소피아에는 뭔가 기괴한 점이 있다. 그녀의 얼굴은 영화배우 오드리 헵번을 연상시킨다. 제조사인 한슨로보틱스Hanson Robotics에 따르면, 이 로봇은 '도드라진 광대뼈, 매혹적인 미소, 표정이 풍부한 눈'을 가지고 있다. 소피아는 감정을 전달할 수 있고, 수많은 토크쇼에 출연하여 대화 기술을 뽐냈다. 그녀는 상호 작용을 하고, 즐거움을 주는 로봇이다.

인간을 모방한 로봇은 오랜 역사를 가지고 있는데, 먼저 1세기 알렉산드리아의 헤론Hero이 고안한 움직이는 기계 오토마타automata로 거슬러 올라간다. 이 기술은 중세시대에 시계종을 울리거나 다른 행동을 하는 기계 인간인 '잭스Jacks'와 함께 더욱 발전하였다. 이 중에서 레오나르도의 기계 기사는 특별히 정교한 버전에 속한다.

월트 디즈니는 놀이공원을 위해 개발한, 실물과 닮은 움직이는 기계에 대해 '애니매트로닉스animatronics'라는 용어를 사용하였다. 1950년대 디즈니의 첫 번째 작품 중 하나는 배우가 사전에 녹음한 것을 연설하는 애니매트로닉스 에이브러햄 링컨이었다. 이 기계의 입술은 단어에 맞춰 움직였고, 연설의 적절한 부분에서 얼굴 표정과 몸짓을 표현하도록 프로그래밍되었다.

소피아는 가장 최근에 등장한 휴머노이드 로봇이다. 제미노이드Geminoids는 원격조종되고 인공지능이 없는 반면, 소피아는 인터넷 챗봇 기술이 적용된 인공지능을 갖추고 있으며 인간처럼 자연스러운 대화를 제공하는 것을 목표로 한다.

한슨로보틱스의 CEO인 로버트 한슨Robert Hanson은 인간 두뇌의 상당 부분이 얼굴 표정을 인식하고 반응하는 데 집중하고 있다고 말한다. 의사소통의 90%가 비언어적인 부분으로 이루어진다는 견해는 오해의 소지가 있지만, 얼굴 표정을 통해 의사를 전달하고 상대방의 얼굴 표정을 이해할 수 있는 로봇이 화면을 통해 목소리만 전달하는 것보다 발전된 것임은 분명하다. 이것은 특히 컴퓨터에 익숙하지 않은 어린이와 노인들에게 적합할 수 있다.

한슨은 월트 디즈니의 이매지니어링Imagineering에서 일했으며, 플러버F'rubber라 부르는 특수 소재를 개발한 후 2003년부터는 얼굴 표정을 짓고 말과 입술을 동기화하는 액츄에이터actuator(전기적인 신호의 변화를 이용하여 물리적인 상태를 바꿔주는 장치-역자주) 시스템을 연구하면서 로봇의 모습을 완성시켜 왔다. 소피아가 내부적으로 어떻게 동작하는지 세부사항은 공개되지 않았지만, 한슨이 과거에 만들었던 로봇은 20개가 넘는 안면 액츄에이터를 가지고 있었다. 소피아는 머리와 목을 움직일 수 있으며, 손으로 제스처를 취할 수 있는데, 이 모든 것은 대화할 때 필요한 것이다. 그리고 가위바위보를 할 수 있다.

소피아는 본질적으로 챗봇의 하드웨어 인터페이스라고 할 수 있다. 챗봇은 대화를 이해하고 흉내낼 수 있는 소프트웨어로, 2016년부터 인터넷을 통해 급증해왔다. 애플의 시리Siri 및 마이크로소프트의 코르타나Cortana는 모두 챗봇을 기반으로 한 음성 인식 도우미이며, 수백만 명의 일과를 보조하고 있다. 챗봇은 일반적으로 복잡한 규칙들로 이루어진 프로그램을 기반으로 하거나, 대용량의 대화 데이터가 필요한 학습 시스템을 기반으로 한다. 시리와 코르타나처럼 소피아의 연설은 아직 기계적이며 인간 특유의 억양이 부족하다.

각 행사마다 늘 하는 레퍼토리가 있고, 질문에 답변하기 위한 대본을 갖추고 있는 소피아는 TV쇼에 출연하여 사회자를 즐겁게도 하고, 놀라게도 했으며, 다소 경악하게도 만들었다. 2017년 6월 ITV 〈굿모닝 브리튼〉의 진행자 피어스 모건Piers Morgan은 소피아를 만나고 "이것은 정말 나를 겁나게 한다"고 말했다. 〈투나잇 쇼〉의 사회자인 지미 팰런Jimmy Fallon도 비슷한 거부감을 보이며 언캐니밸리uncanny valley(인간과 비슷해 보이는 로봇을 보면 생기는 불안감, 혐오감 및 두려움-역자주) 효과가 작용하고 있음을 암시하는 발언을 했다.

소피아가 지금까지 소개된 방식으로 미루어 볼 때, 그녀는 쇼 비즈니스를 위해 존재하는 것 같다. 소피아처럼 대화할 수 있는 로봇은 기업체의 텔레비전 및 인터뷰 진행자로 적격일 수 있다. 수천 개의 조직에서 끊임없이 인터넷용 기업 비디오를 제작하고 있으니 말이다. 뻣뻣하지만 실수가 없고 전문적이면서 심지어 카메라와 함께 대여할 수 있는 진행자가 있다면 인간 사회자와 비교해도 경쟁력이 있을 수 있다. 그러나 소피아에 대한 사람들의 반응을 보면 아직은 대중들이 소피아를 맞이할 준비가 되지 않은 것 같다. 물론 이러한 분위기도 몇 년 안에 바뀔지 모른다.

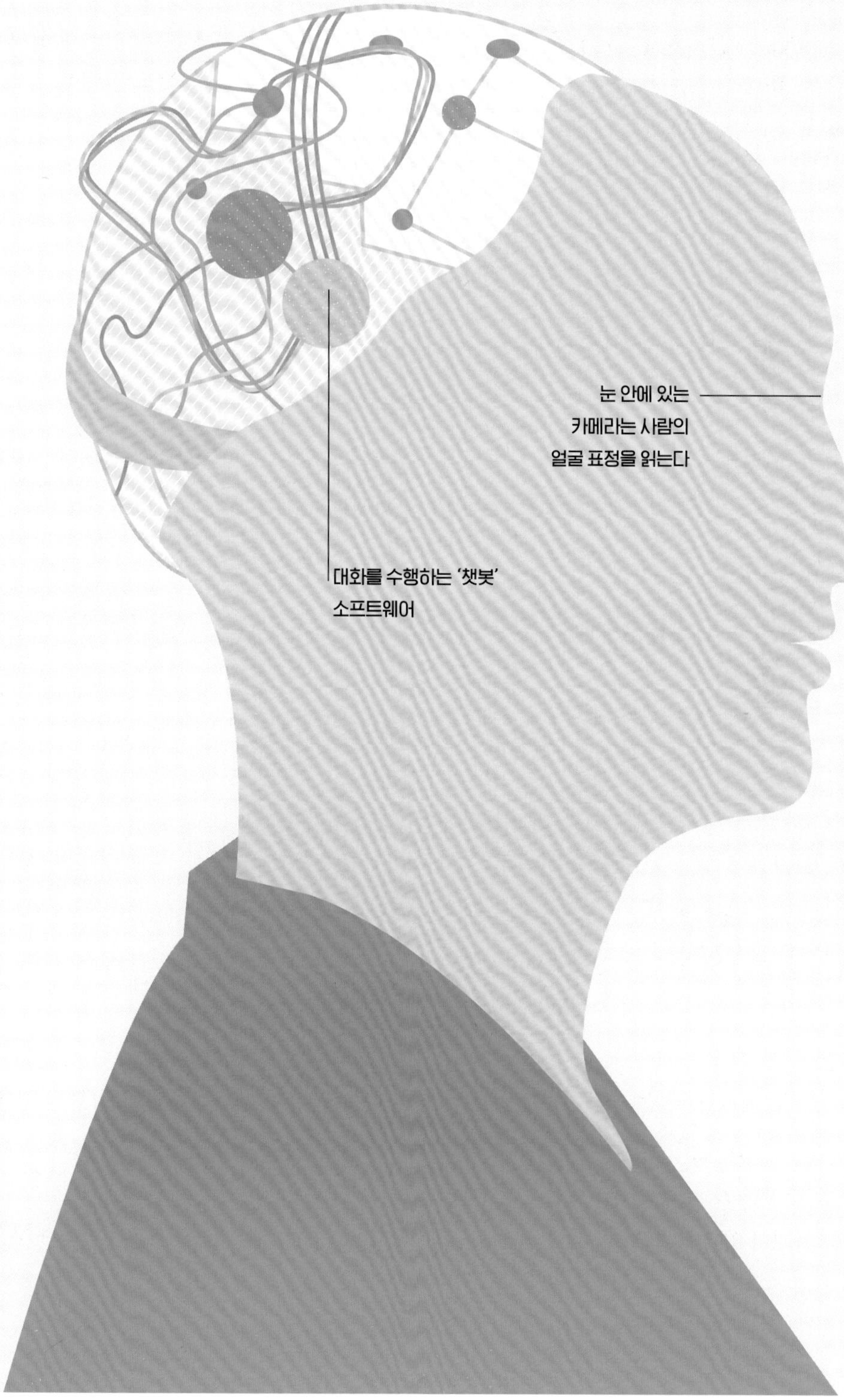
눈 안에 있는
카메라는 사람의
얼굴 표정을 읽는다
대화를 수행하는 '챗봇'
소프트웨어

GPS 및 무선 통신을
이용하여 조종사가
글라이더를 추적한다
글라이더는 수중 이동을 위해
프로펠러 대신 부력 엔진을
장착하였다

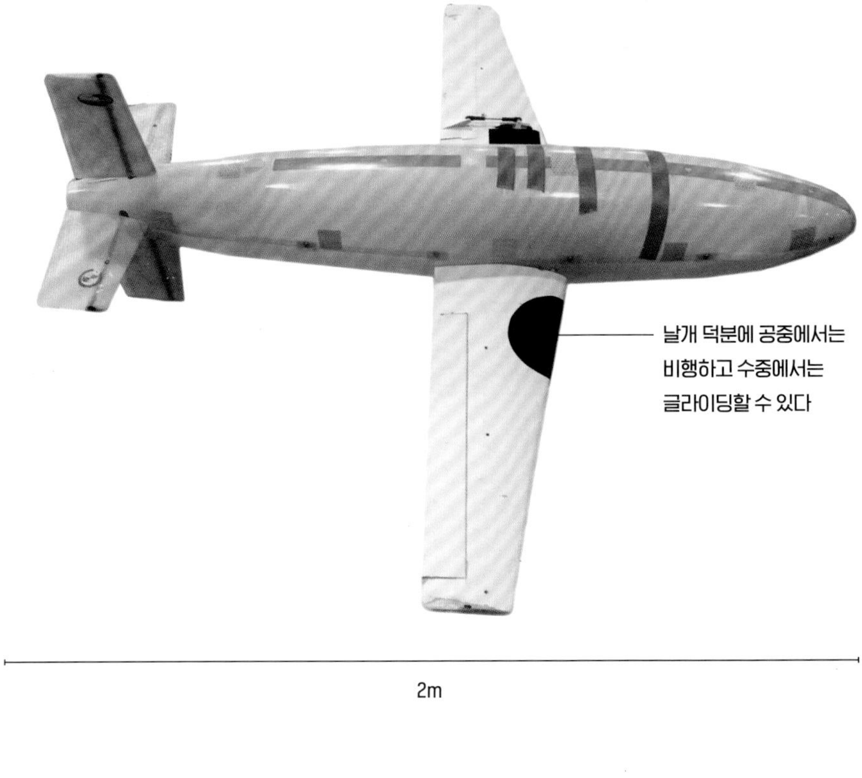
날개 덕분에 공중에서는
비행하고 수중에서는
글라이딩할 수 있다
2m

FLYING SEA GLIDER

플라잉 씨 글라이더

길이	2m
무게	25kg
출시연도	2017
구성 재료	복합재료
메인 프로세서	명시하지 않음
전원	배터리

수중 글라이더는 바다 먼 곳까지 센서를 운반하는, 느리지만 안정적인 무인잠수함이다. 대체로 약 2m 길이의 날개 달린 어뢰처럼 생겼다. 대부분의 수중 로봇은 묶여 있으며 짧은 거리에서 원격으로 조종하는데, 수중 글라이더는 자유롭게 이동할 수 있으며, 인공위성을 통해 조종사와 데이터를 교환할 때만 수면으로 올라온다. 그들은 배터리 전력으로 구동하며, 한 번 충전하면 몇 주 또는 몇 달 동안 이동할 수 있다. 최근 개발된 글라이더는 빠른 속도와 내구성까지 갖추고 있다.

수중 글라이더는 프로펠러 대신 부력 엔진을 장착한다. 외부 주머니bladder에서 내부로 소량의 기름을 주입하여 부력을 줄이면, 글라이더는 가라앉기 시작한다. 글라이더는 날개가 달려 있어서 제자리에서 수직으로 가라앉는 것이 아니라, 보통 시속 1.6km 미만의 속도로 하강하면서 앞으로 나아간다. 1,000m 깊이까지 내려가면 외부 주머니로 다시 기름을 내보내 글라이더에 부력을 가하고, 이를 통해 상승하면서 천천히 앞으로 나아간다. 이 방식은 느리지만 연료 소모 없이 이동할 수 있다. 2009년 럿거스대학교의 글라이더 스칼렛 나이트Scarlet Knight는 배터리 하나로 7개월에 걸쳐 대서양을 횡단하였다.

글라이더는 임무 중 수차례나 상어에게 물리고도 복귀할 정도로 튼튼하다. 폭풍이 몰아치는 드넓은 바다도 문제가 되지 않는다. 어망에 걸리면 빠져나오기 힘들지만, GPS나 무선통신을 이용하면 글라이더의 위치를 추적할 수 있고 협상 후에 글라이더를 회수할 수 있다.

현재까지 수중 글라이더는 해저에서 폭발하는 화산을 관찰하였고 근거리에서 빙산을 검사하였으며 허리케인 속에서도 살아남았다. 장기간에 걸쳐 딥워터 호라이즌Deepwater Horizon의 기름 유출을 추적하였고, 후쿠시마 원자로 누출 지역에서 방사능 감지기를 운반하였다. 음향 센서를 탑재한 글라이더는 표지어tagged fish를 찾아내거나 고래의 소리를 듣는다. 또한 여러 층의 해수 온도를 측정하고 조류의 양을 파악하여 기후 변화와 관련된 연구를 수행한다. 스톰 글라이더Storm Glider는 허리케인이 일어나기 쉬운 지역에 대기해 있다가 기상에 변화가 발생하면 접근해 수치를 측정한다. 중국에서 만든 글라이더는 6,000m 깊이까지 내려가 탐사할 수 있다.

수중 글라이더의 역사는 우즈홀 해양학 연구소Woods Hole Oceanographic Institution의 더그 웨브Doug Webb와 헨리 스토멜Henry Stommel로 거슬러 올라간다. 1991년 그들이 수중 글라이더 실험을 성공한 이래로 글라이더는 점차 발전해왔다. 2002년에는 전 세계적으로 약 30대의 글라이더가 있었으나 이제는 수백 대가 있고, 수천 대가 더 제작될 계획이다.

속도가 느린 점이 글라이더의 한계로 지적되었지만, 미 해군 연구소에서 개발한 플라잉 씨 글라이더는 이러한 단점마저도 극복하였다. 이름에서 알 수 있듯이, 이 글라이더는 수중에서 활강할 수 있을 뿐만 아니라 물 위에서도 비행할 수 있다. 공기와 물에서 동일한 종류의 공기역학을 적용하기 때문에 두 가지 문제를 하나의 기체로 결합하는 디자인을 찾는 것이 관건이었다.

플라잉 씨 글라이더는 항공기에서 투하하거나 배에서 발사할 수 있다. 전기모터로 구동되는 프로펠러가 장착되어 160km 이상 떨어진 지역으로 비행하여 이동할 수 있다. 목적지에 도달하면 물고기를 향해 다이빙하는 펠리컨처럼 수직으로 물 속에 뛰어든다. 중공형 날개와 기타 공간들은 작은 구멍을 통해 물로 채워지고, 곧 중성부력에 도달한다. 그런 다음 다른 수중 글라이더처럼 앞으로 나아갈 수 있다.

비행 가능한 글라이더는 기름 유출, 방사능 누출 또는 허리케인 경로 등을 감시하는 등 여러 글라이더가 신속하게 배치되어야 하는 경우에 적합하다. 글라이더는 모든 상황이 마무리되기 전까지 필요한 만큼 측정할 수 있다. 군대에서는 잠수함의 위치를 파악하기 위해 공중에서 투하하는 다수의 글라이더가 유용할 것으로 보인다.

미 해군 연구소에서는 아직 성공한 적이 없는, 물을 배출하고 다시 물 위로 나와 비행할 수 있는 글라이더에 대한 가능성을 조사하고 있다. 특히 태양 전지를 장착한다면, 거의 무제한의 이동성과 지속성을 제공할 수 있다. 연구원들은 또한 음향통신을 이용한 네트워킹 글라이더를 검토하고 있는데, 이를 이용하면 수중 감지망을 형성할 수 있으며, 수중 세계를 향한 영구적이고 방대한 창을 열 수 있을 것이다.

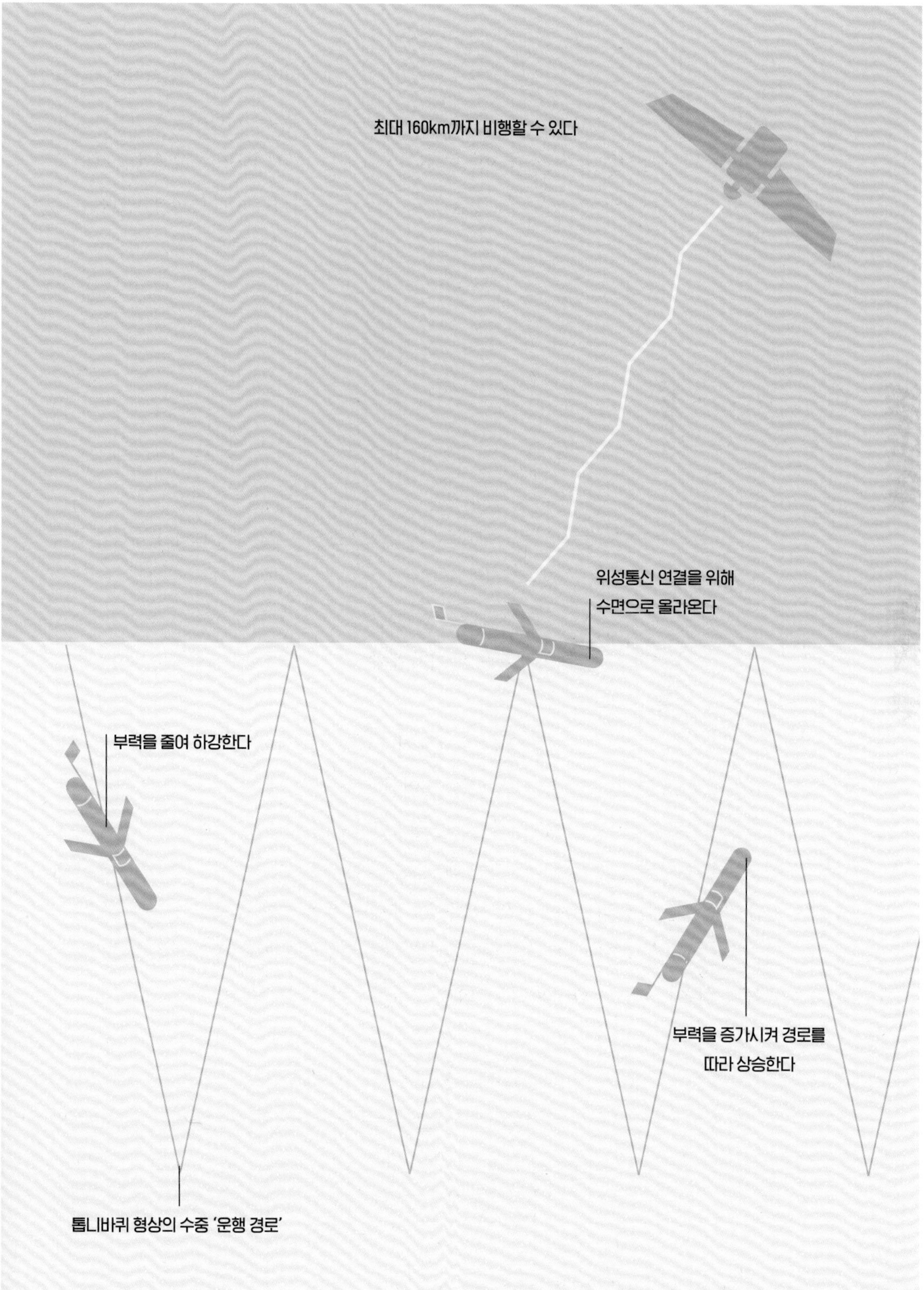

최대 160km까지 비행할 수 있다
위성통신 연결을 위해
수면으로 올라온다
부력을 줄여 하강한다
부력을 증가시켜 경로를
따라 상승한다
톱니바퀴 형상의 수중 '운행 경로'

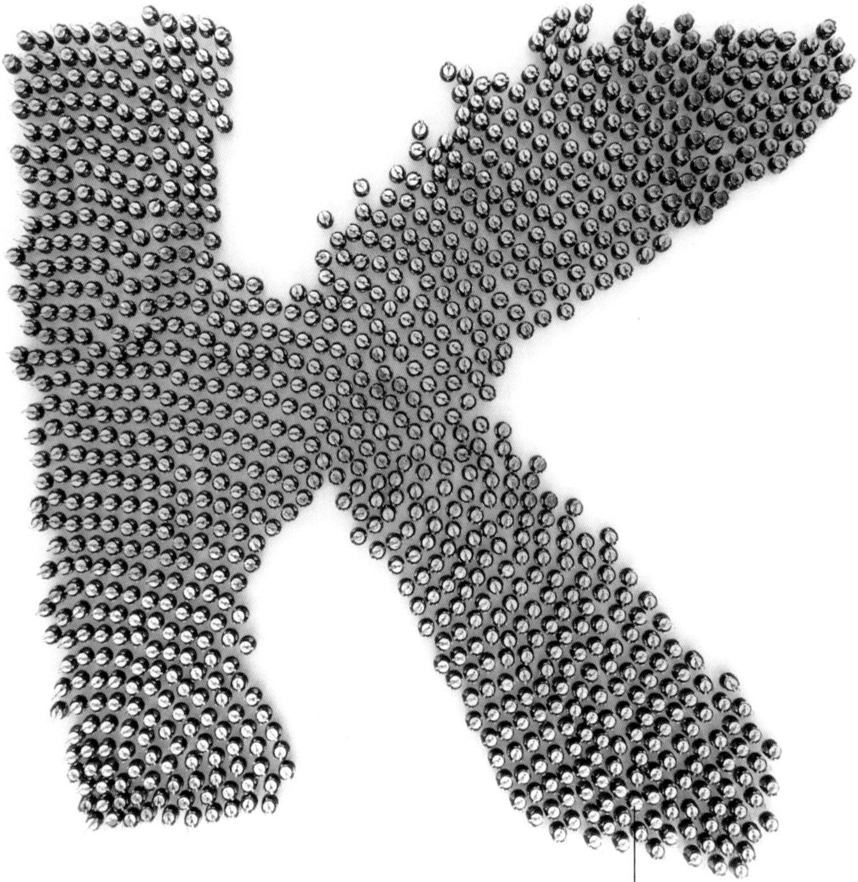

킬로봇 군집은 필요하다면
어떤 모양이든 취할 수 있다

KILOBOT

킬로봇

높이	3.4cm
무게	4g
출시연도	2015
구성 재료	금속
메인 프로세서	ATmega 328P(8bit @ 8MHz)
전원	배터리

킬로봇Kilobot은 배터리로 구동되며, 4개의 다리를 진동시켜 초당 약 1cm의 속도로 움직이는 탁구공 크기의 소형 장치다. 킬로봇 하나만 보면 인상적이지 않아 보일 수도 있지만, 각각의 킬로봇은 하나의 빌딩 블록building block(복잡한 구조체를 만들어내기 위한 기초단위-역자주)이며, 더 큰 개체의 일부가 될 수 있다. 킬로봇은 무리를 지어 모이면 흥미로워진다.

군집 제어 방식을 사용하는 작고 저렴한 로봇들은 대형 로봇에게는 불가능한 임무를 서로 결합하여 해낼 수 있으며 넓은 영역을 장악하여 임무를 수행할 수 있다. 또한 군집 로봇은 강하다. 다른 로봇들은 모터 하나가 고장나거나 케이블이 느슨해지면 작동이 멈추지만 군집 로봇은 일부 구성원이 부서져도 여전히 임무를 수행할 수 있다.

일부 검색 엔진에서는 필요한 데이터를 찾기 위해 돌아다니는 '소프트웨어 에이전트software agent(인간을 대신하여 임무를 수행하는 소프트웨어-역자주)' 군집을 소프트웨어화하여 사용하는데, 킬로봇의 군집 제어 방식도 이 방식을 사용하고 있다.

군집 로봇은 비용적인 면에서는 소프트웨어보다 개발하기 어렵다. 동시에 너무 많은 기계를 다룰 때 발생하는 복잡성은 또 다른 문제다. 무리에 있는 모든 로봇은 충전하고 전원을 켜야 하며, 적절한 소프트웨어를 탑재해야 한다. 로봇이 많을수록 비용과 복잡성이 높아지며, 일반적으로 실험실의 군집 로봇은 수십 대 정도로 제한된다.

마이클 루벤스타인Michael Rubenstein이 이끄는 하버드대학교의 연구진은 더 거대한 군집을 제어하고자 했으며, 대량으로 사용하기에 적당한 가격의 킬로봇을 개발했다. 킬로봇의 접두사 킬로kilo는 1000을 의미한다. 킬로봇은 버튼이 달린 작은 리튬 배터리로 구동한다.

다리를 진동시켜 초당 약 1cm의 속도로 전진하며, 2초 안에 90도를 돌 수 있다. 킬로봇은 연산을 할 수 있는 기본적인 상용 프로세서를 적용하였으며, 통신 및 감지를 위한 적외선 송수신기, 신호전달를 위한 LED 그리고 광센서를 탑재하였다. 로봇 한 대를 위한 부품 비용은 10파운드 정도며, 약 5분 내로 조립할 수 있다.

일단 조립된 킬로봇은 '확장 가능'하다. 그들은 개별적으로 제어할 필요가 없으며, 10,000대의 로봇도 10대의 로봇을 다루듯 쉽게 관리할 수 있다. 적외선 통신기를 통해 원격으로 전체의 전원을 켜고 끌 수 있으며, 신규 소프트웨어를 다운로드할 수 있다. 충전을 할 때에도 킬로봇들을 두 개의 충전판 사이에 일괄적으로 배치하기만 하면 된다.

집단 행동의 핵심은 군집 내의 모든 개체가 따르는 일련의 규칙을 확립하는 것이다. 각 구성원의 행동은 다른 구성원들에 영향을 미친다. 예를 들어 그들이 분산되거나 함께 뭉치려고 하는 경우를 말한다. 이는 복잡한 상호 작용을 유발하므로 실제 적용할 환경에서 제대로 작동할지 확인하기 위해서는, 컴퓨터로 모델링하기보다 실제 하드웨어로 시험해 보는 것이 중요하다.

킬로봇 군집은 특정한 모양을 형성하면서 경로를 따라갈 수 있으며, 어떤 틈을 메우기 위해 일정한 간격으로 펼쳐질 수도 있다. 이러한 단순 작업은 군집 로봇이 현장에서 어떠한 업무를 수행할 것인지에 대한 기준이 된다. 잡초를 찾아다니는 농업용 로봇이 될 수도 있고, 순찰을 위한 정찰용 로봇이 될 수도 있다. 킬로봇은 연구원들에게 소프트웨어를 시험해볼 편리한 테스트베드를 제공하는데, 이 덕분에 수백만 달러의 비용이 발생하는 프로젝트에 바로 뛰어들지 않고도 소프트웨어를 검증할 수 있다. 가군집을 분할하고 재구성하는 프로세스를 시험하는 것이 그 예다.

군집 로봇들은 이미 우리 주변에서 볼 수 있다. 인텔의 슈팅스타Shooting Star 쿼드콥터는 LED를 점멸하면서 다채로운 공중 디스플레이를 선보여 불꽃놀이의 대안으로 떠올랐다. 2017년 슈퍼볼 하프타임 쇼에서 레이디 가가는 400대의 군집 드론과 함께 공연한 바 있다. 한편 미군은 공중 발사 마이크로 드론인 페르딕스Perdix의 군집 비행을 시험하고 있으며, 이는 적군의 방어 체계를 효과적으로 무너뜨릴 수 있을 것으로 내다보고 있다.

소형 군집 로봇은 잔디 깎기, 창문 청소 등 대형 기계를 사용하던 작업을 대신할 수 있을 것이다. 그리고 의료용 마이크로 군집 로봇은 언젠가 환자 몸속으로 들어가 수술을 할 수도 있다. 그러므로 기본 소프트웨어가 안정적으로 작동하는지 확인하는 작업이 필요하며, 킬로봇 같은 훌륭한 시험 플랫폼을 갖추는 것이 중요하다.

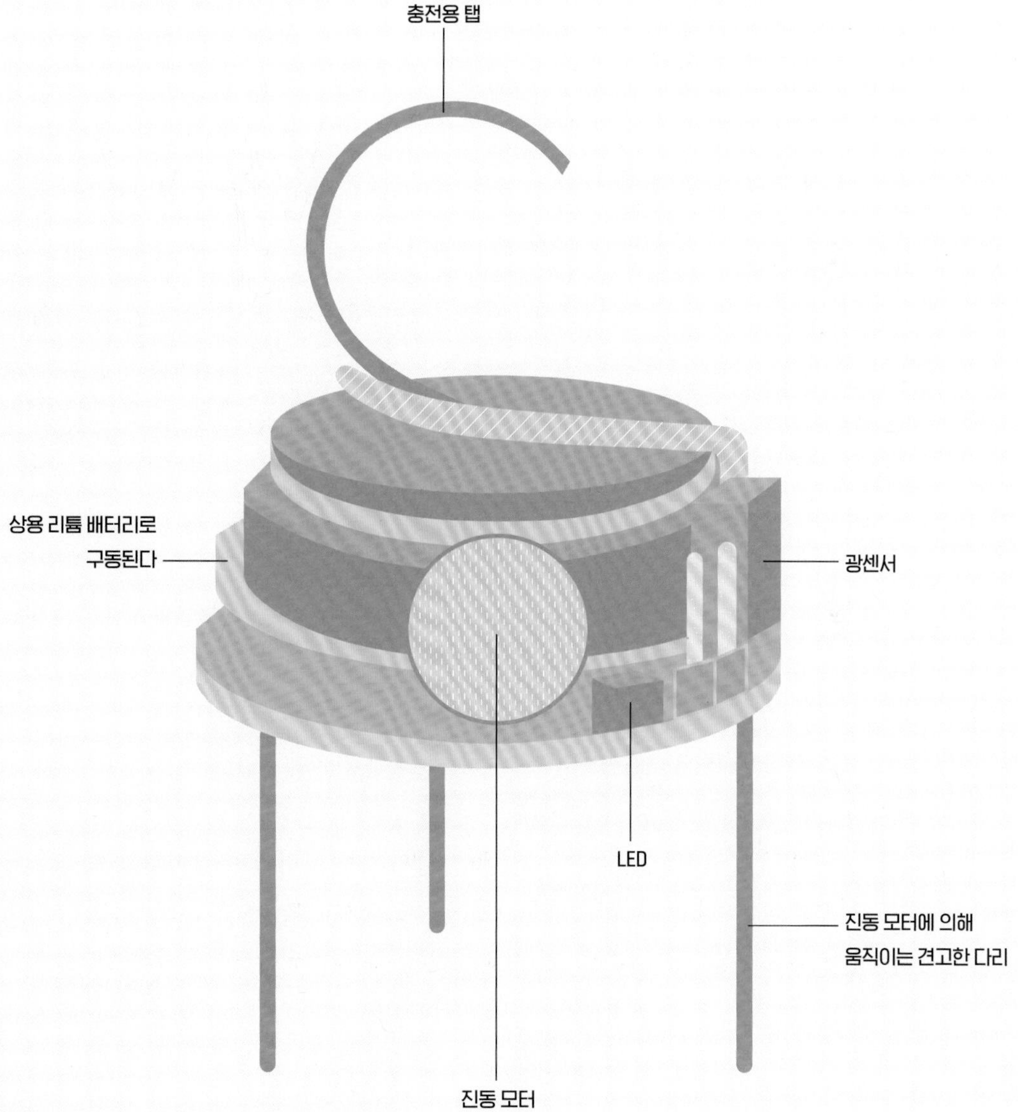
충전용 탭
상용 리튬 배터리로
구동된다
광센서
LED
진동 모터에 의해
움직이는 견고한 다리
진동 모터

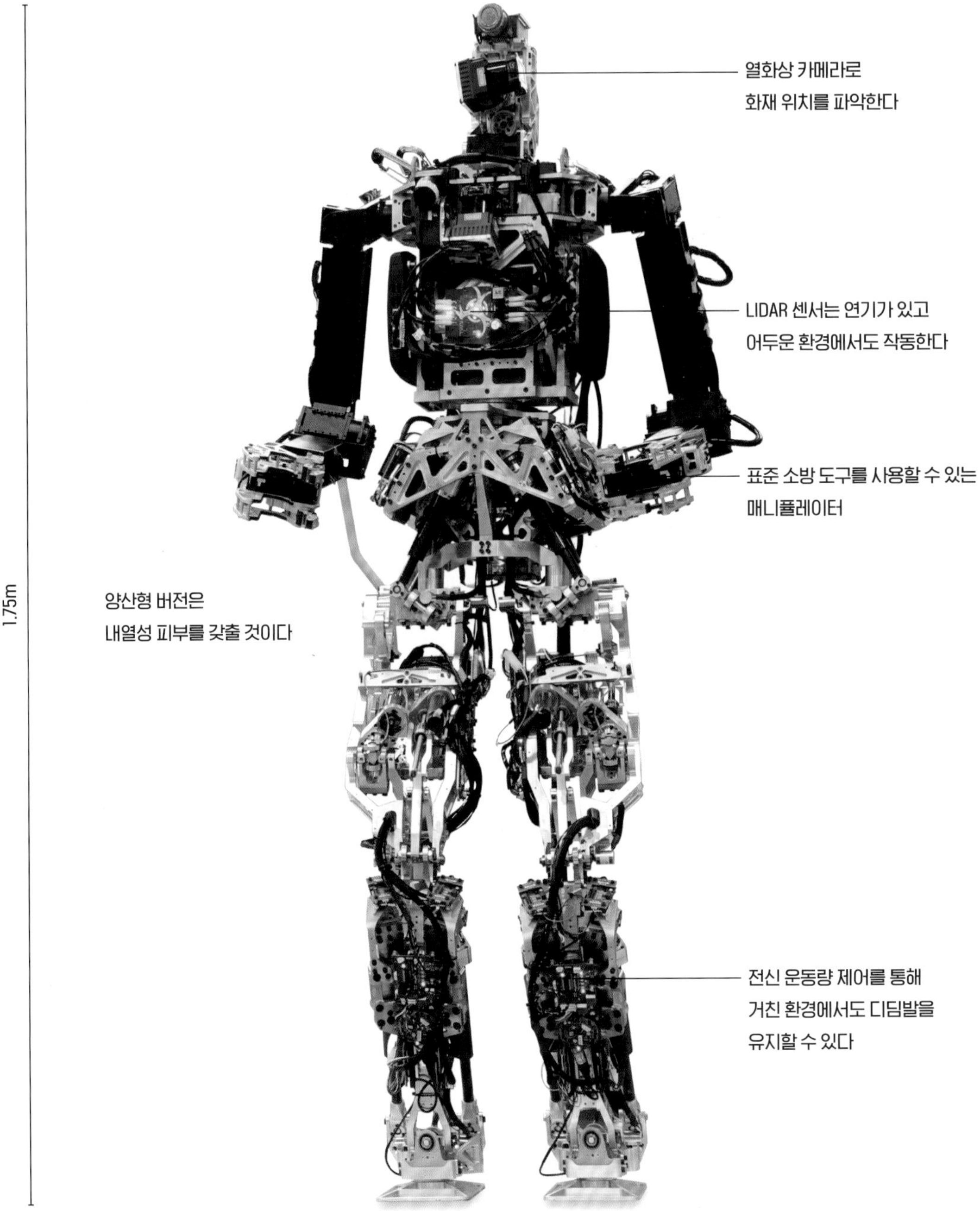
열화상 카메라로
화재 위치를 파악한다
LIDAR 센서는 연기가 있고
어두운 환경에서도 작동한다
표준 소방 도구를 사용할 수 있는
매니퓰레이터
양산형 버전은
내열성 피부를 갖출 것이다
전신 운동량 제어를 통해
거친 환경에서도 디딤발을
유지할 수 있다
1.75m

SAFFIR

사피르

높이	1.75m
무게	64kg
출시연도	2015
구성 재료	강철
메인 프로세서	알 수 없음
전원	외부 전원

'피해 통제damage control'는 전함이 포격을 당한 후 배가 가라앉지 않고 작동 상태를 유지하기 위해 승무원이 하는 일이다. 현장은 소음, 연기 및 급류로 매우 혼란스러울 것이다. 밀려들어오는 물도 위험하지만 화재는 더욱 위험하다. 선박에는 가연성 연료와 탄약이 적재되어 있으며, 작은 화재도 치명적인 결과를 불러일으킬 수 있기 때문이다. 제2차 세계대전 중 잃은 5대의 미국 항공모함 중 1척만이 침몰하였고, 나머지 4척은 통제 불가능한 화재에 무릎을 꿇었다. 미래에는 이러한 사고를 방지하기 위해 새로운 승무원이 배에 탑승하게 될 수도 있다. 미 해군 연구소에서 개발한 선박용 자율 소방 로봇 사피르SAFFiR, Shipboard Autonomous Firefighting Robot는 화재 상황에서 피해 통제를 보조할 것이다.

사피르의 시제품은 전형적인 기계 인간처럼 생겼다. 아틀라스나 로보넛과 마찬가지로 두 다리를 가진 휴머노이드 로봇이며, 인간이 쓰는 공간에서 인간이 사용하는 도구로 작업하도록 설계되었다. 문과 해치를 열고 닫을 수 있으며, 기존의 소방 장비를 사용할 수 있다.

사피르의 팔다리는 24 자유도를 갖추고 있고, 폭풍우가 몰아치는 격렬한 환경에서도 동작할 수 있어야 하므로 흔들리는 배 안을 잘 걸어다닐 수 있는 능력이 필요하다. '전신 운동량 제어whole-body momentum control'는 불확실하고 불안정한 지면에서 로봇의 무게중심을 안정적으로 유지하기 위해 로봇의 모든 관절을 제어하는 시스템이다.

불타는 배의 내부는 소방관들에게 매우 힘든 환경이다. 짙은 연기로 숨을 쉬거나 앞을 보는 것이 거의 불가능하기 때문에 소방관들이 수십 미터 떨어진 곳에서 소화용 호스로 화재를 진압하는 것은 당연한 일이다. 그러나 소방 로봇 사피르는 숨을 쉬지 않기 때문에 산소부족이나 유독가스의 영향을 받지 않는다. 시제품에는 열 차폐물을 장착하지 않았지만, 필요한 부품들이 모두 장착된 완성품은 소방관보다 더 높은 온도에서 더 오랜 시간 견딜 수 있을 것이다. 방수 기능도 포함되어 배의 침수 구역에 들어가 물 속에서도 작동할 수 있을 것이다. 그리고 소방관과 달리 사피르는 소모품으로 사용할 수도 있다. 만일 끔찍한 재해 현장에서 해치를 닫고 밀려들어오는 물을 막는 등 누군가를 희생해야 하는 임무를 수행해야 한다면 로봇이 적격일 것이다.

사피르는 열화상 카메라와 LIDAR 센서라는 두 개의 감지 시스템을 갖추고 있으며, 두 센서 모두 연기 속에서도 주변을 감지할 수 있다. 열화상 카메라는 화재의 위치를 찾아내고 평가할 수 있다. 사피르는 온도를 측정할 수 있기 때문에 해치나 격벽 반대편에서 발생한 화재를 감지할 수 있다. 열원의 질감과 움직임을 구별할 수 있는 정교한 열화상 시스템 덕분에, 사피르는 화재와 뜨거운 물질을 구분할 수 있고 반사열과 열원을 분별할 수 있다. 또한 화재의 원인을 정확히 찾아내고 소화기를 투입할 수 있다.

사피르의 시제품은 여전히 원격조종으로 제어하지만, 궁극적으로는 선박에서 스스로 길을 찾고 장애물을 넘어갈 수 있는 자율성을 갖출 것이다. 소방관들과 함께 팀의 일원으로 작업하며, 음성, 몸짓, 터치 등의 방식으로 명령을 전달받을 것이다. 미 해군의 연구에 따르면, 피해 통제 상황에서 승무원들은 위험을 경고하고 이동의 필요성을 알리기 위해 서로 밀고 당기며 의사소통한다.

사피르가 팀의 유일한 로봇은 아닐 것이다. 미 해군 연구소는 동일한 프로젝트에서 고속으로 배의 좁은 지역을 누비며 데이터를 탐지하는 소형 쿼드콥터인 마이크로 비행장치를 개발하고 있다. 이 로봇은 배의 손상 정도를 평가하고 가장 필요한 곳으로 사피르를 유도하는 데 도움을 줄 것이다.

사피르는 화재 현장에서 매우 유용할 것이므로 자연스럽게 육지에서도 사용가능하도록 기능이 확장될 것이다. 이렇게 유능한 장비를 비상사태에만 사용하기 위해 사물함 안에 방치해두기에는 아깝기 때문에 개발자들은 사피르가 선박 위의 일상적인 업무를 수행할 수 있는 방안을 찾고 있다. 21세기에는 사피르의 또 다른 버전이 갑판을 닦고 난간을 손질하는 업무를 담당할 것이다. 그리고 배가 걷잡을 수 없이 큰 화재에 휩싸이고 인간의 강인함과 냉정함 그 이상이 요구되는 순간, 이 로봇의 진가가 드러날 것이다.

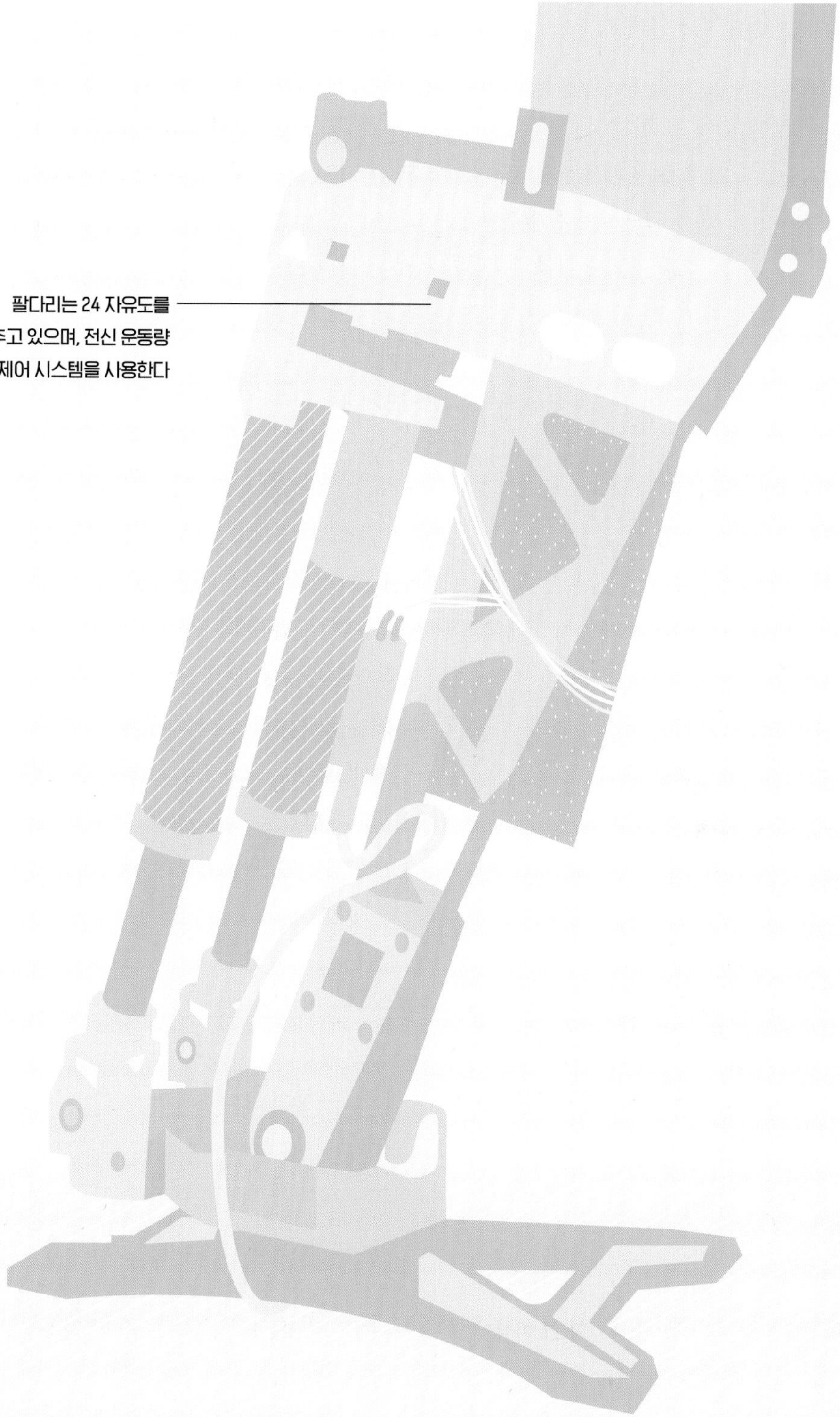
팔다리는 24 자유도를
갖추고 있으며, 전신 운동량
제어 시스템을 사용한다

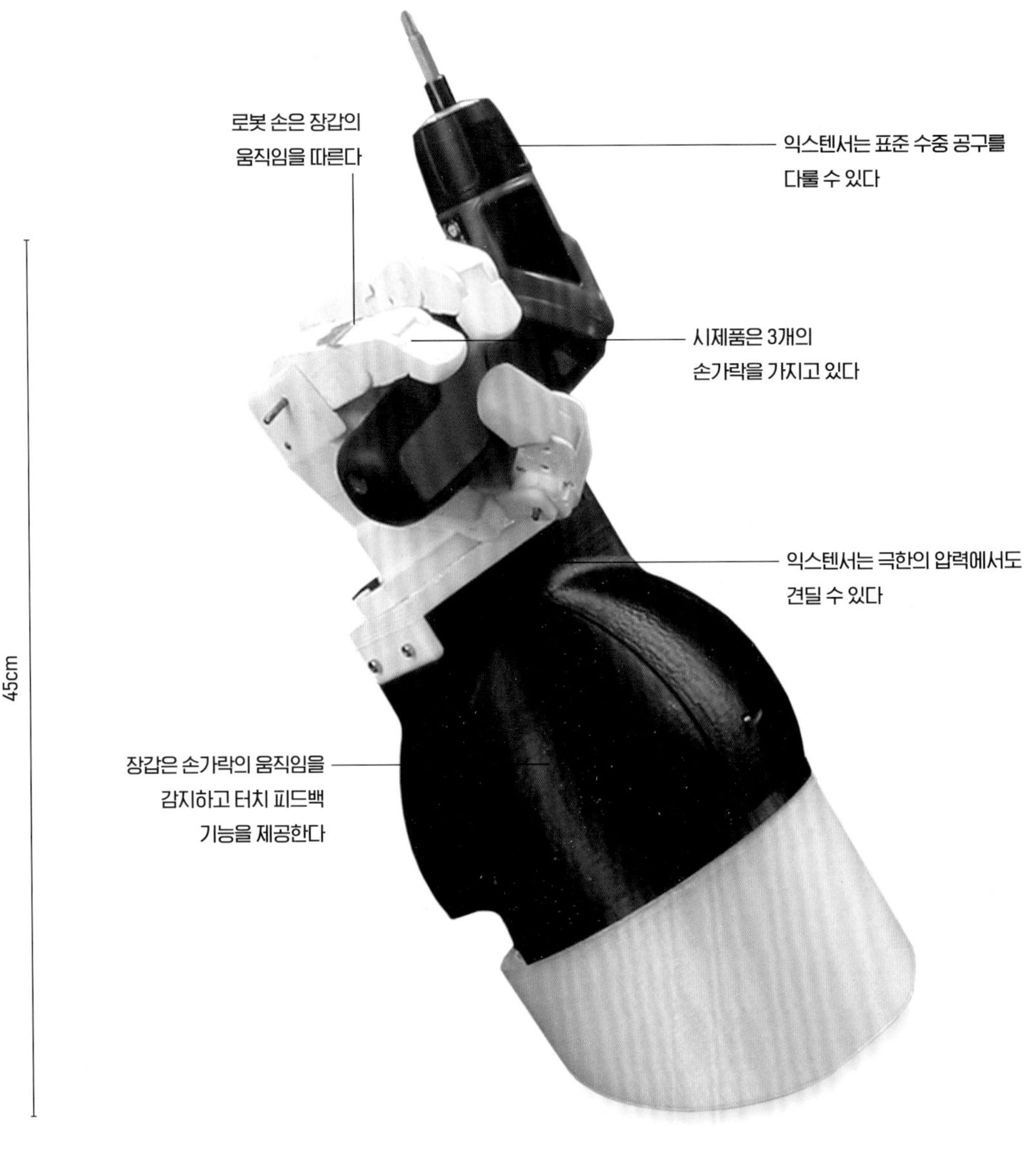
로봇 손은 장갑의
움직임을 따른다
익스텐서는 표준 수중 공구를
다룰 수 있다
시제품은 3개의
손가락을 가지고 있다
익스텐서는 극한의 압력에서도
견딜 수 있다
45cm
장갑은 손가락의 움직임을
감지하고 터치 피드백
기능을 제공한다

VISHWA EXTENSOR

비슈와 익스텐서

길이	45cm
무게	1.8kg
출시연도	2014
구성 재료	티타늄
메인 프로세서	상용 프로세서
전원	외부 전원

인간의 손은 고유한 능력을 가진 매니퓰레이터이며, 그 기능을 그대로 재현하는 것은 매우 어려운 일이다. 특히 일정한 거리를 두고 다루어야 하는 심해나 이와 유사한 극한의 환경에서는 더욱 까다롭다.

스쿠버 다이버들은 약 100m까지 잠수해 내려갈 수 있으며, 그 이상 내려가면 압력이 너무 커 사람이 견딜 수 없다. 잠수부들은 깊이 잠수하기 위해 심해에서도 정상 기압을 유지해주는 대기압 잠수복Atmospheric Dive Suit을 착용한다. 이 잠수복은 인간 모양의 잠수함처럼 생겼으며 매우 단단하다. 잠수복 내의 압력 유지와 두께 때문에 장갑을 사용하는 것은 불가능하다. 그 대신, 이 잠수복은 바닷가재의 집게발처럼 생긴 '프리헨서prehensors(잡는 장치-역자주)'를 장착하고 있다. 이것은 로봇으로 치자면 1 자유도만 가진, 열고 닫는 기능만 있는 조잡한 도구로 불규칙한 형태의 물체를 잡기 어렵다. 프리헨서로는 일반적인 공구를 사용할 수 없으며, 나사 풀기와 같은 가장 단순한 작업마저 시간이 오래 걸리고 잘 되지 않는다.

이 문제를 해결하기 위해 연구해온 매사추세츠 주 케임브리지Cambridge에 있는 비슈와 로보틱스Vishwa Robotics CEO인 바르가브 가자르Bhargav Gajjar는 새로운 형태의 원격조종 로봇 손을 개발하였다. 작업자가 장갑 안에 손을 넣고 움직이면 로봇 손은 장갑의 움직임에 따라 동작한다. 로봇 손에 달린 '햅틱 센스haptic sense(기기에 진동이나 힘을 발생시켜 사용자가 촉감을 느낄 수 있게 한다-역자주)'를 통해 작업자는 힘을 가할 때 필요한 만큼 조절하여 외부 물체를 다룰 수 있다.

인간의 약손가락과 새끼손가락은 동시에 움직이는 경향이 있기 때문에, 비슈와 익스텐서Vishwa Extensor 시제품에서는 3개의 손가락과 1개의 엄지를 장착하여 발표하였다. 그러나 이후 버전에서는 힘을 보강하기 위해 4개의 손가락과 1개의 엄지를 적용하였다. 각각의 손가락은 4 자유도를, 손목은 3 자유도를 갖추고 있어 작업자의 동작을 따라할 수 있다. 비바이오닉 핸드bebionic hand처럼 인간의 관절과 일치하는 로봇 손을 만들어 레오나르도 다빈치의 꿈을 실현한 것이다.

익스텐서는 심해 잠수부들이 사용하는 일반적인 공구를 모두 다룰 수 있다. 이 로봇은 렌치를 사용하거나 너트를 집어 볼트에 부착하고, 전동 드릴을 잡고 작동시키는 등 집게 모양의 프리헨서로는 어렵거나 불가능한 작업들을 쉽게 수행할 수 있다. 잠수함의 해치를 여는 일은 매우 중요한 임무로 익스텐서를 이용하면 매우 손쉽게 할 수 있다. 잠수부는 가까운 거리에 있는 물체를 다루기 위해 로봇 손을 사용할 수 있으며, 배에 있는 조종사가 로봇 손을 원격조종하여 해저에 있는 물체를 대상으로 작업할 수도 있다.

가자르는 미 해군 잠수부 및 무인잠수함을 위한 로봇 손을 개발하였다. 군에서는 센서나 통신 케이블 같은 수중 인프라 설치 및 유지 보수뿐만 아니라 폭탄 처리, 구조, 충돌 복구 등의 작업을 위해 익스텐서를 사용할 가능성이 높다. 군이 아닌 다른 곳에서도 익스텐서의 새로운 가능성을 높이 평가할 것으로 보인다. 해양생물학 및 고고학 분야에서 산호 같은 해저 생물체를 채취하거나 섬세한 구조물을 조심스럽게 다루어야 할 때 익스텐서가 유용할 수 있다. 산업 잠수 분야에서는 잠수부들이 익스텐서를 이용하여 치핑 해머나 용접용 토치와 같은 공구를 사용할 수 있는데, 이는 프리헨서로는 어려운 작업이었다.

미래에는 잠수와 무관한 익스텐서의 응용 분야를 찾을 수도 있다. 가자르는 실험실이나 산업 환경에서 방사능 물질이나 위험한 생물 표본 같은 위험한 물질을 원격으로 다룰 때에도 익스텐서를 사용할 수 있을 것이라고 제안한다. 우주에서도 나사의 로보넛에 익스텐서를 적용하면, ISS 내부에서도 원격으로 조종할 수 있는 한 쌍의 로봇 손으로 변화시킬 수 있을 것이다. 이를 통해 우주비행사들은 로봇이 하기에는 너무 까다롭거나 복잡한 작업을 수행하기 위해 위험한 곳으로 나가지 않아도 될 것이다.

익스텐서의 크기를 사람 손 크기로 고집할 필요도 없다. 환자 몸 안에 들어갈 수 있는 크기로 로봇 손을 축소하면 외과의사가 수술을 집도할 때 유용하게 쓸 수 있다. 익스텐서를 적용한 로봇 손은 다빈치 수술 시스템에서 사용하는 수술도구보다 더 능숙하게 수술을 돕게 될 것이다. 또는 익스텐서를 거대한 크기로 만들고 힘도 그에 맞게 강화하여 수중이나 우주에서 대형 작업을 처리할 수도 있다. 이제 유일한 한계는 사용자의 상상력뿐이다.

나중에 출시된 버전은
4개의 손가락과 엄지를
가지고 있다

제미노이드 HI-4는 개발자인
히로시 이시구로 교수의 복제본이다

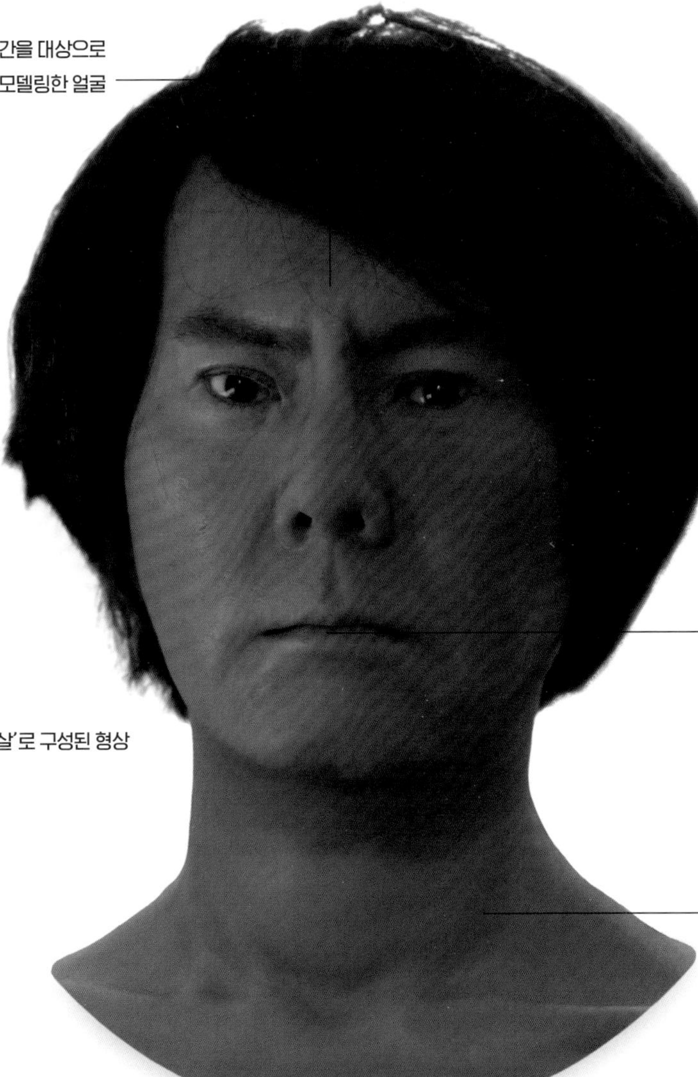

GEMINOID HI-4

제미노이드 HI-4

높이	1.4m, 앉은 자세
무게	20kg, 추정
출시연도	2013
구성 재료	금속 골격
메인 프로세서	없음(원격조종)
전원	외부 전력 및 공압

제미노이드는 살아있는 사람과 기분 나쁠 정도로 똑같이 만든 로봇 복제품으로 로봇과 인간의 상호작용을 연구하기 위해 만들어졌다. 이 기분 나쁘다고 느끼는 점이 제미노이드 로봇에서 가장 중요한 부분이다.

일본의 로봇공학 교수인 마사히로 모리Masahiro Mori는 1970년에 로봇이 점차 인간과 닮아가면서 로봇에 대한 호감도가 급격히 떨어지는, '언캐니 밸리uncanny valley'라는 개념을 제시했다. 모리의 주장에 따르면 사람들은 기계처럼 생긴 산업용 로봇이나 다른 장비들은 흔쾌히 받아들이며, 완벽하게 사람처럼 보이는 안드로이드 로봇에도 높은 호감도를 보인다. 그러나 그 두 최고점 사이에 급격히 호감도가 떨어지는 '언캐니 밸리' 지점이 있으며, 그 지점에서는 인간과 비슷하긴 하지만 똑같아 보이지 않는 것에 강한 반감을 불러일으키는 경향을 보인다.

인형 제작자들은 항상 언캐니 밸리 현상을 경계하고 있다. 그들은 그들이 만들어낸 인형이 지나치게 현실적이기보다는 다소 만화 같은 면이 있어야 한다는 점을 인지하고 있다. 쇼윈도 안쪽에 있는 마네킹이 추상적이거나 일반적인 모습이면 괜찮지만, 너무 인간과 비슷해지면 오히려 생기가 없어 보일 뿐 아니라 다소 섬뜩해 보이기까지 한다. 애니매트로닉스는 매우 사실적으로 보이지만 우리가 문득 그들이 인간이 아니라는 것을 느끼게 되고 언캐니 밸리로 뛰어드는 순간이 생길 수 있다.

언캐니 밸리는 사람과 상호작용하는 '소셜 로봇', 특히 노인을 돌보거나 어린이를 다루는 로봇의 설계자나 제작자가 근본적으로 고민해야 할 문제다. 개발자들은 로봇이 인간과 비슷해져서 친근감과 호감을 주며 사람처럼 의사소통하길 희망한다. 동시에 의도치 않게 사람들을 불편하게 만들거나 두려움까지 느끼게 하는 상황은 피하고자 한다.

오사카대학교 공학부의 히로시 이시구로Hiroshi Ishiguro 교수는 이 분야 연구의 선두에 있다. 이시구로는 단지 사람처럼 생긴 것이 아니라 특정한 사람을 정밀하게 복제한 제미노이드Geminoid를 만들었다. 제미노이드 HI-4는 이시구로 본인의 복제품이다. 어떤 의미에서 제미노이드 HI-4는 속임수라 할 수 있다. HI-4는 인간처럼 보이지만, 인공지능 기능이 없는 원격조종 장치다. 공압식 액츄에이터가 머리에 12개, 몸통에는 4개 설치되어 있으며, 텔레프레전스 장비를 통해 사용자의 얼굴 표정과 움직임을 흉내 낼 수 있다.

HI-4의 목적 중 하나는 인간의 존재를 탐구하고, 우리가 누군가와 함께 있다는 생각을 어떻게 도출해내는지 연구하는 것이다. 인공지능에는 한계가 있기 때문에 사람이 제미노이드를 원격조종하여 인간과 로봇의 상호작용을 위한 테스트베드를 제공하고 실험실에서 그 효과를 연구하였다.

HI-4의 우레탄폼 살과 실리콘 피부는 실물에 가까운 형태를 제공한다. 이시구로는 HI-4를 통해 자신의 존재가 주는 느낌을 알게 되었고, 그를 아는 사람은 그를 대하듯 로봇에 반응한다고 말했다. 또한 로봇에게 말을 할 때 이것이 원격조종에 의한 반응일지라도 그들은 직접 그에게 말하고 있다고 느낀다.

제미노이드는 언캐니 밸리 효과를 탐구하는 데 활용된다. 연구원들은 로봇과 반복적으로 마주친 후에 일어나는 불쾌감과 호감의 변화에 대해 연구하고 있다. 호감은 다른 어떤 것보다 로봇이 행동하는 방식에 영향을 받았으며, 노출 빈도에는 영향을 받지 않았다. 그러나 제미노이드에 대한 반복적인 노출은 점차적으로 불쾌감을 감소시켰다. 다른 새로운 기술과 마찬가지로 안드로이드도 처음에는 어색하고 이상하게 느껴지겠지만, 계속해서 접촉한 이후에는 가구의 일부처럼 자연스럽게 느끼게 된다.

한 실험에서는 제미노이드와 대화를 나눈 사람들 중 40%가 이상한 감정을 보였고, 29%는 대화를 즐겼다. 이러한 실험들의 결과와 사람들이 낯설고 이상하다고 느끼는 로봇의 특성(몸의 움직임, 얼굴 표정, 시선을 끄는 방법)들이 차세대 로봇의 설계에 영향을 미치고 있다.

인간으로 받아들일 수 있는 로봇을 만드는 것의 가능 여부는 두고 볼 일이다. 연구자의 관점에서 보면 반드시 인간으로 받아들이지 않더라도 사람들이 거부감을 느끼지 않고, 모두가 행복하게 대화할 수 있는 로봇의 디자인을 생각해내는 것이 중요할 것이다.

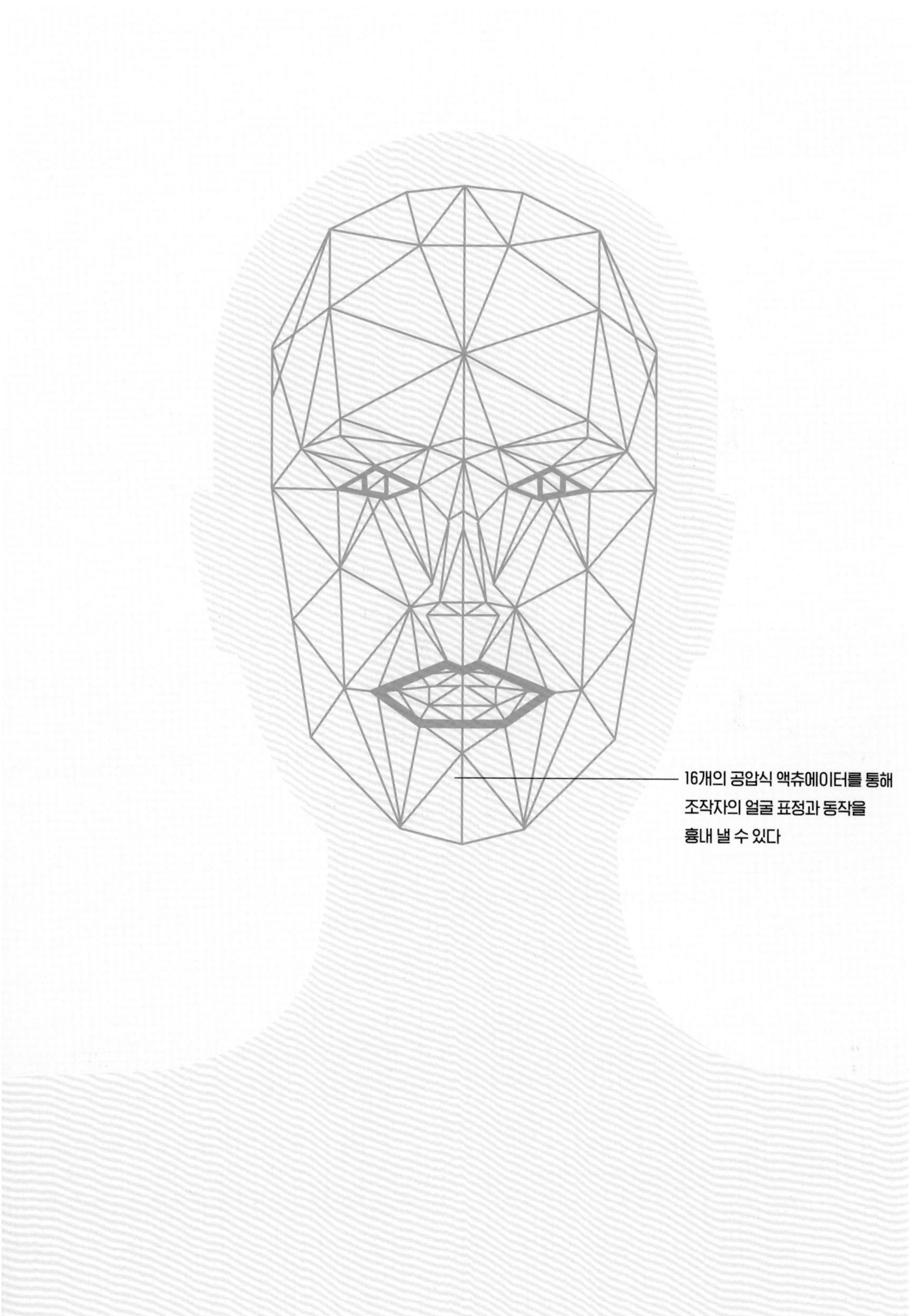
16개의 공압식 액츄에이터를 통해
조작자의 얼굴 표정과 동작을
흉내 낼 수 있다

로봇 팔은 신호를
전달하는 몸짓을
취할 수 있다
조종사는 카메라를 통해
상황을 파악할 수 있다
1.7m
바퀴 달린 베이스

REEM DUBAI POLICE

림 두바이 폴리스

높이	1.7m
무게	100kg, 추정
출시연도	2017
구성 재료	복합 소재
메인 프로세서	상용 프로세서
전원	배터리

1987년 개봉한 〈로보캅〉은 대중들에게 큰 인상을 남겼다. 영화의 주인공은 거대한 화력을 이용해 무장 폭력조직을 제압하는, 인간과 기계가 섞인 사이보그 경찰이었다. 로보캅은 효과적인 경찰관이었지만, 친근한 이웃은 아니었다. 그러나 이러한 사실은 두바이 정부가 드로이드 로보캅을 도입하는 데 영향을 미치지는 못했다.

두바이의 로보캅 림은 무기로 무장한 영화 캐릭터와는 완전히 다르다. 스페인의 팔로보틱스Pal Robotics가 전시회 및 컨퍼런스를 위해 개발한 로봇을 기반으로 하였으며, 가슴에 터치스크린 통신 패널이 달려 있어 모바일 정보 키오스크에 더 가깝다고 할 수 있다.

사람들은 이 로봇을 통해 범죄를 신고하고, 정보를 얻고, 과태료를 납부할 수 있다. 두바이 경찰은 IBM의 왓슨Watson 기술과 협력하고 있는 것으로 알려졌으며, 이 로보캅은 단순히 정해진 대본을 따르는 것이 아니라 목격자를 인터뷰하고 지능적인 질문을 하는 등 대화를 진행할 수 있다.

로보캅이 수행하는 업무가 실제로 로봇을 필요로 하는 것인지는 생각해봐야 할 문제다. 적절한 웹사이트나 휴대전화 어플리케이션을 통해 범죄 신고나 과태료 납부 등을 처리할 수도 있고, 사람들과 대화하고 그들이 어디에 있든지 인터뷰할 수 있으며, 동시에 많은 대화도 처리할 수 있다. 지정된 장소에 가지 않아도 스마트폰으로 누구나 쉽게 접근할 수 있을 것이다.

그렇기 때문에 로보캅의 주요 목적은 홍보인 것으로 보인다. 사람들은 쇼핑몰과 공공장소에서 로보캅과 반복적으로 마주치면서 치안을 유지하는 로봇에 익숙해질 것이다. 경찰

특공대는 수십 년 동안 폭탄 처리 작업에 로봇을 사용해왔으며, 경찰 무인항공기를 도입하려는 시험적인 움직임이 있었지만, 공공의 반대가 상당했다. 사람들은 〈로보캅〉 영화가 불러일으킨 공포감 때문에 경찰 로봇을 그다지 신뢰하지 않는다.

그러므로 림REEM 로봇의 형태로 소개하면서 천천히 다가가야 할 필요가 있다. 정보센터 역할을 할 뿐 아니라, 카메라를 이용하여 거리를 순찰함으로써 이동식 CCTV 역할을 할 수 있다. 범죄자를 감시하고 기록하고 체포할 수는 있지만, 구금하거나 쫓을 수는 없다. 특히나 범죄자들이 계단을 통해 탈출한다면 말이다.

두바이는 2030년까지 경찰의 4분의 1을 로봇으로 채울 계획이다. 로보캅뿐만 아니라 다른 유형의 경찰 로봇도 고려대상이다. 로보캅을 발표하고 몇 주가 지난 2017년 6월, 두바이 정부는 소형 자율주행 경찰차를 선보였다. 싱가포르의 오트쏘디지털OTSAW Digital에서 개발한 전기자동차 O-R3는 360도 회전하는 카메라를 탑재하고 '비정상 탐지' 소프트웨어를 설치하여 자동으로 범죄를 감시한다. 또한 용의자를 쫓기 위해 쿼드콥터를 발사할 수도 있다.

이 단계에서 용의자를 제압할 수 있는 로봇까지는 단 한걸음 차이에 불과하다. 테이저건, 후추 스프레이 등 무기를 장착한 쿼드콥터는 이미 시험단계에 도달했다. 이제 그들을 배치하는 것은 로봇공학의 한계보다는 정치적 의지 그리고 어디까지 수용 가능한지에 대한 논의와 더 관련이 있다. 일부는 논란이 되고 있는 이 기술을 추진하는 것에 시위를 해산하거나 시위자들을 체포하는 데 경찰 로봇을 사용하려는 불순한 동기가 있는 것은 아닌지 의심한다. 그런 의미에서 경찰 로봇은 경찰 국가에서는 이상적인 로봇일 것이다.

문제는 로봇 자체가 아니라 그것이 어떻게 사용되는지에 달려 있다. 폭탄을 처리할 때 경찰은 안전한 거리에서 로봇을 보낸다. 위험한 용의자에게 접근할 때도 마찬가지다. 경찰은 거리를 유지한 채 마이크와 스피커를 통한 양방향통신을 제공하는 로봇을 보내 용의자를 확인하고 위험 여부를 파악하여 냉정하고 합리적으로 대응할 수 있다. 최악의 경우 드론이나 로봇이 손상될 뿐이다.

순찰 로봇이 도입되면, 언제나 근처에 경찰이 있다는 점에서 안심할 수 있고, 경찰력을 확장할 수도 있다. 경찰 로봇에 내장된 카메라로 순찰 시 일어나는 모든 일은 기록되고 증거로 사용될 수 있다. 그들의 눈을 가릴 수 없으며, 그들은 정의롭고 공평하다.

로보캅의 사용은 면밀하게 관찰하고 검토할 필요가 있지만, 그들의 가능성과 효율성을 무시해서는 안 된다.

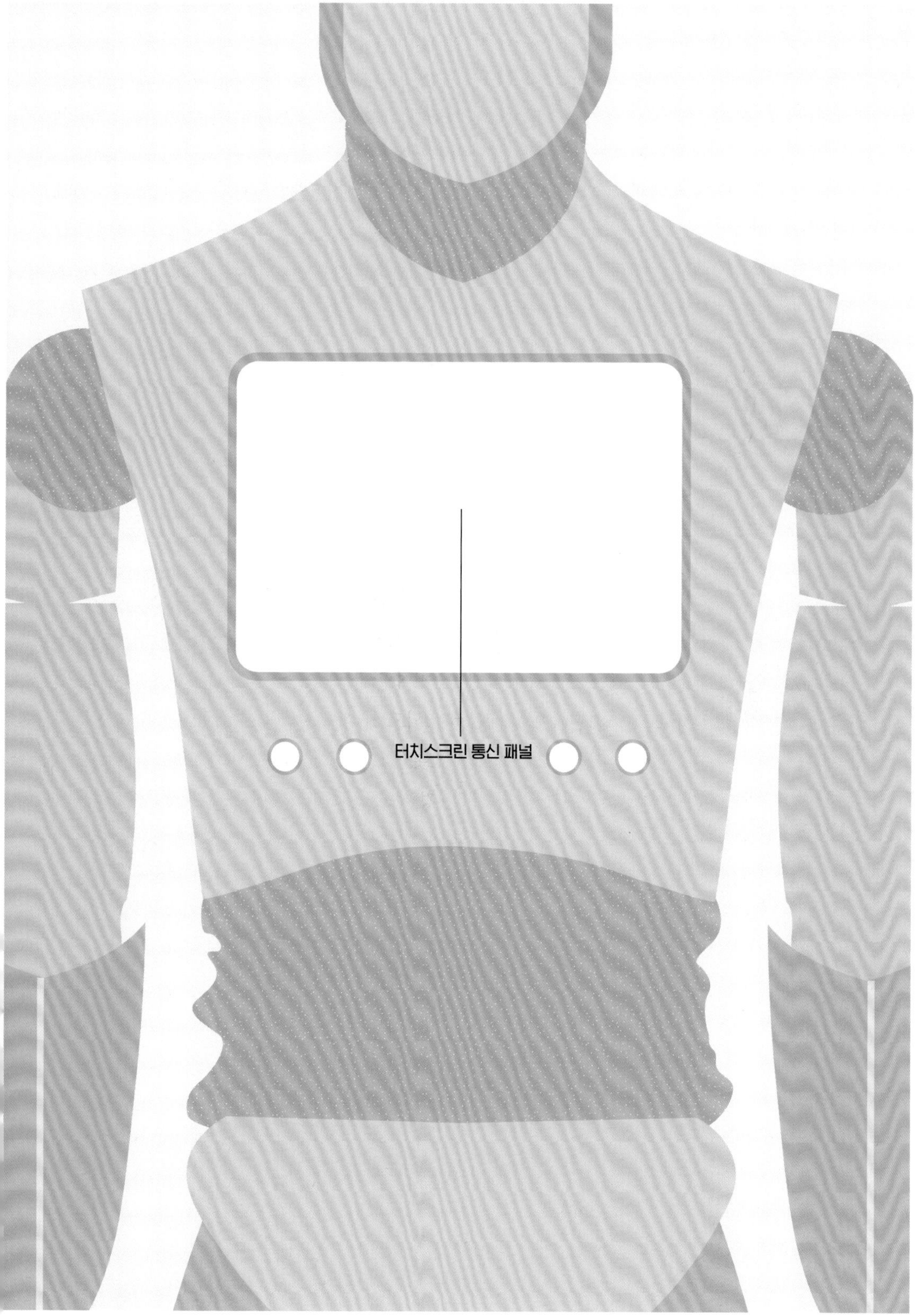
터치스크린 통신 패널

데이비드 햄블링
David Hambling

테크 분야 전문 저널리스트이자 작가이다. 〈이코노미스트〉, 〈뉴사이언티스트〉, 〈와이어드〉, 〈포퓰러 사이언스〉, 〈포퓰러 메카닉스〉 등에 글을 쓰고 있다. 그의 첫 번째 책인 〈웨폰즈 그레이드Weapons Grade〉는 군사 장비에 쓰이는 놀라운 첨단 기술을 소개하였고 두 번째 책인 〈스왐 트루퍼즈Swarm Troopers〉는 드론 전쟁에 대한 심층적인 분석을 담고 있다.

리론 길렌베르그
Liron Gilenberg

프리랜서로 일하는 그래픽 디자이너, 일러스트레이터. 블룸스베리, 코건 페이지, 테임즈 앤 허드슨 등 영국의 유수 출판사와 함께 여러 그래픽 디자인 및 표지 작업을 진행하였다. 그의 작업물은 www.ironicitalics.com에서 볼 수 있다.

Photography

p.12 ©FANUC Europe Corporation; p. 19 © Agrobot; p.20 © Serbot AG; p.24 © Lely International;
p.31 Photo by Stephen Brashear/Getty Images; p.32 © Australian Centre for Field Robotics;
p.36 © Universal Robots; p.43 Photo by Thierry Falise/LightRocket via Getty Images; p.44 © Pure Technologies; p.51 © Jackie Shumaker for Epiroc Drilling Solutions, All Rights Reserved; p.52 Image of base: courtesy of Airobotics; image of drone: photographer: Rina Castelnuovo/Bloomberg via Getty Images; p.59 Images of machine componants: ©David Kover for Serious Eats. Image of burger on conveyer: Momentum Machines/University of Pennsylvania; p.64 © irobot; p.68 © 2018 Intuitive Surgical, Inc. Used with permission; p.72 Photo by Neil Godwin/T3 Magazine via Getty Images; p.76 Photo by Ethan Miller/Getty Image; p.80 © Sundry Photography / Shutterstock.com; p.84 © Fraunhofer IPA, Photographer: Rainer Bez (2015); p.88 © Medrobotics; p.95 © Amazon; p.96 © by Ottobock; p.100 © DJI; p.104 © Wyss Institute at Harvard University; p.108 © Azad Shademan, Ryan S. Decker, Justin D. Opfermann, Simon Leonard, Axel Krieger and Peter C. W. Kim; p.112 © Vahana, A³ by Airbus; p.120 © Endeavor Robotics, PackBot; p.124 Photo by John B. Carnett/Bonnier Corp. via Getty Images; p.128 Courtesy U.S. Air Force photo/Paul Ridgeway; p.132 Photo by KIM DONG-JOO/AFP/Getty Images; p.136 © Boeing / Boeing Images; p.140 Photo by John B. Carnett/Bonnier Corporation via Getty Images; p.144 © Ghost Robotics;
p.151 © U.S. Defense Advanced Research Projects Agency; p.152 Photo by Artyom Korotayev\TASS via Getty Images; p.159 Courtesy AeroVironment, Inc www.avinc.com; p.163 © Lockheed Martin; p.167 © XM Collection / Alamy Stock Photo; p.172 © HO/AFP/Getty Images; p.176 © Junzhi Yu/Chinese Academy of Science; p.180 © Hydronalix; p.184 © U.S. Defense Advanced Research Projects Agency; p.188 Courtesy NASA/JPL-Caltech; p.192 © Lori K. Sanders, Ryan L. Truby, Michael Wehner, Robert J. Wood, Jennifer A. Lewis / Harvard University; p.196 © Hanson Robotics Limited; p.200 Above: IHS Markit/Geoff Fein; below: © Dan Edwards, US Naval Research Laboratory; p.204 © Michael Rubenstein / SSR Harvard; p.208 Photo: U.S. Naval Research Laboratory/Jamie Hartman; p.212 Human like Deep sea Robotic Hand called "The Extensor" developed by Dr. Bhargav Gajjar of Vishwa Robotics and Massachusetts institute of Technology (M.I.T), sponsored by Office of Naval Research (ONR) and US Navy for Atmospheric Diving Suits (ADS) and Remotely Operated Vehicles (ROV). Image courtesy of Dr. Bhargav Gajjar of Vishwa Robotics and Massachusetts institute of Technology (M.I.T); p.216 Geminoid™ HI-4 has been developed by Osaka University; Geminoid™ HI-4: Osaka University; p.220 © Pal Robotics, 2017